高职高专电力技术类专业系列教材

配电线路设计、施工和维护

主　编　李　燕
副主编　林世治　李军
参　编　李文才　李中海　高书芹
主　审　王艳君

机械工业出版社

全书共分五章，主要内容包括电力线路的基本知识、架空线路的设计基础、架空配电线路施工、架空线路的运行与维护、电力电缆线路及附录。

本书可作为高职高专院校电力技术类专业的教学用书，也可作为电力行业的培训教材，还可供从事相关工作的工程技术人员参考。

为方便教学，本书配有免费电子课件、模拟试卷及解答等，凡选用本书作为授课教材的学校，均可来电索取。咨询电话：010-88379375；电子邮件：wangzongf@163.com。

图书在版编目（CIP）数据

配电线路设计、施工和维护/李燕主编．—北京：机械工业出版社，2012.7（2025.7重印）
高职高专电力技术类专业系列教材
ISBN 978-7-111-38481-6

Ⅰ.①配…　Ⅱ.①李…　Ⅲ.①配电线路—高等职业教育—教材
Ⅳ.①TM726

中国版本图书馆CIP数据核字（2012）第106472号

机械工业出版社（北京市百万庄大街22号　邮政编码100037）
策划编辑：于　宁　王宗锋　责任编辑：王宗锋　苑文环
版式设计：刘怡丹　责任校对：刘秀芝
封面设计：路恩中　责任印制：刘　媛
北京富资园科技发展有限公司印刷
2025年7月第1版第5次印刷
184mm×260mm·13印张·315千字
标准书号：ISBN 978-7-111-38481-6
定价：39.80元

电话服务　网络服务
客服电话：010-88361066　机　工　官　网：www.cmpbook.com
010-88379833　机　工　官　博：weibo.com/cmp1952
010-68326294　金　书　网：www.golden-book.com
封底无防伪标均为盗版　机工教育服务网：www.cmpedu.com

前　言

通过多年来对电力类专业毕业生的职业回访，清楚了目前就业市场对输配电线路专业技术型人才的岗位需求，配合当前高等职业教育“大力推行工学结合，突出实践能力培养，改革人才培养模式”的教学改革需要，编写了本书。本书体现了职业教育的性质、任务和培养目标；符合职业教育的课程教学基本要求和岗位资格及技术等级要求；具有思想性、科学性、适合国情的先进性和教学的适应性；符合职业教育的特点和规律，具有明显的职业教育特色。

本书融合了作者长期从事工程实践及教学经验的积累，按照深入浅出的原则对配电线路技术作了全面介绍，包括电力线路的基本知识、架空线路的设计基础、架空配电线路施工、架空线路的运行与维护、电力电缆线路及附录。在编写过程中，坚持“针对性、实用性、适用性”的原则，在理论知识够用的前提下，充实了实际应用知识的内容。

本书由河北工程技术高等专科学校李燕任主编。全书共分5章，其中，福建水利电力职业技术学院林世治编写第1章，中国石化沧州分公司李军、沧州建筑设计院高书芹各编写第5章部分章节，河北工程技术高等专科学校李文才、沧州供电公司李中海各编写第3章部分章节，其余各章由李燕编写。全书由李燕修改并统稿。

河北农业大学的王艳君教授对书稿进行了审核，提出了许多宝贵建议，在此表示感谢！编写过程中还得到了同事们的许多帮助，一并表示感谢！

由于编者水平有限，书中难免存在问题和错误，诚请读者批评指正。

编　者

目　　录

前言
第1章　电力线路的基本知识 …… 1
1.1　电力线路概述 …… 1
1.1.1　电力线路在电力系统中的地位和作用 …… 1
1.1.2　电力线路的分类 …… 2
1.1.3　架空线路的组成 …… 4
1.2　架空导线和避雷线 …… 4
1.2.1　导线 …… 4
1.2.2　避雷线 …… 9
1.2.3　电力架空光缆 …… 10
1.3　杆塔 …… 11
1.3.1　杆塔分类 …… 11
1.3.2　杆塔基础 …… 14
1.3.3　防雷接地装置 …… 14
1.4　绝缘子 …… 14
1.4.1　绝缘子的类型及参数 …… 14
1.4.2　绝缘子的选用 …… 17
1.5　金具 …… 17
1.5.1　金具分类 …… 17
1.5.2　金具的选用与安全系数 …… 28
本章小结 …… 28
习题与思考题 …… 29
第2章　架空线路的设计基础 …… 30
2.1　线路设计用气象条件 …… 30
2.1.1　气象资料 …… 30
2.1.2　组合气象条件和典型气象区 …… 31
2.2　导线的机械物理特性和比载 …… 32
2.2.1　导线的机械物理特性 …… 32
2.2.2　导线的比载计算 …… 33
2.3　导线和避雷线的截面积选择 …… 35
2.3.1　导线截面积的选择 …… 35
2.3.2　避雷线的敷设及截面积选择 …… 37
2.4　导线的弧垂和应力 …… 38
2.4.1　概述 …… 38
2.4.2　导线的解析方程式 …… 40
2.4.3　导线弧垂应力及线长的计算 …… 41
2.4.4　导线的状态方程式 …… 47
2.4.5　临界档距 …… 48
2.4.6　避雷线最大使用应力 …… 52
2.4.7　导线应力弧垂特性曲线 …… 53
2.4.8　导线安装曲线 …… 54
2.5　导线的振动和防振 …… 56
2.5.1　导线振动的类型和特点 …… 56
2.5.2　导线微风振动的基本理论 …… 56
2.5.3　导线的防振措施 …… 60
2.6　杆塔形式的选择 …… 64
2.6.1　杆塔的结构形式 …… 64
2.6.2　架空配电线路杆塔的结构 …… 64
2.6.3　架空配电线路常用杆型 …… 67
2.6.4　杆塔的荷载及选用注意事项 …… 68
2.7　杆塔外形尺寸设计 …… 71
2.7.1　确定杆塔外形尺寸的基本要求 …… 71
2.7.2　杆塔呼称高的确定 …… 71
2.7.3　杆塔头部尺寸的确定 …… 72
2.8　导线路径选择及杆塔定位 …… 77
2.8.1　导线路径选择 …… 77
2.8.2　杆塔定位 …… 80
2.8.3　有关选线和定位的规定 …… 85
本章小结 …… 87
习题与思考题 …… 88
第3章　架空配电线路施工 …… 90
3.1　架空线路施工的工艺流程 …… 90
3.1.1　准备工作 …… 90
3.1.2　施工安装 …… 91
3.1.3　启动验收 …… 91
3.2　复测分坑 …… 91
3.2.1　复测 …… 91
3.2.2　分坑 …… 92
3.3　施工安装 …… 92
3.3.1　杆塔基础施工 …… 92
3.3.2　杆塔组立 …… 95

3.3.3　拉线施工 …… 100
3.3.4　导线的架设 …… 106
3.3.5　接地装置的安装 …… 116
3.3.6　10kV 架空绝缘线路及施工 …… 118
本章小结 …… 120
习题与思考题 …… 121
第 4 章　架空线路的运行与维护 …… 122
4.1　架空线路的运行 …… 122
4.1.1　架空线路的运行标准 …… 122
4.1.2　架空线路的巡视检查 …… 123
4.1.3　架空线路的运行管理 …… 125
4.1.4　架空线路故障及其发生机理 …… 127
4.1.5　架空线路运行分析 …… 129
4.1.6　架空线路的防护 …… 130
4.2　架空电力线路的检修与维护 …… 134
4.2.1　架空线路检修的分类 …… 134
4.2.2　架空线路检修计划的编制和组织 …… 134
4.2.3　架空线路检修的内容和方法 …… 135
4.2.4　架空线路的状态检修 …… 138
4.2.5　架空线路的维护 …… 141
本章小结 …… 142
习题与思考题 …… 142
第 5 章　电力电缆线路 …… 143
5.1　电力电缆的基本知识 …… 143
5.1.1　电力电缆的发展 …… 143
5.1.2　电力电缆的使用 …… 143
5.1.3　电力电缆的种类和结构 …… 145
5.1.4　电力电缆的型号 …… 148
5.1.5　电力电缆的载流能力 …… 149
5.2　电力电缆的选择 …… 150
5.2.1　电缆导体材质的选择 …… 150
5.2.2　电缆外护层类型的选择 …… 151
5.2.3　电力电缆导体截面积的选择 …… 151
5.3　电力电缆的敷设 …… 155
5.3.1　电力电缆的敷设方式 …… 155
5.3.2　电力电缆敷设方式的选择 …… 156
5.3.3　电力电缆的敷设施工 …… 158
5.4　电力电缆的运行与维护 …… 163
5.4.1　电力电缆的运行 …… 164
5.4.2　电力电缆线路的巡视与维护 …… 164
本章小结 …… 166
习题与思考题 …… 167
附录 …… 168
附录 A　常用架空导线和地线的规格和性能 …… 168
附录 B　常用导线的比载 …… 180
附录 C　1 ~ 35KV 电力电缆的允许持续载流量 …… 191
附录 D　敷设条件不同时电缆允许持续载流量的校正系数 …… 197
附录 E　公路等级 …… 198
参考文献 …… 199

第 1 章　电力线路的基本知识

【本章学习目标】

1）掌握电力线路的分类，架空线路、电缆线路的结构特点；架空线路的组成，架空配电线路中导线、避雷线、杆塔、绝缘子及金具等的作用。

2）熟悉架空线路各组成部件的分类、标识及选择。

3）了解电力线路在电力系统中的地位和作用；了解各种架空地线的特点和使用。

1.1　电力线路概述

1.1.1　电力线路在电力系统中的地位和作用

电力是现代社会最重要的基础能源之一，它既为现代工业、现代农业、现代科学技术和现代国防提供必不可少的动力，又与广大人民群众的生活密切相关，在国民经济中占有十分重要的地位。

电能有许多优点。首先，它可以简便地转换为另一种形式的能量。例如，工厂里的电动机，就是将电能转换成机械能，驱动各种机械设备运行；人们日常的电灯，是将电能转换成光能；空调、冰箱是将电能转换成冷、热能等，满足了人们的各种需求。其次，电能通过高压输电线路，可以输送很长的距离，供给远方用电。

现代大型发电厂大部分建在动力资源所在地，如水力发电厂建在水力资源点，即集中在江河流域水位落差大的地方，火力发电厂大都集中在煤炭、石油和其他热源的产地；而大电力负荷中心则多集中在工业区和大城市，因而发电厂和负荷中心往往相距很远，这就出现了电能输送的问题，需要用输电线路进行电能的输送。另一方面，为了保证安全可靠、经济合理地供电，需将孤立运行的发电厂用输电线路连接起来，组成统一的电力系统，如图 1 - 1 所示。通常由发电厂中的发电机、升压变电所、输电线路、降压变电所、配电线路和用户连接成的整体，称为电力系统。电力网是由各种电压等级的变压器和输、配电线路所构成的用于变换和输送、分配电能的部分。发电厂中的主要电气设备为发电机组和主变压器。发电机组将其他形式的能量转变为电能，电能经变压器升高电压后，由输电线路送到区域变电所，区域变电所又将电能降低电压，输往各个地区变电所，再经电压较低的供配电线路供给用户并分配到用电设备。各发电厂用输电线连接，通过变电所和配电网向电能用户供电，以提高供电的可靠性和经济性。各发电厂经输电线连接成电力系统后具有很多优点：提高了供电的可靠性；提高了电能质量；可以合理地利用各种动力资源，提高了运行的经济性；可以减少总装机容量；可以安装效率高的大型机组。

电力线路是电力系统的重要组成部分，它担负着输送和分配电能的任务，是电力系统的动脉，其运行状态直接决定电力系统的安全和效益。

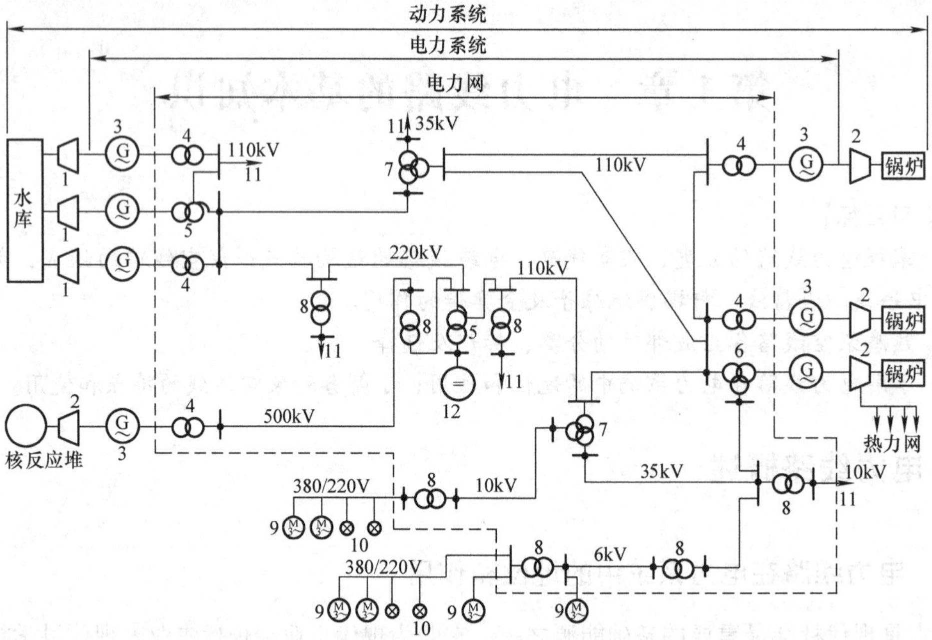

图1-1 电力系统示意图

1—水轮机 2—汽轮机 3—发电机 4—升压双绕组变压器 5—升压自耦变压器
6—升压三绕组变压器 7—降压三绕组变压器 8—降压双绕组变压器
9—电动机 10—照明设备 11—负荷（泛指） 12—调相机

1.1.2 电力线路的分类

1. 按线路在电网中的作用分类

按线路在电网中的作用，电力线路分为输电线路和配电线路。

（1）输电线路 架设在发电厂升压变电所与地区变电所之间的线路以及地区变电所之间的线路，是用于输送电能的，称为输电线路。输电网是指将众多电源点与供电点连接起来的主干网及不同电网之间互送电力的联网网架。输电网是电力的主要传输工具和电力的主要交换工具，凡大型电源节点和负荷点都直接与输电网连接。因而输电网是电力系统安全、经济及优质运行的基础。

（2）配电线路 从地区变电所到用户变电所或城乡电力变压器之间的线路，是用于分配电能的，称为配电线路。配电网由配电变电所、高中压配电线路（1kV 及以上）、配电变压器、低压配电线路（1kV 以下电压）以及相应的控制保护设备组成。

2. 按电压等级分类

目前，我国采用各种不同电压等级线路，交流有 3kV、6kV、10kV、35kV、66kV、110kV、220kV、330kV、500kV、750kV、1000kV；直流有 ±500kV、±800kV。在我国，通常将 1kV 以下的线路称为低压配电线路，1～10kV 的线路称为中压配电线路，35kV 线路称为高压配电线路，110～220kV 的线路称为高压输电线路，330～750kV 的线路称为超高压输电线路，交流 1000kV、直流 ±800kV 及以上电压等级的线路称为特高压输电线路，有时 110kV 线路也被称为高压配电线路，这要看它在电网中起的作用。

采用高压输电，可有效减少线损，降低线路单位造价，少占耕地，使线路走廊得到充分利用。在我国特高压电网建设中，将以 1000kV 交流特高压输电为主形成国家特高压骨干网架，以实现各大区域电网的同步强联网；±800kV 特高压直流输电主要用于远距离大容量输电。我国 1000kV 交流特高压试验示范工程——晋东南－南阳－荆门 1000kV 输电工程，于 2006 年 8 月 19 日开工建设，历时两年多的建设，于 2009 年 1 月 16 日正式投运，线路全长约 650.677km。我国的直流输电技术发展也很迅速，目前已有 7 个超高压直流输电工程建成并正式投入运行，超高压直流输电线路总长度达 7085km，输送容量达 1856 万 kW，线路总长度和输送容量均居世界第一。2010 年 6 月云南至广州 ±800kV 特高压直流输电工程正式竣工投产，该工程西起云南省楚雄州，途经广西壮族自治区，东至广东省广州市，输电距离达 1373km，额定电压为 ±800kV，额定容量达 500 万 kW，由楚雄换流站、穗东换流站、直流线路、两侧接地极和接地极线路五大部分组成，是世界上首个商业运营的 ±800kV 特高压直流输电工程。2011 年 1 月 26 日，国家电网公司宣布，要全力推进 ±1100kV 特高压直流研究，5 年内建成示范工程。

3. 按电网接线方式与特点分类

按电网接线方式与特点，电力系统的接线方式大致分为无备用接线和有备用接线两大类。其中无备用接线包括单回放射式、树干式、链式网络，如图 1-2 所示，有备用接线包括双回放射式、树干式、链式、环式和两端供电网络，如图 1-3 所示。

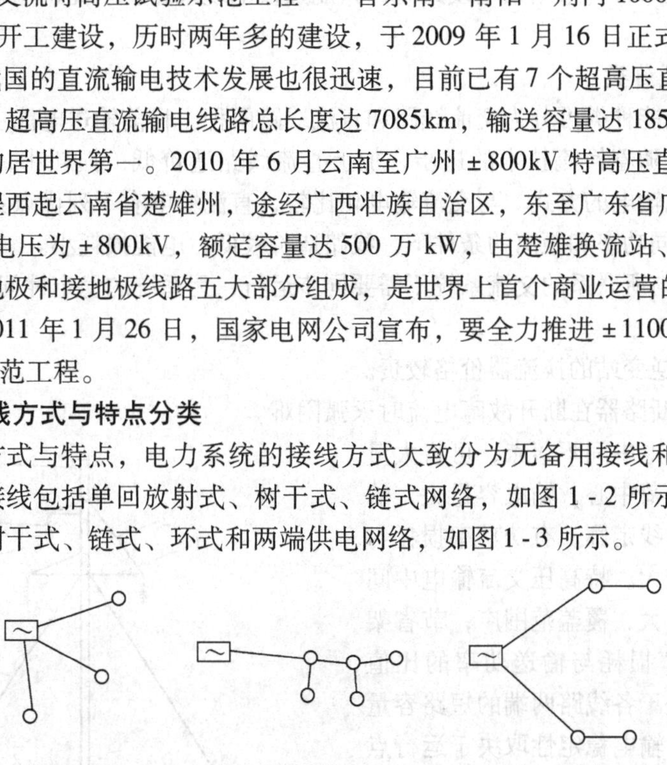

a)单回放射式　b)树干式　c)链式

图 1-2　无备用接线

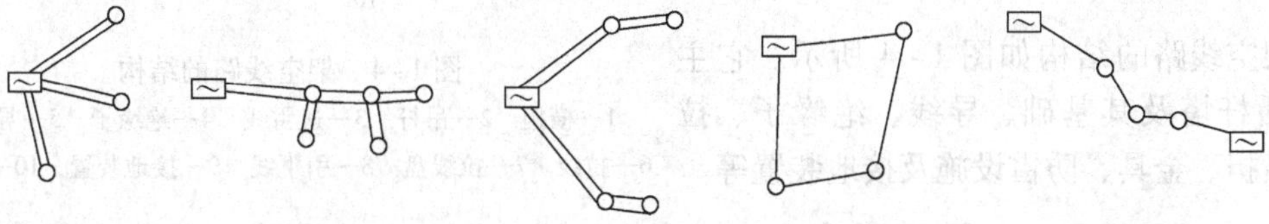

a)双回放射式　b)树干式　c)链式　d)环式　e)两端供电网络

图 1-3　有备用接线

有备用接线的双回放射式、树干式和链式网络用于一、二级负荷。环式接线，供电经济、可靠，但运行调度复杂，线路发生故障切除后，由于功率重新分配，可能导致线路过载或电压质量降低。两端供电接线方式必须有两个独立的电源。

4. 按结构分类

电力线路按结构可分为架空线路和电缆线路两类。

架空线路是利用杆塔架空，敷设裸导线的户外线路。其特点是投资少、易于架设，维护检修方便，易于发现和排除故障；但它要占用地面位置，有碍交通和观瞻，且易受环境影响，安全可靠性较差。

电缆线路是利用电力电缆敷设的线路。电缆线路与架空线路相比，虽然具有成本高、不便维修、不易发现和排除故障等缺点，但具有运行可靠、不易受外界影响、不需架设杆塔、不占地面、不妨碍交通和景观等优点，特别是在有腐蚀性气体和易燃易爆场所，以及需要防止雷电波沿线路侵入不宜采用架空线路时，只能敷设电缆线路。因此，电缆线路得到越来越广泛的应用。

5. 按电能种类分类

电力线路按电能种类可分为交流线路和直流线路两种。目前输送电能主要是采用三相交流架空的方式，但随着换流技术的进步，加上直流线路造价低，损耗小，能满足大容量输电，也有采用直流输电的方式。与交流输电相比较，直流输电有下列优点：

1）在输送相同功率和距离的条件下，线路造价较低，电能损耗小。

2）直流线路与所联系的交流系统不需要同步运行，无系统的稳定性问题。

缺点如下：

1）整流站与逆变站的换流器价格较贵。

2）直流高压断路器在断开故障电流时灭弧困难。

特高压直流输电中间不落点，可将大量电力直接送往大负荷中心，输电容量大，输送距离长，节省架线走廊，有功功率损耗与输送功率的比值较大。特高压交流输电中间可落点，输电容量大，覆盖范围广，节省架线走廊，有功功率损耗与输送功率的比值小；输电能力取决于各线路两端的短路容量和输电线路距离，输电稳定性取决于运行点的功角大小。

1.1.3 架空线路的组成

架空线路的结构如图1-4所示。它主要包括杆塔及其基础、导线、绝缘子、拉线、横担、金具、防雷设施及接地装置等。

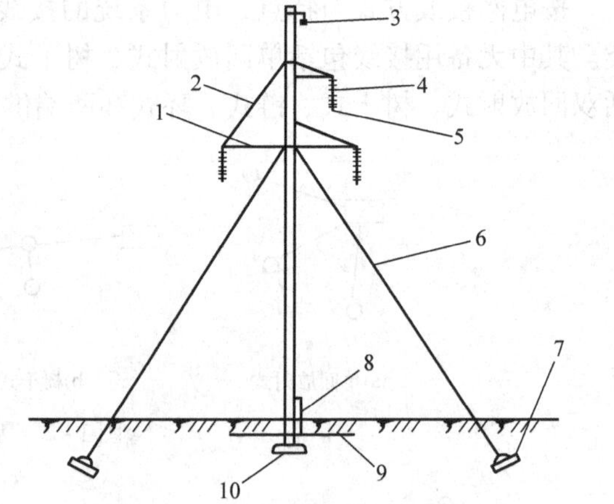

图1-4 架空线路的结构

1—横担 2—吊杆 3—避雷线 4—绝缘子 5—导线 6—拉线 7—拉线盘 8—引下线 9—接地装置 10—底盘

1.2 架空导线和避雷线

1.2.1 导线

导线功能主要是输送电能。线路导线应具有良好的导电性能，足够的机械强度，耐振动疲劳和抵抗空气中化学杂质腐蚀的能力。线路导线目前常采用钢芯铝绞线或钢芯铝合金绞线。为了提高线路的电能输送能力，减少电晕、降低对无线电通信的干扰，常采用分裂导线。

架空导线分架空裸导线和绝缘导线。

1. 架空裸导线

（1）裸导线的材料　常用导线材料有铝线、铝合金线、铜线及钢线等。作为导线应具备的主要条件有：①导电性能好；②机械强度高；③制造价格低；④耐腐蚀。

（2）常用架空裸导线的结构及型号规格　输电线路所用架空线基本都由多股圆线同心绞合而成，各种架空线的断面结构如图1-5所示。

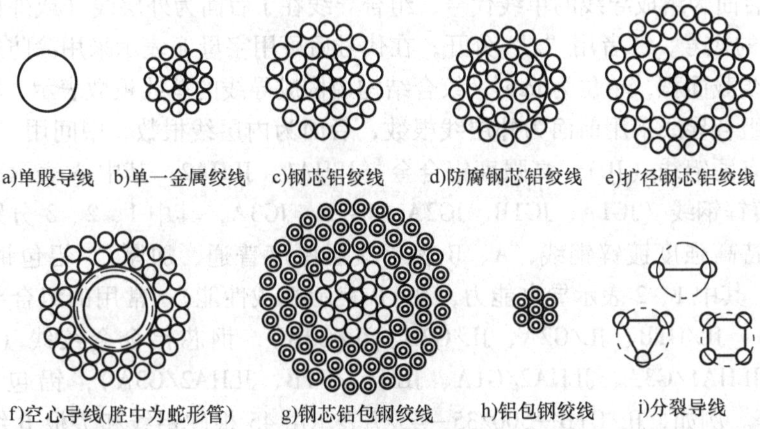

图1-5　各种架空线的断面结构

导线从结构上可以分为单股线和多股线，多股线又可分为多股实心绞线、扩径绞线、自阻尼绞线、光滑导线及分裂导线等，下面介绍其特点。

1）多股实心绞线：广泛应用于架空线路上，如铝（或铝合金）绞线、钢绞线和钢芯铝绞线等。多股线与相同截面积的单股线比，柔性好、易弯曲，从而可减轻因曲折或振动所产生的弯曲应力，各股线强度上的缺陷点不会集中于同一断面，使整体强度保持均匀。

2）扩径绞线：就是在相同的导线截面积下所构成的绞线外径比实心绞线的外径大。这种绞线又分空心型、支撑芯型、填充型和层间支撑型等多种。其用途主要为增大导线外径以减少高压线路和变电所母线的电晕和无线电干扰。在美国20世纪初、中期的高压线路上常采用扩径绞线，我国在高海拔地区330kV线路上和变电所母线上也采用过扩径绞线。

3）自阻尼导线：这种导线又称防振导线，加拿大、挪威等国已使用，使用它可以提高运行应力而不必加防振措施，现已引起各国的重视。

4）光滑导线：光滑导线由于外径较普通导线略小，可减少导线承受的风和冰荷载，由于表面光滑可减少导线舞动现象。在欧洲、美国及日本都已得到应用。

5）分裂导线：一般每相两根为水平排列，3根为两上一下倒三角形排列，4根为正方形排列，如图1-5i所示。分裂导线在超高压线路得到广泛使用。它除具有表面电位梯度小，临界电晕电压高的特性外，还有以下优点：单位电抗小，其电气效果与缩短线路长度相同；单位导纳大，等于增加了无功补偿；用普通型号导线组成，制造较方便；分裂导线装间隔棒可减少导线振动，实测表明双分裂导线比单根导线减小振幅50%，减少振动次数20%，四分裂减少更大。

钢芯铝绞线的内芯为单股或多股镀锌钢绞线，外层为单层或多层的铝绞线。由于交流电的趋肤效应，四周电阻率较小的铝部截面主要起载流作用，机械荷载则主要由芯部的钢线承受。因此，钢芯铝绞线既有较高的电导率，又有较好的机械强度，是目前最常用的导线品种之一。

根据国家标准 GB/T 1179—2008《圆线同心绞架空导线》，导线用型号、标称截面、绞合结构及本标准编号表示。型号用汉语拼音符号表示，第一个字母均用 J，表示同心绞合；单一导线在 J 后面为组成导线的单线代号，组合导线在 J 后面为外层线（或外包线）和内层线（或线芯）的代号，二者用“/”分开；在代号后可用字母 F 表示采用涂防腐油结构。标称截面表示导线截面积，单位为 mm^2。绞合结构用构成导线的单线根数表示，单一导线直接用单线根数，组合导线采用前面为外层线根数，后面为内层线根数，中间用“/”分开。绞线常用的单线有硬铝线（JL）、高强度铝合金（JLHA1、JLHA2，其中 A 表示高强度，1、2 表示性能）、镀锌钢线（JG1A、JG1B、JG2A、JG2B、JG3A，其中 1、2、3 分别表示普通强度、高强度及特高强度镀锌钢线，A、B 表示镀层厚度普通、加厚）、铝包钢线（JLB1A、JLB1B、JLB2，其中 1、2 表示导电能力，A、B 表示机械性能）。常用的组合导线有钢芯铝绞线（JL/G1A、JL/G1B、JL/G2A、JL/G2B、JL/G3A），钢芯铝合金绞线（JLHA1/G1A、JLHA1/G1B、JLHA1/G3A、JLHA2/G1A、JLHA2/G1B、JLHA2/G3A），铝包钢芯铝绞线（JL/LB1A）等。例如，JL/G1B—500/35—45/7 表示由 45 根硬铝线和 7 根 B 级镀层为普通强度镀锌钢线绞制成的钢芯铝绞线，硬铝线的标称截面积为 $500mm^2$，钢的标称截面积为 $35mm^2$，钢芯铝绞线的面积为 $535mm^2$。又如，JG1A—250—19 表示由 19 根 A 级镀层普通强度镀锌钢线绞制成的镀锌钢绞线，钢绞线的标称截面积为 $250mm^2$。JLHA1—500—37 表示由 37 根 1 型高强度铝合金线绞制而成的铝合金绞线，其标称截面积为 $500mm^2$。上述示例中，为简化均在后面省略了本标准编号。

在 YB/T 5004—2001《镀锌钢绞线》中，钢绞线按断面结构分为 1×3、1×7、1×19、1×37 四种，按公称抗拉强度分为 1270MPa、1370MPa、1470MPa 和 1570MPa 四级，按钢丝锌层级别分为特 A、A、B 三级。结构为 1×7、直径为 6.0mm、抗拉强度为 1370MPa、A 级锌层的钢绞线标记为 1×7—6.0—1370—A—YB/T 5004—2001。

目前在架空输电线路中大量使用着按旧标准制造的架空线。在 GB 1179—1983《铝绞线及钢芯铝绞线》中，架空线的型号规格由材料、结构和标称载流面积三部分组成。材料和结构以汉语拼音的第一个字母大写表示，载流面积以 mm^2 为单位表示。如标称截面积为 $120mm^2$ 的铝绞线表示为 LJ—120，标称截面积为铝 $300mm^2$、钢 $50mm^2$ 的钢芯铝绞线表示为 LGJ—300/50，标称截面积为铝 $150mm^2$、钢 $25mm^2$ 的防腐型钢芯铝绞线则表示为 LGJF—150/25。根据 GB 9329—1988《铝合金绞线及钢芯铝合金绞线》，LH_AJ—400 表示标称截面积为 $400mm^2$ 的热处理铝镁硅合金绞线；LH_BGJ—400/50 表示标称截面积为铝合金 $400mm^2$、钢 $50mm^2$ 的钢芯热处理铝镁硅稀土合金绞线。

在 GB 1179—1974 中，按铝钢截面积比的不同，将钢芯铝绞线分为正常型（LGJ）、加强型（LGJJ）和轻型（LGJQ）三种。

常用架空线的有关数据见表 A-1。

（3）常用架空裸导线的种类及特性

1）铝绞线。型号为 JL，优点是导电性能好、质量轻、储量高及价格低。缺点是机械强度小、耐腐蚀性差。铝绞线一般用于档距比较小的架空配电线路中，不宜用于大档距、沿海、腐蚀性强的地方。

2）铝合金线和稀土铝导线。型号为JLHA、JLHB，JLHA表示热处理铝镁合金绞线，JLHB表示热处理铝镁硅合金绞线。铝合金含有98%的铝和少量的镁、硅、铁、锌等元素，它的密度与铝基本相同，电导率与铝接近，机械强度与铜接近，在价格和电气、机械性能方面兼有铝和铜的特点。但铝合金线的耐振性能比较差，不宜在大档距、风口等易振动的架空线路上使用。

3）铜绞线。型号为JT，优点是导电性能好、机械强度高及耐腐蚀性强。缺点是价格高。铜绞线一般用于电流密度大或化学腐蚀较为严重地区的配电线路。

4）钢芯铝绞线。型号为JL/G1A、JL/G1B、JL/G2A、JL/G2B等，钢芯铝绞线充分利用了钢的机械强度高、铝的导电性能好的特点，其内部线芯几股线是钢线，而外部几股线是铝线。导线上所受的力主要由钢部分来承受，利用交流电流的趋肤效应可以使导线中的电流基本上由铝线部分来承受。优点是导电性能好、机械强度高。钢芯铝绞线广泛地应用在高压输电线路或大跨越配电线路中。

5）镀锌钢绞线。型号为JG1A、JG2A、JG3A、JG1B、JG2B等。镀锌钢绞线机械强度高，但是导电性能差，不宜作为电力线路导线，主要作为架空线路的避雷线、拉线及接地引下线，以及用作绝缘集束导线、通信线的承力索。

2. 架空绝缘导线

随着城市建筑、人口密度的增加和城市绿化的发展，导线对建筑物的安全距离很难保证，线树矛盾日渐突出。架空配电线路采用绝缘导线代替裸导线已成为城市配网和农网建设的必然趋势，架空绝缘配电线路适用于城市人口密集地区，线路走廊狭窄，架设于裸导线与建筑物的间距不能满足安全要求的地区，以及风景绿化区、林带区和污秽严重的地区等，提高了供电可靠性和供电安全。

（1）绝缘导线的分类　架空配电线路绝缘导线按电压等级可分为中压绝缘导线和低压绝缘导线；按架设方式可分为分相架设和集束架设。绝缘导线的类型有中低压单芯绝缘导线、低压集束型绝缘导线、中压集束型半导体屏蔽绝缘导线及中压集束型金属屏蔽绝缘导线。

（2）绝缘材料　目前户外绝缘导线的绝缘材料一般为黑色耐气候型的交联聚乙烯、高密度聚乙烯、聚乙烯及聚氯乙烯等。这些绝缘材料一般具有较好的电气性能、抗老化及耐磨性能等，暴露在户外的材料中添加炭黑，以防日晒老化。

交联聚乙烯（XLPE）是采用交联的方法将聚乙烯的线性分子结构转化为网状结构而形成的，较大幅度提高了绝缘材料的耐温、耐老化等性能，可避免环境应力开裂等，机械物理性能好，但不阻燃，应避免将该材料用于室内或靠近建筑材料。

高密度聚乙烯（HDPE）是一种由乙烯共聚生成的热塑性聚烯烃。高密度聚乙烯通常使用Ziegler－Natta聚合法制造，其特点是分子链上没有支链，因此分子链排布规整，具有较高的密度。HDPE具有很好的电性能，特别是绝缘介电强度高；具有良好的耐热性和耐寒性，化学稳定性好，熔点高；还具有较高的刚性和韧性，机械强度好，耐环境应力开裂性也较好。

聚乙烯（PE）是乙烯经聚合制得的一种热塑性树脂，具有优良的耐低温性能（最低使用温度可达－70～－100℃），化学稳定性好，能耐大多数酸碱的侵蚀（不耐具有氧化性质的酸），常温下不溶于一般溶剂，吸水性小，电绝缘性能优良。但聚乙烯对于环境应力（化学与机械作用）是很敏感的，耐热耐老化性差。

聚氯乙烯绝缘材料由于耐温及耐老化性能较差，绝缘性能稍低于聚乙烯类材料，一般适用于集束型绝缘导线的外护套和低压绝缘导线，或有阻燃要求的场所。

（3）绝缘导线的材料和结构特征代号 JK 表示架空系列；硬铜导体省略；TR 表示软铜导体；L 表示铝导体；HL 表示铝合金导体；V 表示聚氯乙烯绝缘；Y 表示聚乙烯；GY 表示高密度聚乙烯；YJ 表示交联聚乙烯；/Q 表示轻型薄绝缘结构（普通绝缘结构省略）；承力束为钢绞线时用 A 表示。

（4）绝缘导线结构和技术性能

1）单芯中、低压架空绝缘导线。中、低压架空绝缘线路一般采用单芯绝缘导线分相式架设方式，它的架设方式与裸导线的架设方式基本相同。中压受雷击的几率较高，所以中压绝缘导线还需考虑采取防止雷击断线的措施。

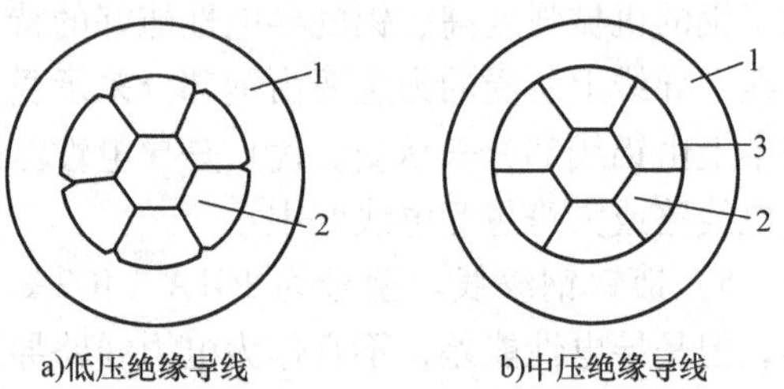

图 1-6　绝缘导线结构图

1—绝缘层　2—导体　3—屏蔽层

低压绝缘导线的结构为直接在线芯上挤包绝缘层，结构如图 1-6a 所示，中压绝缘导线的结构是在线芯上挤包一层半导体屏蔽层，在半导体屏蔽层外挤包绝缘层，结构如图 1-6b 所示。

绝缘导线的线芯一般采用经紧压的圆形硬铝（LY8 或 LY9 型）、硬铜（TY 型）或铝合金导线（LHA 或 LHB 型）。线芯紧压的目的是为了降低绝缘导线制造过程中所产生的应力，防止水渗入绝缘导线内滞留，特别是对铜芯绝缘导线，易引起腐蚀应力断线。考虑夏日短时段暴晒的因素，推荐选用绝缘导线的截面积可视同裸导线或需增大一级。

10kV 绝缘导线的绝缘层分普通绝缘层（厚 3.4mm）和薄绝缘层（厚 2.4mm）两种。有关标准中规定薄绝缘层型结构不设导电屏蔽层，为了降低电场强度，防止过电压或外物碰触绝缘线时产生局部放电，即使采用薄绝缘层时，仍以增加内半导体屏蔽为宜。

对于非承力的绝缘导线，如柱上变压器引线、及利用承力索承力敷设的绝缘导线等，可以采用软铜线做线芯，这类导线的线芯可以不进行紧压。作为变台引线的中压绝缘导线，宜采用 2.5mm 厚的软性薄绝缘层，以便于折弯安装固定。

还有低压并行绝缘接户线，压板夹住导线后，挂钩勾在横担上，引接简便，适用于较小的用电负荷，可减少占用空间走廊，有利于布线整洁。

2）低压集束型绝缘导线。低压集束型绝缘导线（LV—ABC 型）可分为承力束承载、中性线承载和整体自承载三种方式，如图 1-7 所示。整体自承载的低压集束型绝缘导线的线芯，应采用经紧压的硬铝、硬铜或铝合金导线做线芯。采用承力束或裸中性线承载的低压集束型绝缘导线，相线可以采用未经紧压的软铜芯作为线芯。

3）中压集束型绝缘导线。中压集束型绝缘导线（MV—ABC 型），可分为集束型半导体屏蔽、金属屏蔽绝缘导线两种类型。中压集束型半导体屏蔽绝缘导线可分为承力束承载和自承载两种类型，如图 1-8 所示。中压集束型金属屏蔽绝缘导线一般带承力束。

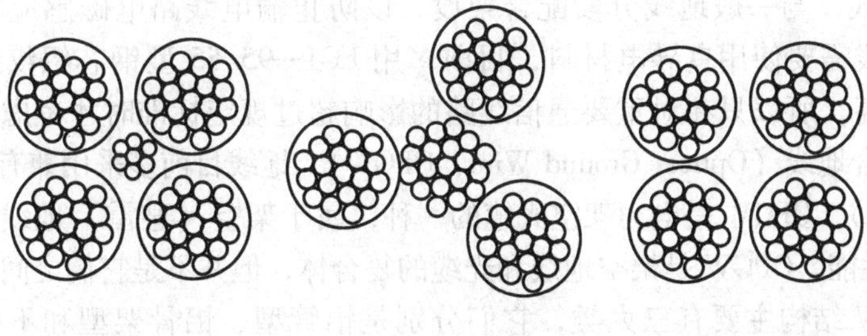

图 1-7　低压集束型绝缘导线结构图

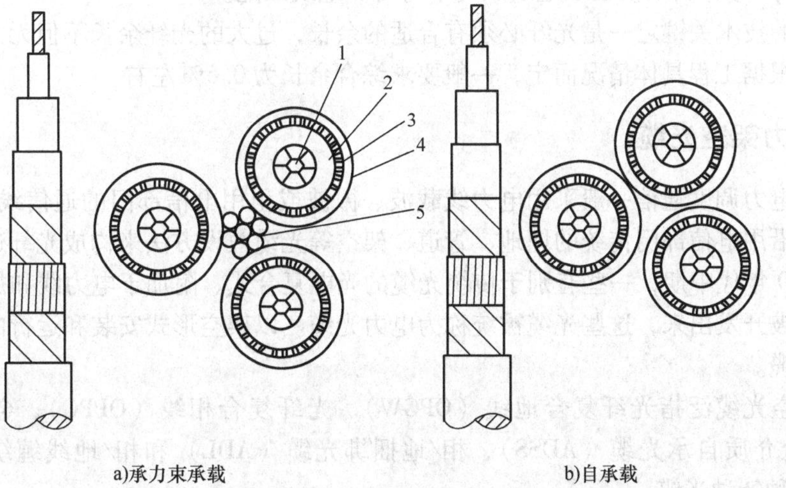

图 1-8　中压集束型半导体屏蔽绝缘导线结构图

1—导体　2—半导体绝缘内屏蔽　3—绝缘体　4—半导体绝缘外屏蔽　5—承力束

1.2.2　避雷线

避雷线的主要作用是防止雷直击导线，同时还具有以下作用：①分流作用，以减小流经杆塔的雷电流，从而降低塔顶电位；②通过对导线的耦合作用可以减小线路绝缘子的电压；③对导线的屏蔽作用还可以降低导线上的感应过电压。避雷线也叫架空地线，一般分为一般地线、绝缘地线、屏蔽地线和光纤复合地线四种。

（1）一般地线　常采用镀锌钢绞线（GJ）。对于超高压线路，常采用钢芯铝绞线、铝包钢绞线等良导体，可以降低不对称短路时的工频过电压，减少潜供电流。

（2）绝缘地线　为了降低电能损耗，我国设计的超高压输电线路中有些将地线加以绝缘。绝缘地线利用一只带有放电间隙的绝缘子与杆塔隔离，雷击时利用放电间隙击穿接地，因此绝缘地线具有与一般地线同样的防雷效果。值得注意的是，绝缘地线上往往感应有较高的对地电压，对导线和地线都不换位时，330kV、500kV 线路绝缘地线的感应电压可分别达到 23kV 和 50kV 左右，因此，对它的任何操作都应按带电作业考虑。当绝缘地线仅用于防雷保护时，应采用分段绝缘中间接地。

（3）屏蔽地线　与一般地线分段配合架设，以防止输电线路电磁感应对附近通信线路的影响。屏蔽地线需要使用良导电材料，目前多用 LGJ—95/55 型钢芯铝绞线。因需耗用有色金属，成本较高，所以只在对重要通信线路的影响超过规定标准时才考虑架设屏蔽地线。

（4）光纤复合地线（Optical Ground Wire，OPGW）　地线目前多采用兼有通信功能的光纤复合地线（OPGW）。OPGW 是电力架空光缆的一种，属于架空（避雷）地线，它满足传统地线的一切功能和性能。OPGW 是架空地线和光缆的复合体，但并不是它们之间的简单相加。

常见的 OPGW 结构主要有三大类，它们分别是铝管型、铝骨架型和不锈钢管型。在满足地线要求的前提下，OPGW 的结构应对相对脆弱的光纤提供有效保护，以期保证在长期运行中光纤的传输性能保持稳定，还希望与传统地线尽量相似（包括直径、重量、机械性能及电气性能等参数），以便在双地线系统中与对侧地线匹配。

OPGW 的技术关键之一是光纤必须有合适的余长，过大的光纤余长不但无必要甚至是有害的，应该根据工程具体情况而定，一般要求综合余长为 0.6% 左右。

1.2.3　电力架空光缆

早期的电力调度通信一般采用电力线载波、微波或租用电信部门的通信线等多重方式。光纤最初是沿用电信部门传统的埋地、管道、架空等光缆敷设方法来构成光纤通信系统。到了 20 世纪 80 年代中期，一些有别于传统光缆的光电复合式、附加于电力线和加挂于电力杆塔上的光缆被开发出来，这些光缆被统称为电力光缆。以架空形式安装和运行的光缆统称为电力架空光缆。

电力架空光缆泛指光纤复合地线（OPGW）、光纤复合相线（OPPC）、金属自承光缆（MASS）、全介质自承光缆（ADSS）、相/地捆绑光缆（ADL）和相/地线缠绕光缆（GW-WOP）等几种特种光缆。

1）光纤复合地线。在架空地线中已有介绍。

2）光纤复合相线（Optical Phase Conductor，OPPC）。在电网中，有些线路可不架设架空地线，但相线是必不可少的。为了满足光纤联网的要求，与 OPGW 技术相类似，在传统的相线结构中以合适的方法加入光纤，就成为光纤复合相线（OPPC）。虽然它们的结构雷同，但从设计到安装和运行，OPPC 与 OPGW 有原则性的区别。

3）全介质自承光缆（All Dielectric Self Supporting，ADSS）。常见的 ADSS 有两种类型：中心管式结构光缆易获得小直径，风荷和冰载的影响较小，但若光纤芯数多则光纤余长难保证；松套层绞式结构光缆易获得安全的光纤余长，虽然直径稍大，在中大跨距应用时较有优势。

ADSS 一般使用纺纶纱作为加强元件，外护套则应根据线路的电压等级和安装点场强选择合适的材料。ADSS 对杆塔是一种添加物，不合适的安装点场强会破坏光缆的外护套直至断裂。安装点还必须同时兼顾杆塔强度、弧垂、线间距离及对地距离等条件的限制。

4）金属自承光缆（Metal Aerial Self Supporting，MASS）。从结构上看，MASS 与中心管单层绞线的 OPGW 相一致，如没有特殊要求，金属绞线通常用镀锌钢线，因此，结构简单，价格低廉。MASS 是介于 OPGW 和 ADSS 之间的产品。例如，在合适的条件下，包括光纤余长、弧垂张力、跨距和短路电流等。MASS 作为自承光缆应用时，主要考虑强度、弧垂以及与相邻导地线和对地的安全间距。它不必像 OPGW 那样要考虑短路电流和热容量，也不需要像 OPPC 那样要考虑绝缘、载流量和阻抗，更不需要像 ADSS 那样要考虑安装点场强，其外层金属绞线的作用仅是容纳和保护光纤。

在拉断力相近的情况下，虽然 MASS 比 ADSS 重，但外直径比中心管 ADSS 约小 1/4，比构套层绞型 ADSS 约小 1/3。在直径相近的情况下，ADSS 的拉断力和允许张力却要比 MASS 小得多。

5）捆绑光缆（All Dielectric Lashed Cable，ADL）。该类光缆属于同线附加型，全介质结构，须用合适的机具和绑扎材料捆绑安装在架空地线（通常）或架空相线上。ADL 以中心束管结构为主，某些大档距可采用束管层绞结构。

6）地线缠绕光缆（Ground Wire Wind Optical Cable，GWWOP）。该类光缆与捆绑光缆有时被统称为附加型光缆（OPAC），属于同线附加型，全介质结构，需用合适的机具和绑扎材料捆绑安装在架空地线（通常）或架空相线上。GWWOP 多用中心束管结构。

1.3　杆塔

杆塔是架空配电线路的重要组成部分，其主要作用是支持导线、避雷线和其他附件，并使导线与导线之间，导线和架空地线之间，导线与杆塔之间，以及导线对大地和交叉跨越物之间有足够的安全距离。

1.3.1　杆塔分类

1. 按杆塔使用材料分类

（1）木杆　木杆的优点是绝缘性能好、重量轻、运输及施工方便。缺点是机械强度低、易腐朽、使用年限短、维修量大。目前我国线路中较少采用此类杆塔。

（2）钢筋混凝土电杆　环形钢筋混凝土电杆是由钢筋和混凝土在离心滚杆机内浇制而成的，一般可分为锥形杆（拔梢杆）和等径杆。其优点是结实耐用、使用年限长、维修量小；缺点是重量大、运输及施工不便。架空配电线路中常采用锥形杆，梢径一般为 150mm、190mm 和 230mm 三种，杆高有 8m、9m、10m、12m 和 15m 等。送电线路常采用等径杆，等径杆一般为 300mm、400mm 两种，ϕ300mm 等径杆有 4.5m、6m 和 9m 等杆段，ϕ400mm 等径杆有 3m、4.5m 和 6m 等杆段，电杆由上述杆段焊接组成。

环形钢筋混凝土电杆分为普通型、预应力型和部分预应力型三种。预应力杆在制造过程中将钢筋拉伸，浇灌混凝土后钢筋内保持拉应力，使混凝土受压，提高了强度，故预应力混凝土电杆使用的钢筋截面积比普通杆小，杆身壁厚也较薄，杆身表面光滑无裂缝。使用预应力混凝土电杆比用普通钢筋混凝土电杆节约钢材，而且还能提高抗裂性和使用寿命。

（3）金属杆　金属杆有铁塔、钢管杆等。其优点是机械强度高、搬运组装方便、使用年限长。缺点是耗用钢材多、投资大、维修中除锈及刷漆工作量大。

钢管杆是近年来研制的一种新的电杆形式，目前全国钢管杆的应用逐渐增多。钢管杆不仅集有钢筋混凝土电杆及铁塔的优点，同时还有它们无法比拟的优点。主要优点是生产周期短、安装方便、占地面积小、能承受较大的应力、杆形美观等诸多方面，适用于城市景观道路、道路狭窄和无法安装拉线的地方。缺点是造价高、制造工艺复杂、重量大。35kV 钢管杆如图 1-9 所示。

钢管杆一般采用 Q235、16Mn 或 ASTMA—572 钢材制造。钢管杆按外形分为圆形、椭圆形、六边或十二边及以上多边形等。钢管杆一般由几段连接起来，连接形式有法兰连接和插接等。

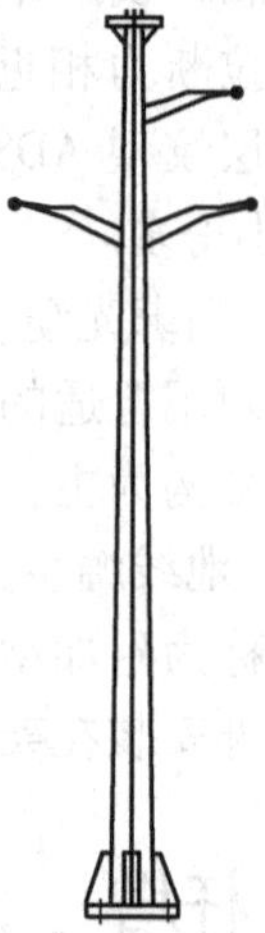

图 1-9　35kV 钢管杆

2. 杆塔在用途上的分类

（1）直线杆塔　用于线路中间直线部分，在平坦地区，这种杆塔占总数的 80% 左右。在正常运行情况下，一般不承受顺线路方向的张力，而是承受垂直荷载即导线、绝缘子、金具和覆冰的重量，以及水平荷载即风压力等。只有在电杆两侧档距悬殊或一侧发生断线时，直线杆塔才承受相邻两档导线的不平衡张力。用符号 Z 表示，直线杆塔如图 1-10 所示。

（2）耐张杆塔　又称承力杆塔，主要用于线路分段处。在正常情况下，耐张杆塔除了承受与直线杆塔相同的荷载外，还承受导线的不平衡张力。在断线情况下，耐张杆塔还要承受断线张力，并能将线路断线、倒杆事故控制在一个耐张段内，便于线路的施工和检修。用符号 N 表示，0～5°耐张杆塔如图 1-11 所示。

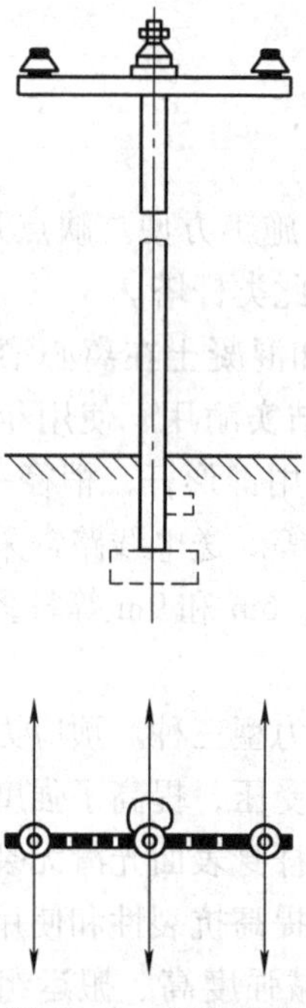

图 1-10　直线杆塔

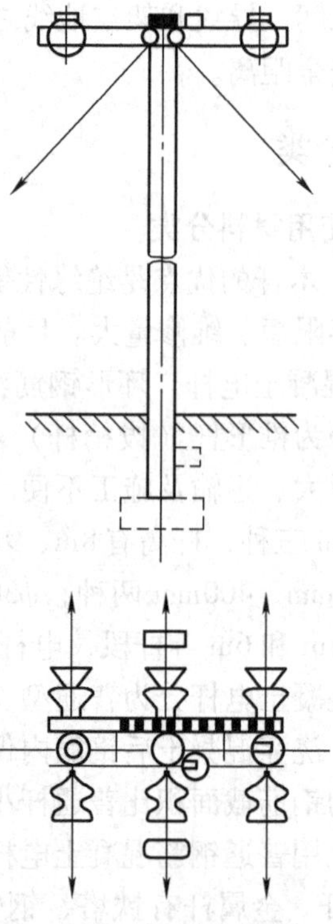

图 1-11　0～5°耐张杆塔

（3）转角杆塔　用于线路的转角处，线路转向内角的补角称为线路转角。转角杆塔除了承受导线等的垂直荷载和风力外，还承受导线转角的合力，合力的大小决定于转角的大小和导线的张力，由于转角杆塔两侧导线拉力不在一条直线上，一般用拉线来平衡转角杆塔的不平衡张力。用符号 J 表示，转角杆塔如图 1-12 和图 1-13 所示。

（4）终端杆塔　它是耐张杆塔的一种，用于线路的首端和终端，它是一种能承受单侧导线张力的杆塔。用符号 D 表示，终端杆塔如图 1-14 所示。

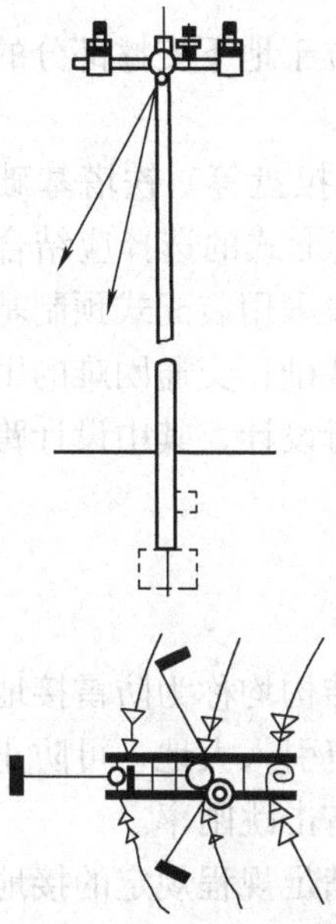

图1-12　5°～45°转角杆塔

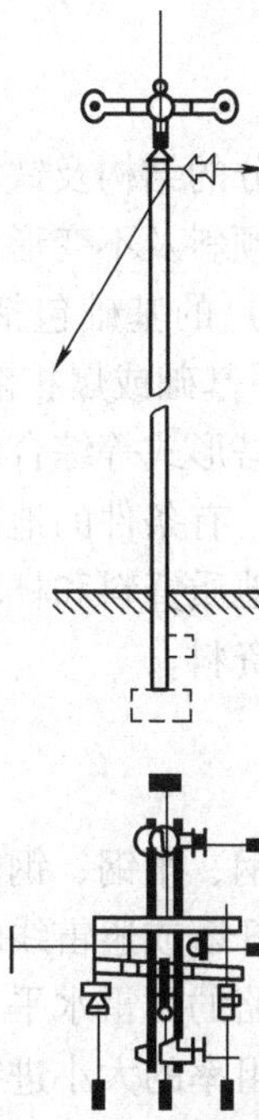

图1-13　45°～90°转角杆塔

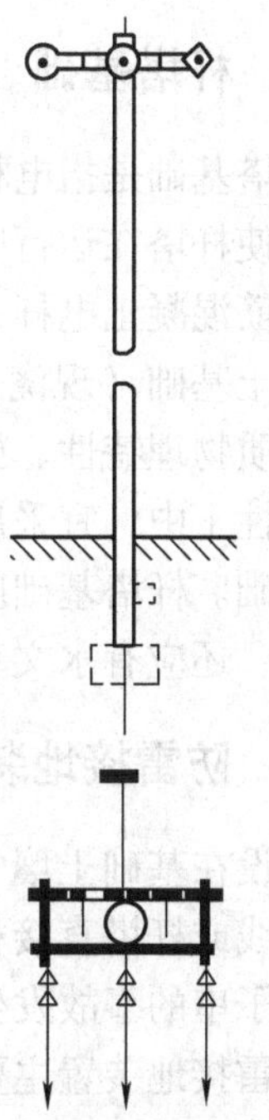

图1-14　终端杆塔

（5）跨越杆塔　用于线路与铁路、道路、桥梁、河流、湖泊、山谷及其他交叉跨越之处，要求有较大的高度和机械强度。用符号K表示，双支撑直线跨越杆塔如图1-15所示。

（6）分支杆塔　分支杆塔用于架空配电线路的分支。用符号F表示，T接分支杆塔如图1-16所示。

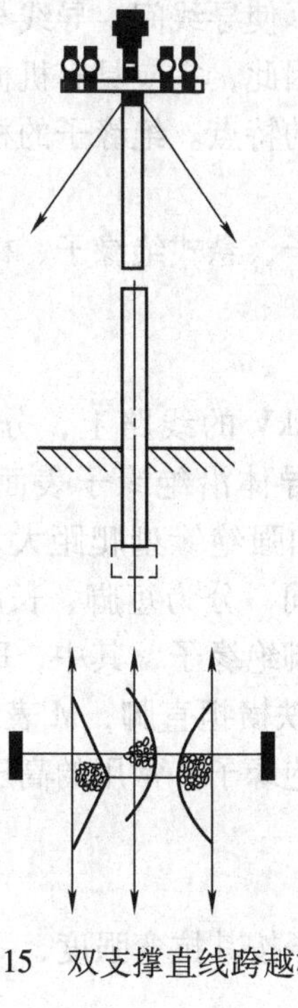

图1-15　双支撑直线跨越杆塔

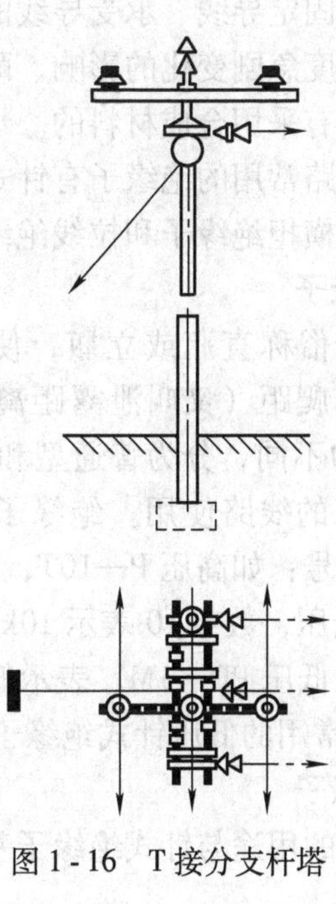

图1-16　T接分支杆塔

1.3.2 杆塔基础

杆塔基础是指电杆埋于地下部分的结构及铁塔立于地面时位于地下支撑部分的结构。其作用是使杆塔在运行中不下沉、不倾斜及不变形。

钢筋混凝土电杆（也称水泥杆）的基础包括底盘、卡盘及拉盘等。铁塔基础一般为钢筋混凝土基础（现浇、预制）、金属基础或爆扩灌注式基础。其形式的选择应结合输电线路沿线地质物理特性、施工条件和杆塔形式等综合因素确定。一般采用装配式预制基础；在粘性和砂性土中，宜采用灌注桩基础；有条件的地区宜采用岩石基础；交通困难的山区可采用金属基础。杆塔基础应根据线路的地质资料和杆塔荷载情况进行设计，其中设计跨越河流的基础时，还应有水文、地质方面的资料。

1.3.3 防雷接地装置

埋设在基础土壤中的圆钢、扁钢、角钢、钢管或其组合式结构均称为防雷接地装置。它与避雷线或杆塔直接相连，当雷击杆塔或避雷线时，能将雷电流引入大地，可防止雷电流击穿绝缘子串的事故发生，提高了线路的耐雷水平，减少了线路雷击跳闸率。

防雷接地装置主要根据土壤电阻率的大小进行设计，必须满足规程规定的接地电阻值的要求。

1.4 绝缘子

1.4.1 绝缘子的类型及参数

绝缘子是架空线路绝缘的主体，绝缘子用来支持导线，使导线间、导线与地和杆塔间保持绝缘，还用于固定导线、承受导线的垂直和水平荷载，因此，它应具有机械强度高、绝缘性能好、不受强度急剧变化的影响、耐自然侵蚀及抗老化的特点。绝缘子的材料一般采用瓷和钢化玻璃，也有采用合成材料的。

架空配电线路常用的绝缘子有针式绝缘子、柱式绝缘子、悬式绝缘子、棒式绝缘子、蝴蝶式绝缘子、瓷横担绝缘子和拉线绝缘子等。

1. 针式绝缘子

针式绝缘子俗称直瓶或立瓶，使用在电压不超过35kV 的线路上，分高压和低压两种。根据绝缘子爬距（又叫泄露距离，是指绝缘子上的导体沿绝缘子表面到绝缘子铁脚的最短距离）的不同，分为普通型和加强绝缘型两种。加强绝缘型爬距大，抗污性能好，适用于污秽地区的线路使用。绝缘子根据铁脚形式的不同，分为短脚、长脚和弯脚三种。针式绝缘子的型号：如高压 P—10T，表示 10kV 铁横担直脚绝缘子，其中，P 表示针式绝缘子，带 D 表示低压，数字 10 表示 10kV 电压等级，T 表示铁横担直脚，M 表示木横担直脚，W 表示弯脚。如低压 PD—1M，表示低压 1kV 木横担直脚绝缘子。常用的高压针式绝缘子如图 1 - 17 所示，常用的低压针式绝缘子如图 1 - 18 所示。

2. 柱式绝缘子

柱式绝缘子的用途与针式绝缘子基本相同，柱式绝缘子按其抗弯强度，一般可分为普通型和加强型两种。普通型柱式绝缘子的抗弯强度为2.5kN，加强型柱式绝缘子的抗弯强度为5kN。由于柱式绝缘子是实心体结构，绝缘子不会内击穿及爆裂，并且浅槽裙边使得绝缘子自洁性能良好，抗污闪能力比针式绝缘子好。因此，柱式绝缘子已逐渐替代针式绝缘子，在配电线路上使用非常广泛。

柱式绝缘子的型号表示："PS—15/5" 表示额定电压为15kV，抗弯强度为5kN的柱式绝缘子。柱式绝缘子如图1-19所示。

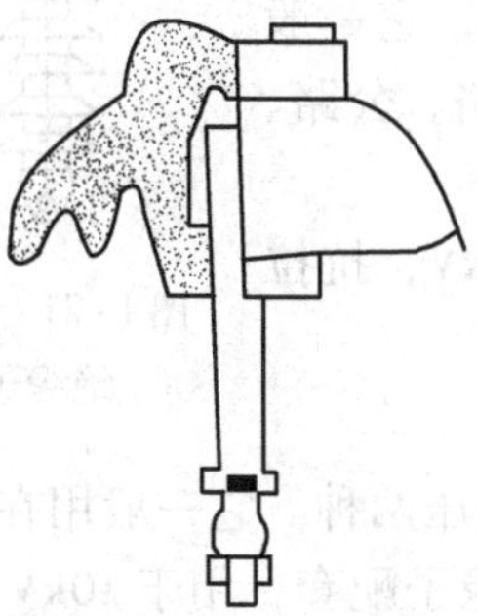
图1-17 高压针式绝缘子

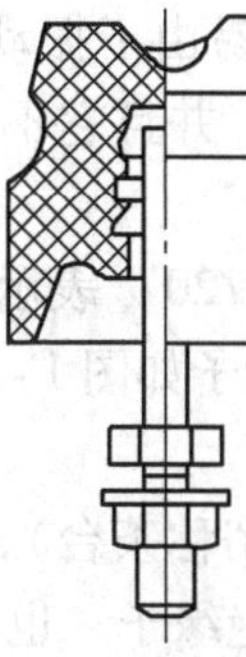
图1-18 低压针式绝缘子

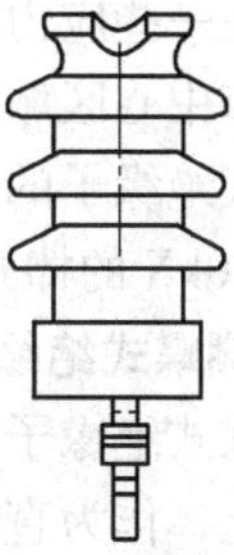
图1-19 柱式绝缘子

3. 悬式绝缘子

悬式绝缘子俗称吊瓶，它是一种由一个盘状或钟状的绝缘件，以及沿着绝缘子布置的附件（即钢帽和钢脚）所组成的绝缘子。钢帽胶装在绝缘件孔内，因而悬式绝缘子具有较大的机械强度和良好的电气性能。悬式绝缘子按其防污性能分为普通型和防污型两种。按其制造材料一般分为瓷悬式和钢化玻璃悬式两种。普通悬式绝缘子的连接方法分为球型和槽型两种，目前绝大部分均采用球型连接。普通悬式绝缘子有新系列（XP系列）、老系列（X系列）和钢化玻璃三大类。新系列产品尺寸小、重量轻、性能好，金属附件连接结构标准化，它将逐渐取代老产品。钢化玻璃悬式绝缘子除具有新系列悬式绝缘子的优点外，还具有强度高、爬距大、不易老化、维护方便的优点。悬式绝缘子如图1-20所示。

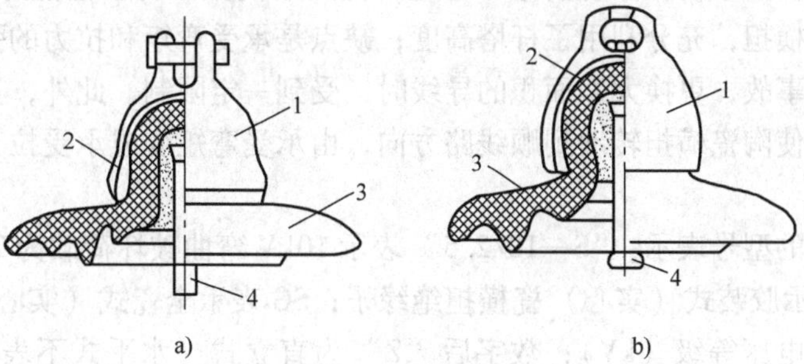

图1-20 悬式绝缘子

1—铸钢帽 2—水泥胶合剂 3—瓷质部分 4—销钉连接杆

我国生产的绝缘子型号根据GB/T 7253—2005标准规定：第一个字母U表示悬式绝缘子；第二个数字是规定的机电或机械破坏负荷的千牛（kN）数的标志；第三个字母B或C分别表示球型或槽型连接；第四个字母S或L表示短结构或长结构高度，M表示中长，EL

表示超长；第五个字母 P 置于最后，表示污秽地区的大爬距绝缘子。

4. 棒式绝缘子

棒式绝缘子又称瓷拉棒，它是一个一端或两端装有钢帽的实心瓷体，为外胶装结构。棒式绝缘子的优点是质量轻、长度短、实心结构不会内击穿。另外，棒式绝缘子还具有泄漏距离长、绝缘水平高、自洁能力强（可以减少清扫绝缘子的工作量），且结构简单、安装方便等优点，它可以代替悬式绝缘子或蝴蝶型绝缘子。

由于棒式绝缘子在运行过程中容易由于振动等原因而断裂，它一般只能用在一些应力比较小的承力杆塔，并且它不能用于跨越铁路、公路、航道或市中心区域等重要地区的线路。

棒式绝缘子的型号表示："SL—10/20" 表示额定电压为 10kV，抗拉强度为 20kN 的棒式绝缘子。棒式绝缘子如图 1-21 所示。

图 1-21　棒式绝缘子

5. 蝴蝶式绝缘子

蝴蝶式绝缘子又称碟式绝缘子（俗称茶台），分为高压和低压两种。它一般用在低压配电线路上，作为直线杆塔或耐张杆塔绝缘子，也有的同悬式绝缘子配套，用于 10kV 配电线路耐张杆塔、终端杆塔或分支杆塔等处。

蝴蝶式绝缘子的型号表示："ED—1" 表示 1 型低压蝴蝶式绝缘子。其中，E 表示中压蝴蝶式绝缘子，后面加 D，表示低压蝴蝶式绝缘子，横线后数字，老产品表示电压，新产品表示外形尺寸序号，"1" 为最大的一种。蝴蝶式绝缘子如图1-22 所示。

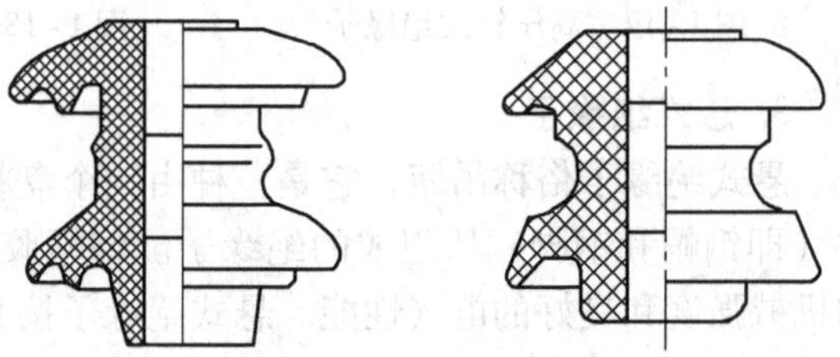

a)高压蝴蝶式绝缘子　　b)低压蝴蝶式绝缘子

图 1-22　蝴蝶式绝缘子

6. 瓷横担绝缘子

瓷横担绝缘子是一端外胶装金属附件的实心瓷体，它一般用在 10～35kV 线路直线段上。其优点是实心棒形结构，不易击穿、老化，泄露距离大，自洁性能好、抗污闪能力强，省去了杆塔的金属横担，充分利用了杆塔高度；缺点是承受弯矩和拉力的强度低，易发生脆断，引起断线倒杆事故，更换大截面积的导线时，受到一定限制。此外，当线路发生事故断线时，不平衡张力使陶瓷横担转动到顺线路方向，由承受弯矩变成承受拉力，对电杆有一定的缓冲作用。

瓷横担绝缘子的型号表示："S—10/2.5" 表示 10kV 弯曲破坏荷载为 2.5kN 的瓷横担绝缘子，其中，S 表示胶装式（实心）瓷横担绝缘子；SC 表示全瓷式（实心）瓷横担绝缘子；横线后数字为额定电压等级（kV）；数字后 "Z" 为直立式（水平式不表示）。瓷横担绝缘子如图 1-23 所示。

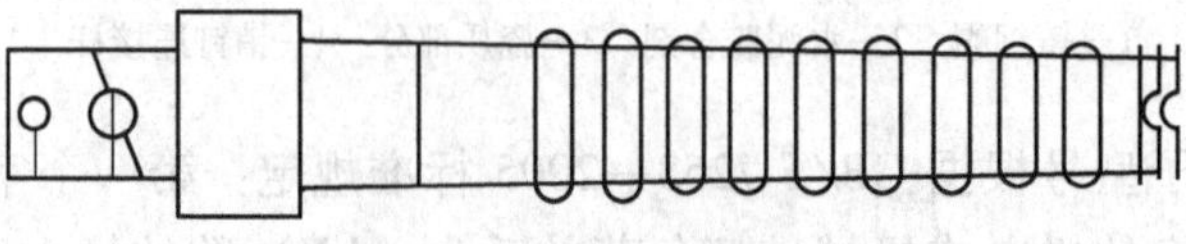

图 1-23　瓷横担绝缘子

7. 拉线绝缘子

拉线绝缘子又称拉紧瓷绝缘子，一般用于架空配电线路终端杆塔、转角杆塔及耐张杆塔等穿越导线的拉线上，使下部拉线与上部拉线绝缘。

拉线绝缘子的型号表示：“J—20”表示机械破坏负荷为 20kN 的拉线绝缘子。其中，J 表示拉线绝缘子，横线后数字表示机械破坏负荷值（kN）。拉线绝缘子如图 1 - 24 所示。

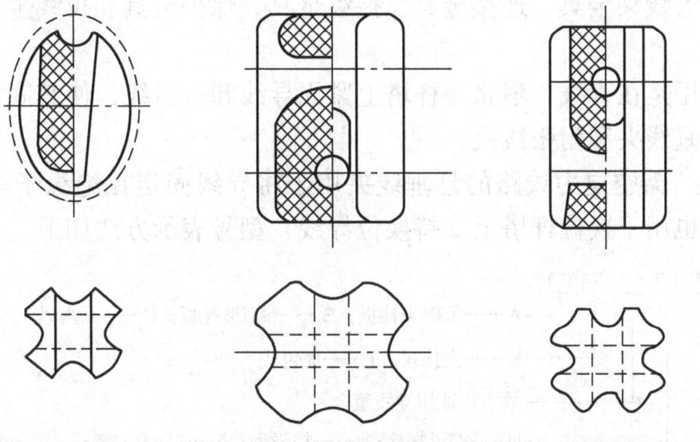
a)J—20型　b)J—45(54)型　c)J—70(90、160)型

图 1 - 24　拉线绝缘子

1.4.2　绝缘子的选用

绝缘子应按线路电压等级选用，架设在工业污秽地区或接近海岸、盐湖、盐碱地区的线路，应根据运行经验和可能污染的程度，增加绝缘子的爬电距离等，并宜采用防污型绝缘子或采用其他有效措施。多雷区的 3 ~ 10kV 线路，当采用裸导线横担时，宜提高绝缘子等级。

绝缘子的机械强度使用安全系数法，根据 GB 50061—2010《66kV 及以下架空电力线路设计规范》的规定，不应小于下列数值：瓷横担绝缘子为 3.0；柱式绝缘子、针式绝缘子为 2.5；悬式绝缘子为 2.7；蝴蝶式绝缘子为 2.5；合成绝缘子 3.0。

绝缘子的机械强度安全系数按下式计算：

$$K = T/T_{max} \tag{1-1}$$

式中，K 是安全系数；T 是瓷横担绝缘子、柱式绝缘子及针式绝缘子的抗弯破坏负荷，悬式绝缘子的 1h 机电试验负荷（kN），蝴蝶式绝缘子的破坏负荷（kN）；T_{max} 是绝缘子的最大使用负荷（kN）。

1.5　金具

1.5.1　金具分类

在架空配电线路中，线路金具是用来支持、固定和接续导线、导体与绝缘子连接，也用来保护导线和杆上的其他电力设施的金属辅助元件。

线路金具一般都是由铸钢和可锻铸铁制成。线路金具应具有足够的机械强度，对连接导电体的部分金具，要具有良好的电气性能。线路金具在制造过程中，应无毛刺飞边、砂眼气泡及裂纹变形，表面应光洁，镀锌层应均匀。配套金具应做到规格适合、不缺件及无锈蚀，螺杆、螺母应配合良好，线夹船体压板与导线接触面应光滑，制造质量和尺寸应符合国家标准规范。

金具按用途分为线夹金具、连接金具、接续金具、保护金具和拉线金具五大类。

1. 线夹金具

线夹金具的作用是在直线、耐张等杆塔上紧固导线和避雷线，使其固定在绝缘子串或横担上。线夹分为悬垂线夹和耐张线夹。

（1）悬垂线夹　架空电力线路的悬垂线夹用于将导线固定在绝缘子串上或将避雷线悬挂在直线杆塔上，也用于换位杆塔上支持换位导线，型号表示方法如下：

□ □ □-□ □

A——带碗头挂板；B——带U形挂板；C——下垂式

K——上扛式；T——提包式

数字：适用导线组合号

U——U形螺栓；J——加强型；F——防晕；H——铝合金

G——固定；S——双线夹；C——悬垂

悬垂线夹从性能上分为固定型、释放型、防晕型、加强型和双分裂导线用悬垂线夹；从材质上分可锻铸铁和铝合金两种。悬垂线夹包括挂架、U 形螺栓和船体。固定型悬垂线夹和防晕型悬垂线夹如图 1 - 25 和图 1 - 26 所示。另一种就是预绞式悬垂线夹，现在国内应用很广泛。预绞式悬垂线夹用于 ADSS、OPGW 及各种导线在直线杆塔的连接，内外层螺旋预绞丝的组合能很好地保护光缆，无集中应力，避免产生弯曲应力，对光缆起到保护和辅助减振的作用，安装方便。整套预绞式悬垂线夹包括内外层预绞丝、悬挂头和配套连接金具。

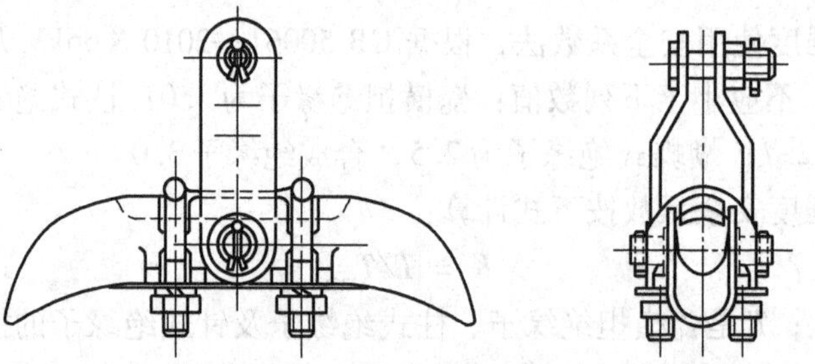

图 1 - 25　固定型悬垂线夹

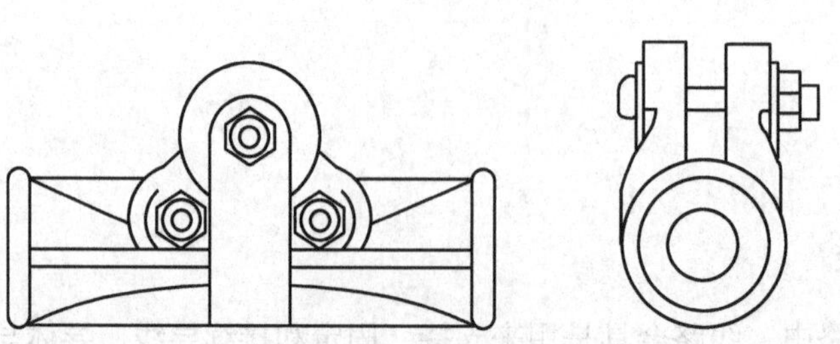

图 1 - 26　防晕型悬垂线夹

（2）耐张线夹　耐张线夹的作用是用来将导线或避雷线固定在非直线杆塔的耐张绝缘子串上，起锚固作用，也用来固定拉线杆塔的拉线。耐张金具（线夹）按结构和安装条件可分为螺栓型、压缩型、开口楔型及预绞丝（无螺栓）型等。

1）螺栓型耐张线夹。这种线夹是借U形螺栓的垂直压力与线夹波浪形线槽所产生的摩擦效应来固定导线的，安装时通常在铝绞线、钢芯铝绞线外缠绕铝包带。线夹只承受导线的全部拉力（即导线计算拉断力），而不导通电流。螺栓型耐张线夹的主要优点是施工、安装方便，并对导线有足够的握力，质量较轻，因此，多年来被广泛地应用在电力线路上。螺栓型耐张线夹适用于安装中小截面的导线，按使用材料分为螺栓型铝合金耐张线夹和螺栓型可锻铸耐张线夹。其中，螺栓型可锻铸耐张线夹由于造价较低，在架空配电裸导线线路中广泛应用。型号“NLL—1”表示设计序号为1的螺栓型铝合金耐张线夹，其中，N表示耐张线夹；第一个L表示螺栓；第二个L表示铝合金；横线后数字表示产品序号。“NLD—1”表示设计序号为1的螺栓型可锻铸倒装式耐张线夹，其中，N表示耐张线夹；L表示螺栓；D表示倒装式；横线后数字表示线夹的组合编号。螺栓型耐张线夹如图1-27a所示。

2）压缩型耐张线夹。该线夹采用液压或爆压方法将导线的铝股、钢芯与线夹的钢管、钢锚压在一起。线夹本身除承受导线的全部拉力（即导线的计算拉断力）外，还作为导电体，这类线夹适用于安装大截面的导线。采用液压方法连接导线时，其钢锚和铝管压后外形为正六角形。压缩型耐张线夹如图1-27b所示。

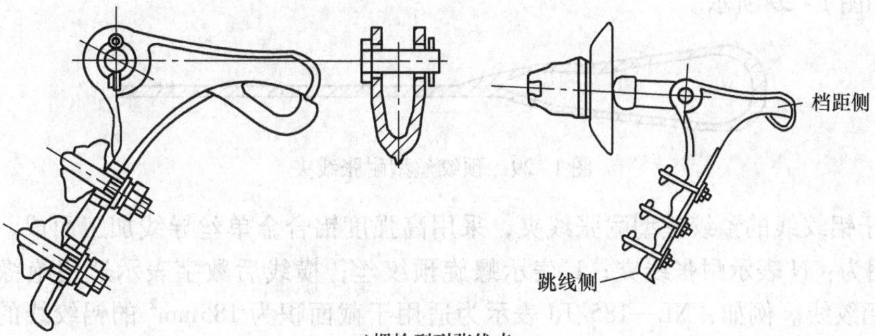

a)螺栓型耐张线夹

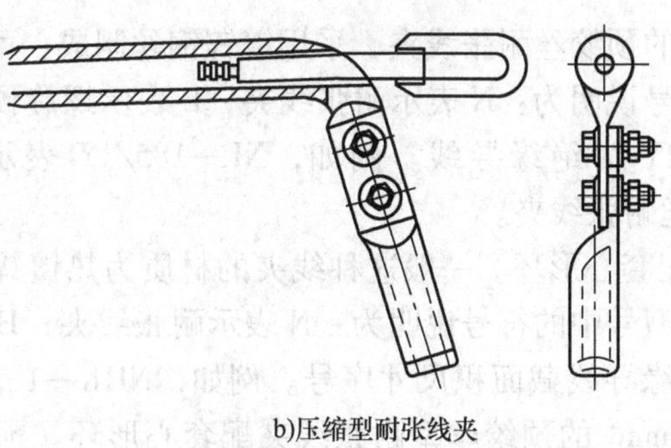
b)压缩型耐张线夹

图1-27　螺栓型耐张线夹和压缩型耐张线夹

3）开口楔型耐张线夹。这种线夹安装导线时较为便利，适用于绝缘线剥除绝缘层后安装（可防止雷击断线），并外加绝缘罩。用于铜绞线或绝缘铜绞线时，线夹一般采用可锻铸铁，楔子采用黄铜制造；用于铝绞线或绝缘铝绞线时，线夹及楔子采用高强度铝合金制造。开口楔型耐张线夹型号中的符号说明为：N 表示耐张线夹；E 表示楔型；T 表示线夹本体为可锻铸铁、楔子为铜制；L 表示线夹本体及楔子为铝制；横线后数字表示适用绝缘导线截面的序号。开口楔型耐张线夹如图 1 - 28 所示。

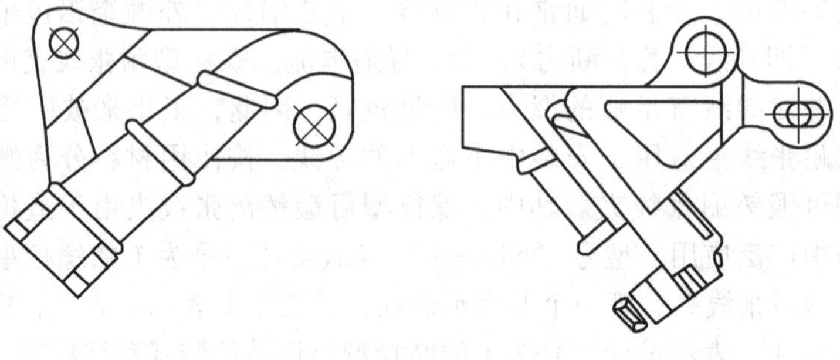

a)NET型 b)NEL型

图 1 - 28 开口楔型耐张线夹

4）预绞丝型耐张线夹。其结构为预绞丝双腿绞合形成空管，折弯部预绞成绞环形。预绞丝双腿形成的空管内径比导线外径小 15% ~17%，预绞丝缠绕在导线上，借助于材料的弹性及收紧力，越拽越紧，不产生滑移。绞环套在心形环上，与悬式绝缘子连接。一般预绞丝型耐张线夹的旋向与绞线的旋向一致，为右旋，为增大摩擦力一般粘有石英砂。预绞丝型耐张线夹如图 1 - 29 所示。

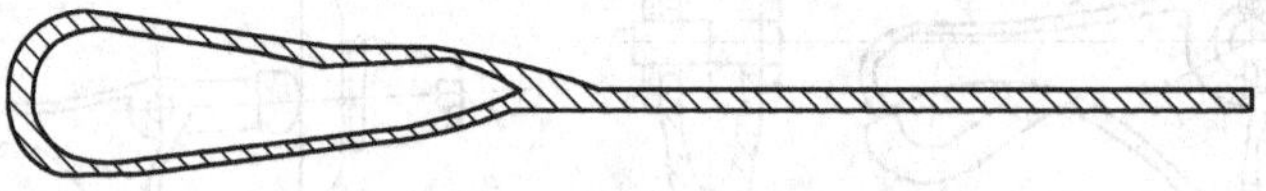

图 1 - 29 预绞丝型耐张线夹

① 用于铝绞线的预绞丝型耐张线夹，采用高强度铝合金单丝导线加工而成，其型号中的符号说明为：N 表示耐张线夹；L 表示螺旋预绞丝；横线后数字表示适用绝缘导线截面积；LJ 为铝绞线。例如，NL—185/LJ 表示为适用于截面积为 185mm^2 的铝绞线的预绞丝型耐张线夹。

② 用于 10kV 绝缘导线的预绞丝耐张线夹，采用镀锌钢丝制成，可直接安装在绝缘导线外绝缘层上。其型号中的符号说明为：N 表示耐张线夹；L 表示螺旋预绞丝；横线后数字表示适用绝缘导线截面积；JY 为绝缘导线。例如，NL—185/JY 表示为适用于截面积为 185mm^2 的绝缘导线的预绞丝耐张线夹。

5）预绞丝型耐张线夹配套心形环。一般这种线夹的材质为热镀锌球墨铸铁，适用于槽型悬式绝缘子或拉线棒。其型号中的符号说明为：N 表示耐张线夹；H 表示环；K 表示为卡子；横线后数字表示适用绝缘导线截面积尺寸序号。例如，NHK—1 表示为适用于 10kV 普通绝缘导线截面积为 16 ~95mm^2 的预绞丝型耐张线夹配套心形环。预绞丝型耐张线夹配套心形环如图 1 - 30 所示。

2. 连接金具

架空配电线路用连接金具一般分为专用连接金具和通用连接金具两种。专用连接金具主要用于配合球型绝缘子串连接，如球头挂环、球头挂板等；通用连接金具则主要用于绝缘子

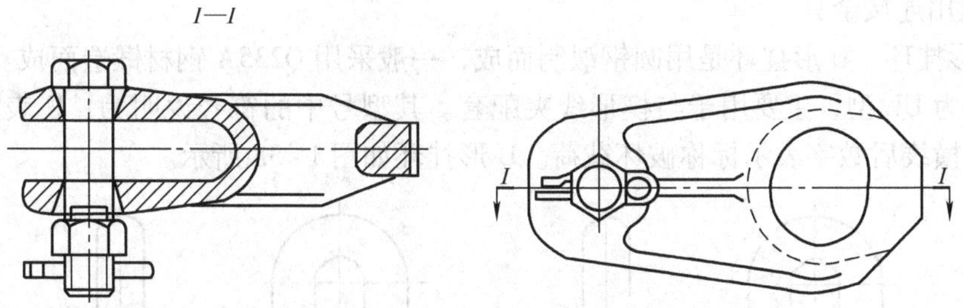

图 1 - 30　预绞丝型耐张线夹配套心形环

串间相互连接，以及绝缘子与杆塔或其他金具间的连接，如 U 形挂板、U 形挂环、直角挂板、平行挂板、连板、延长环等。

（1）专用连接金具

1）球头挂环。球头挂环的钢脚侧用来与球型悬式绝缘子上端钢帽的窝连接，球头挂环侧根据使用条件分为圆环接触和螺栓平面接触两种，与横担连接，选用球头挂环时，应避免点接触的组装方式。其型号中的符号说明为：Q 表示球头；P 表示平面接触；H 表示为椭圆环；横线后数字表示标称破坏载荷。球头挂环如图 1 - 31 所示。

2）碗头挂板。碗头挂板的碗头侧用来连接球型悬式绝缘子下端钢脚（又称球头），挂板侧一般用来连接耐张线夹等。单碗头挂板一般适用于连接螺栓型耐张线夹，为避免耐张线夹的跳线与绝缘子瓷裙相碰，可选用长尺寸的 B 型；双碗头挂板一般适用于连接开口楔形耐张线夹。其型号中的符号说明为：W 表示碗头；S 表示双联；横线后数字表示标称破坏载荷。碗头挂板如图 1 - 32 所示。

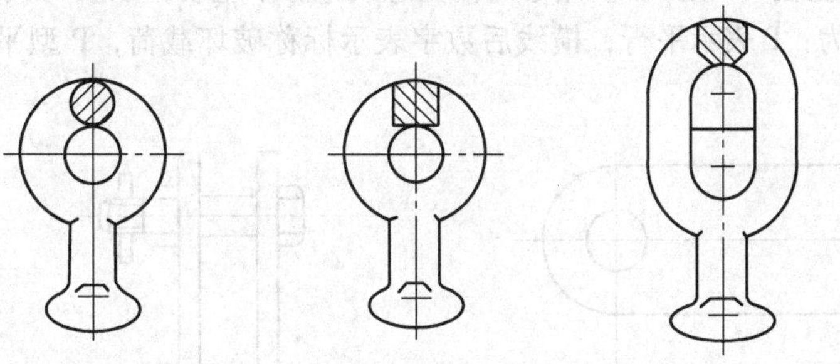

a)Q型　b)QP型　c)QH型

图 1 - 31　球头挂环

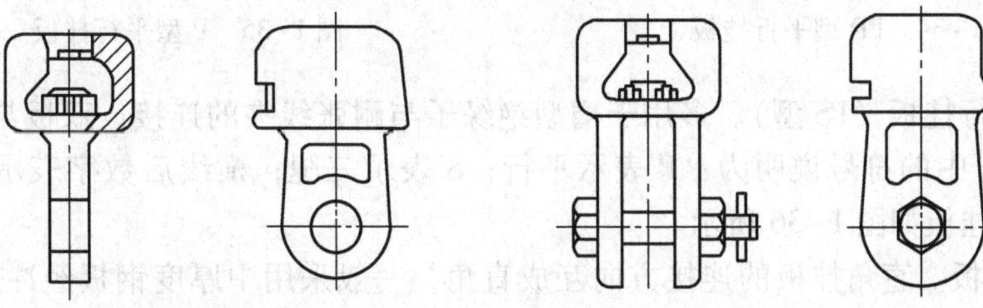

a)单联(W型)　b)双联(WS型)

图 1 - 32　碗头挂板

（2）通用连接金具

1）U形挂环。U形挂环是用圆钢锻制而成，一般采用Q235A钢材锻造而成。加长U形挂环的型号为UL型，主要用于与楔形线夹配套。其型号中的符号说明为：U表示U形；L表示延长；横线后数字表示标称破坏载荷。U形挂环如图1-33所示。

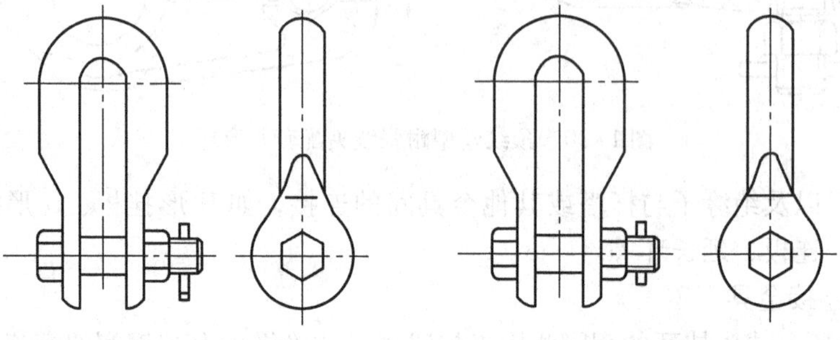

图1-33　U形挂环

2）平行挂板。平行挂板用于连接槽型悬式绝缘子，以及单板与单板、单板与双板的连接，仅能改变组件的长度，而不能改变连接方向。平行挂板一般采用中厚钢板以冲压和剪割工艺制成。

① 单板平行挂板（PD型），多用于与槽型绝缘子配套组装。其型号中的符号说明为：P表示平行；D表示单板；横线后数字表示标称破坏载荷。PD型平行挂板如图1-34所示。

② 双板平行挂板（P型）。多用于与槽型悬式绝缘子组装，以及与其他金具连接。其型号中的符号说明为：P表示平行；横线后数字表示标称破坏载荷，P型平行挂板如图1-35所示。

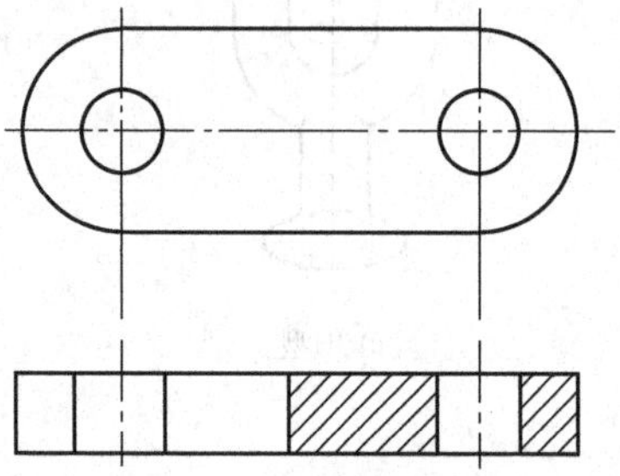

图1-34　PD型平行挂板

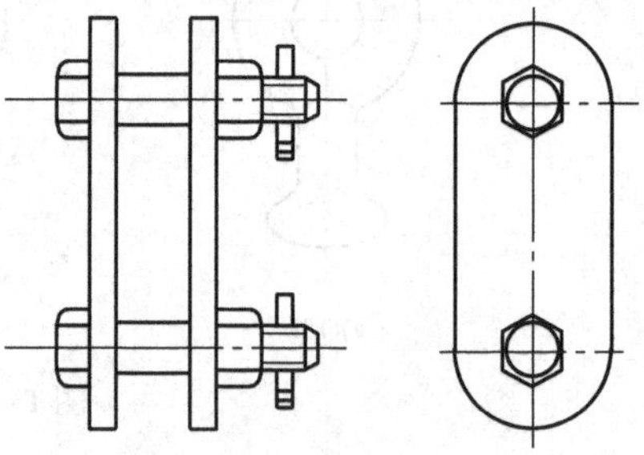

图1-35　P型平行挂板

③ 三腿平行挂板（PS型）。多用于槽型绝缘子与耐张线夹的连接，双板与单板的过渡连接等。其型号中的符号说明为：P表示平行；S表示三腿；横线后数字表示标称破坏载荷。PS型平行挂板如图1-36所示。

3）直角挂板。直角挂板的连接方向互成直角，一般采用中厚度钢板经冲压弯曲而成，常用Z型挂板。其型号中的符号说明为：Z表示直角；横线后数字表示标称破坏载荷。Z型直角挂板如图1-37所示。

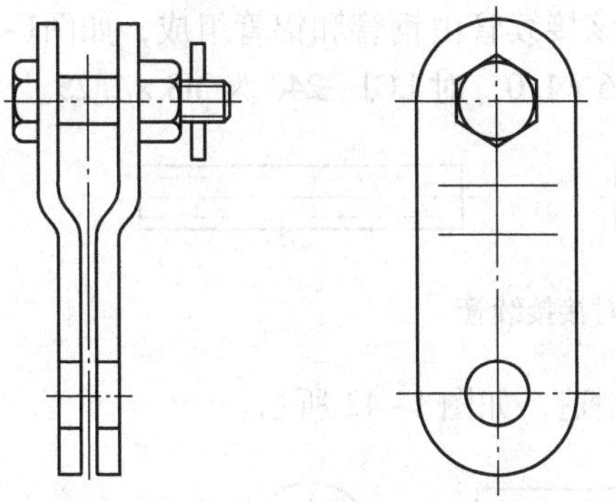

图1-36　PS型平行挂板

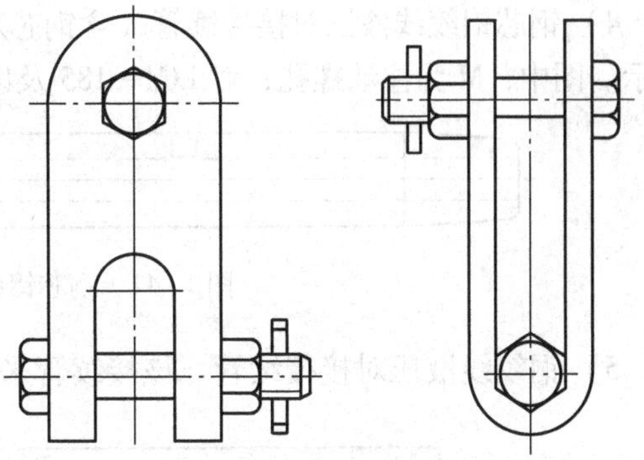

图1-37　Z型直角挂板

3. 接续金具

导线接续金具按承力可分为承力接续金具和非承力接续金具两类。按施工方法又可分为钳压、液压、螺栓接续及预绞丝螺旋接续金具等。按接续方法还分为绞接、对接、搭接、插接及螺接等。

（1）承力接续金具

1）铝绞线用钳压接续管（椭圆形、搭接）。接续管以热挤压加工而成，其截面为薄壁椭圆形，将导线端头在管内搭接，以液压钳或机械钳进行钳压。从接续管的一端以上下交错的顺序压向另一端。铝绞线用钳压接续管如图1-38所示。

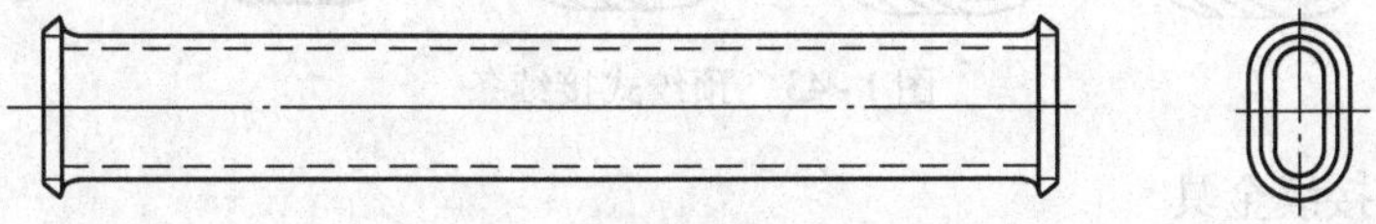

图1-38　铝绞线用钳压接续管

2）钢芯铝绞线用钳压接续管（椭圆形、搭接）。钢芯铝绞线用的接续管内附有衬垫，钳压时应从接续管的中间开始，先上下交错的压向一端，然后再上下交错的压向另一端。钢芯铝绞线用钳压接续管如图1-39所示。

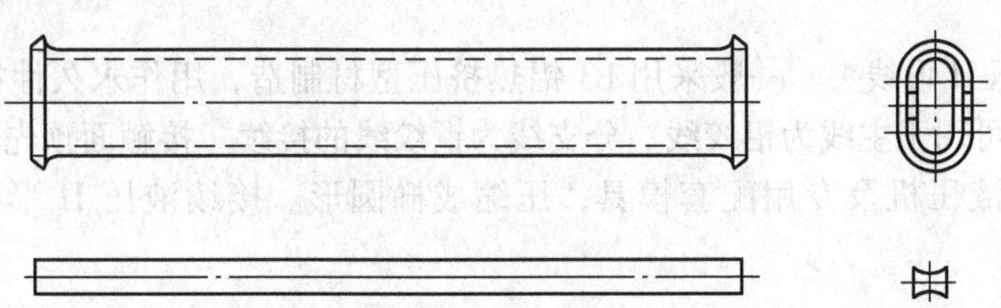

图1-39　钢芯铝绞线用钳压接续管

3）铝绞线液压接续管（10kV绝缘线用、铝合金制）。以液压方法接续导线，用一定吨位的液压机和规定尺寸的压缩钢模进行，接续管受压后产生塑性变形，使接续管与导线成为一个整体，液压接续管有足够的机械强度和良好的电气接触性能。如图1-40所示。

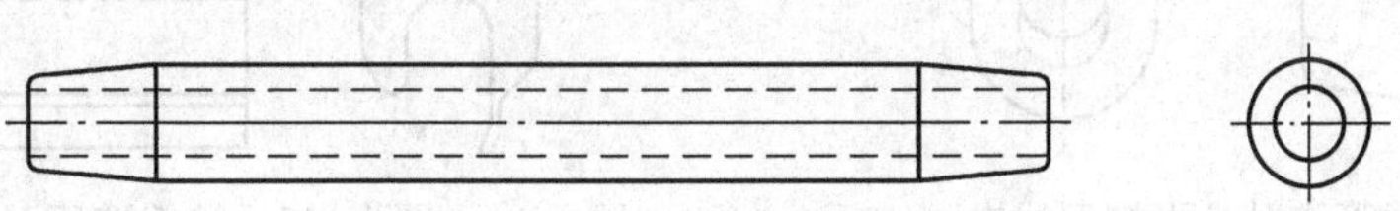

图1-40　铝绞线液压对接接续管

4）钢芯铝绞线液压对接接续管（含钢芯对接）。该接续管由钢管和铝管组成，如图1-41所示。图中，M为注油螺孔，对LGJ—185及以下为M6×1.0，对LGJ—240为M8×1.25。

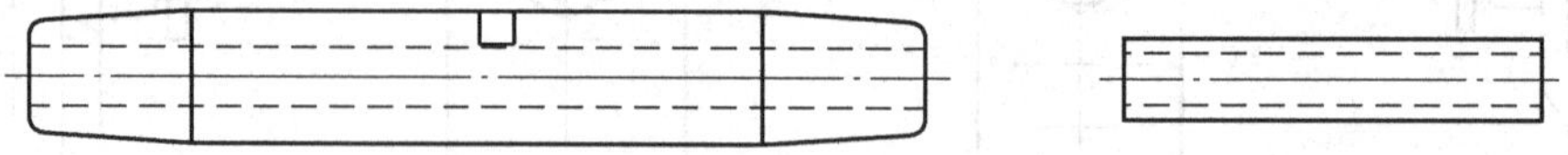

图1-41　钢芯铝绞线液压对接接续管

5）铜绞线液压对接接续管。该接续管采用纯铜制造，如图1-42所示。

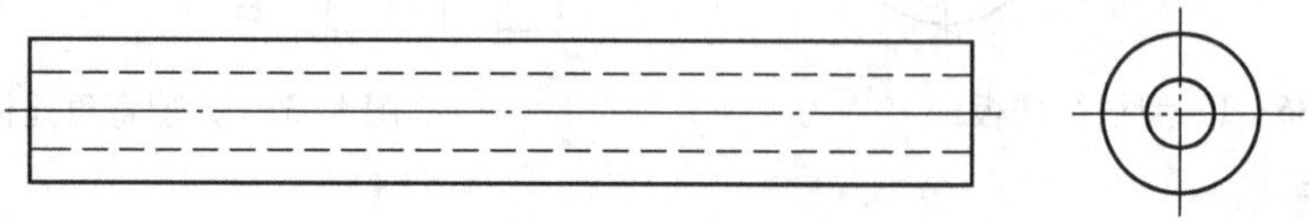

图1-42　铜绞线液压对接接续管

6）铝合金绞线液压对接接续管。铝合金绞线机械强度大，铝材硬度高，不适宜用椭圆形接续管进行钳压搭接，必须使用圆形接续管进行液压对接。

7）预绞式接续条。用于导线损伤剪断重接，安装迅速、简便，一般接续条上粘有金属砂。预绞式接续条如图1-43所示。

图1-43　预绞式接续条

（2）非承力接续金具

1）接续管弹射C形楔型线夹。该线夹使用击发弹药冲击力将楔块弹射楔紧导线，并在楔块上击打出锁销卡住C形线夹。弹射过程中摩擦掉氧化膜，使接触面密实。C形线夹的弹性可使导线与楔块间产生恒定的压力，保证电气接触良好。接续管弹射C形楔型线夹一般采用铝合金制造，可用于主线为铝绞线、分支线为铝绞线或铜绞线的接续，如图1-44所示。

2）接续液压H形线夹。一般采用L3铝热挤压型材制造，用作永久性接续等径或不等径的铝绞线，也可用于主线为铝绞线、分支线为铜绞线的接续。接触面预先进行金属过渡处理。安装时使用液压机及专用配套模具，压缩成椭圆形。接续液压H形线夹如图1-45所示。

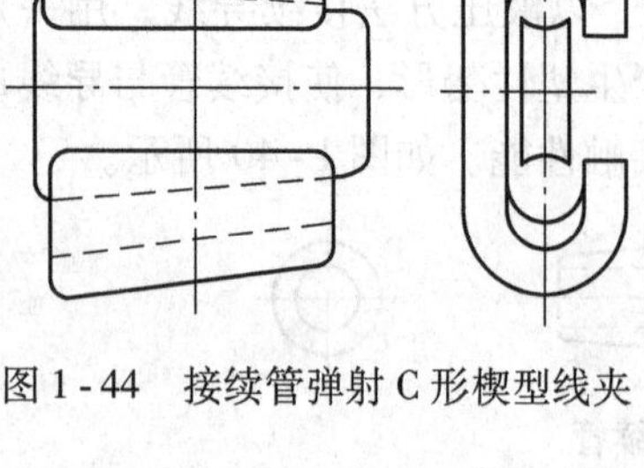

图1-44　接续管弹射C形楔型线夹

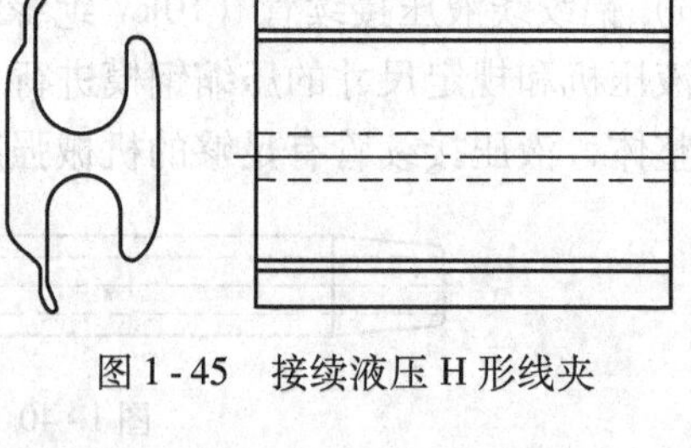

图1-45　接续液压H形线夹

3）接续液压C形线夹。一般采用T1铜热挤压型材制造，用作铜绞线主线与引下线的永久性的接续、铜绞线接户线与铜进户线的接续。安装时使用液压机及专用配套模具，压缩成椭圆形。为保证机械强度，也可制成“6”字形等。接续液压C形线夹如图1-46所示。

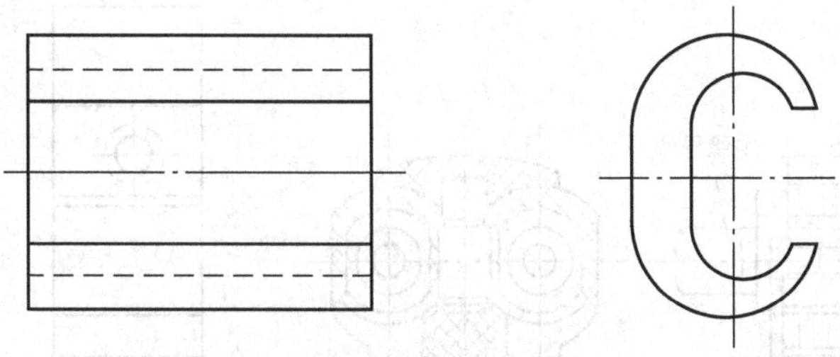

图1-46　接续液压C形线夹

4）铝绞线、钢芯铝绞线用铝异径并沟线夹，适用于中小截面的铝绞线、钢芯铝绞线在不承受张力位置上的连接，可接续等径或异径导线。线夹、压板及垫瓦均采用热挤压型材制造，紧固螺栓、弹簧垫圈等应热镀锌。根据材料的性能，铝压板应有足够的厚度，以保证压板的刚性。压板应单独配置螺栓。铝异径并沟线夹如图1-47所示。

5）铜绞线用铜异径并沟线夹。一般采用T1铜热挤压型材制造。尺寸基本与铝绞线用异径并沟线夹相同。

6）铜铝过渡异径并沟线夹，如图1-48所示，铜铝过渡应采用摩擦焊接工艺。

7）穿刺线夹。该线夹适用于绝缘导线采用带电作业施工，并有利于绝缘防护，分为中压和低压穿刺线夹。低压穿刺线夹如图1-49所示，中压穿刺线夹如图1-50所示。

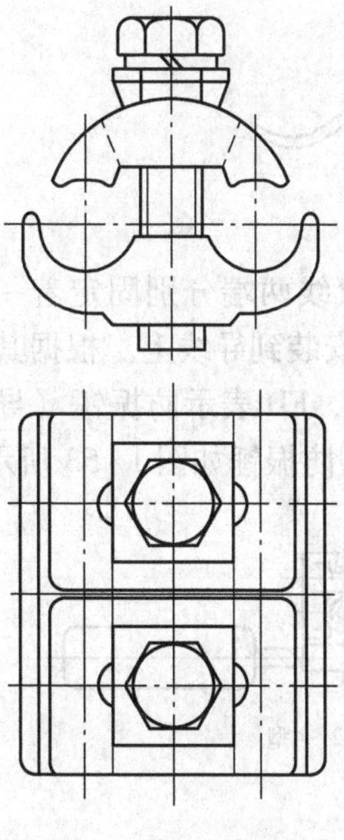

图1-47　铝异径并沟线夹

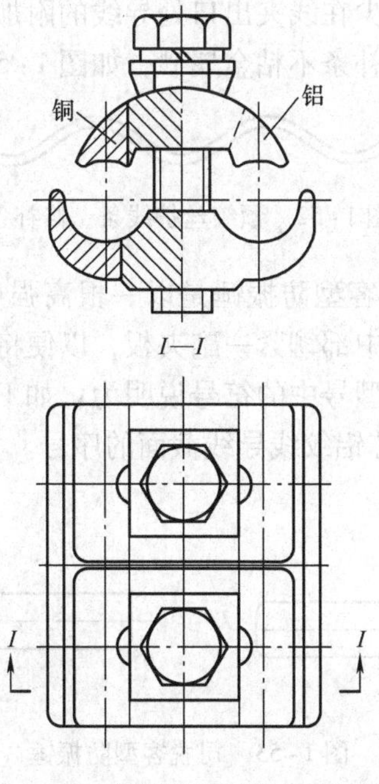

图1-48　铜铝过渡异径并沟线夹

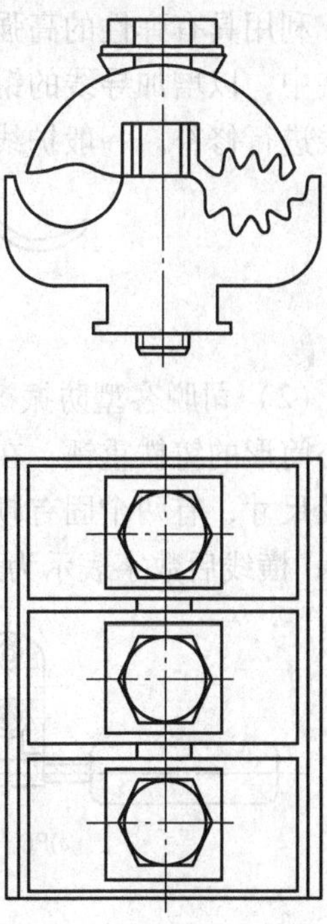

图1-49　低压穿刺线夹

8）接户线过渡线夹。线夹由铜铝过渡板和铝压板组成，铜铝过渡板的上端为铝板、下端为铜板，铜铝过渡采用摩擦技术焊接。铝压板应有足够的厚度，以保证压板的刚性。线夹适用于线路为铝绞线、接户线为小截面铜绞线的场所。接户线过渡线夹如图 1-51 所示。

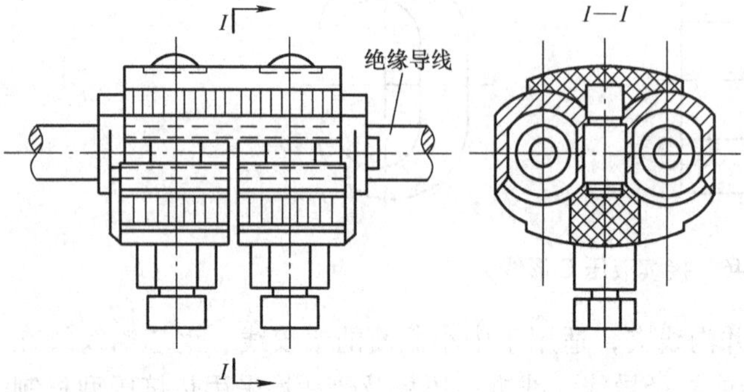

图 1-50　中压穿刺线夹

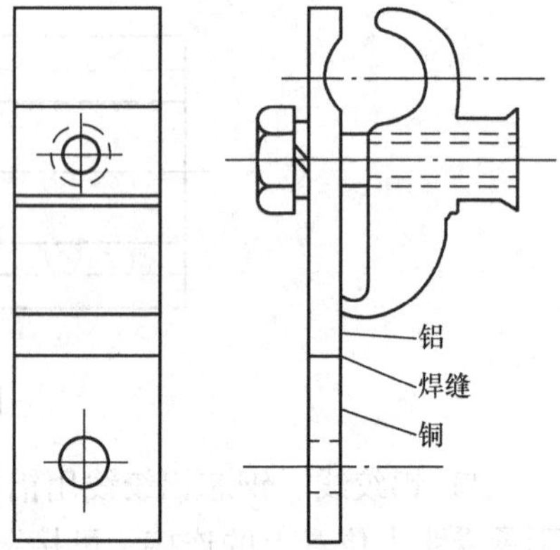

图 1-51　接户线过渡线夹

4. 保护金具

保护金具分为电气和机械两大类。电气类保护金具一般用于防止绝缘子串或电瓷设备上的电压分布过分不均匀而损坏绝缘子或设备，主要有均压环等，配电线路很少使用。机械类保护金具主要有防振锤、护线条、预绞丝及铝包带等，用于防止导线、避雷线损伤。

（1）护线条与修补条　预绞丝护线条与修补条可用于大跨越线路导线抗振和导线断股的修补。

利用具有弹性的高强度铝合金丝制成预绞丝，每组几根，紧缠在导线外层，装入悬点的线夹中，以增加导线的钢度，减少在线夹出口处导线的附加弯曲应力；也可对断股或划伤的导线进行修补。一般护线条、修补条不粘金属砂，如图 1-52 所示。

图 1-52　预绞丝护线条、修补条

（2）司脱客型防振锤　司脱客型防振锤是以一根高强度的钢绞线两端分别固定着一个空心筒形的铸铁重锤，在钢绞线中部铆紧一副夹板，以便将防振锤安装到导线上。根据其结构及尺寸，有两个固有频率。其型号中的符号说明为：如 FD—1 型，FD 表示防振锤（导线用）；横线后数字表示为适用钢芯铝绞线导线截面的序号。司脱客型防振锤如图 1-53 所示。

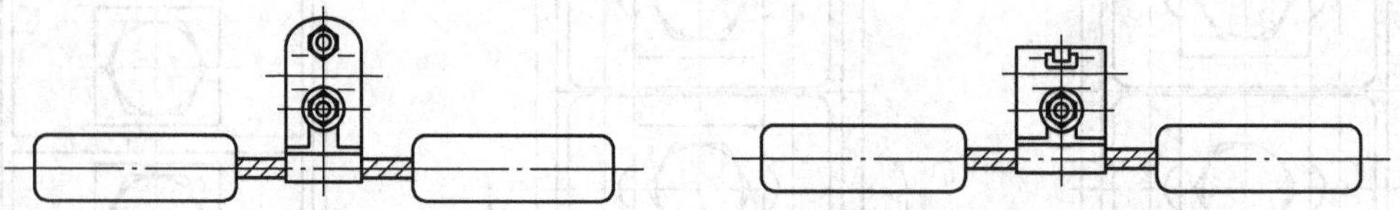

a)FD—1型　　b)FD—2～4型

图 1-53　司脱客型防振锤

（3）多频防振锤　多频防振锤的钢绞线两端用不同质量的锤头，悬点距钢绞线的两端也不等长，利用这种结构，可以获得四个固定频率，适应的频率较宽。其型号中的符号说明为：FR表示多频防振锤；横线后数字表示为适用钢芯铝绞线导线截面的序号。多频防振锤如图1-54所示。

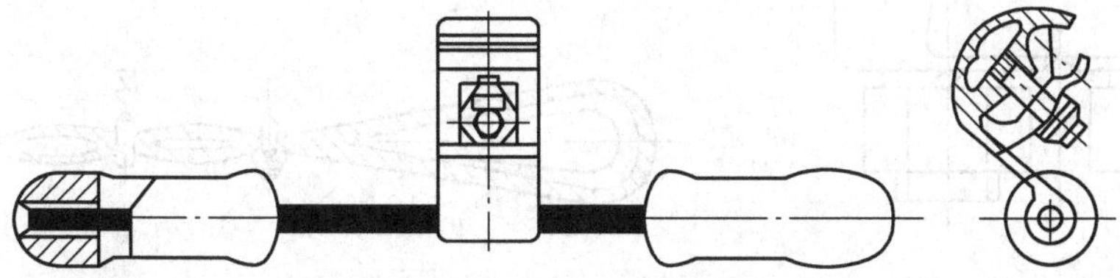

图1-54　多频防振锤

5. 拉线金具

拉线金具主要用于拉线杆塔的拉线连接，它分为拉线紧固金具和拉线连接金具两种。拉线紧固金具主要有楔型线夹、耐张预绞丝和楔型UT线夹等，其中UT线夹又可分为可调及不可调两种。拉线连接金具主要有二连板、拉线U形挂环、拉线卡子及拉线绝缘子等。

1）拉线楔型耐张线夹、拉线楔型UT线夹（可调线夹）。这两种线夹主要用于安装拉线和避雷线。楔体、楔子采用可锻铸铁制造，U形螺栓采用不低于Q235钢制造，全部热镀锌，如图1-55和图1-56所示。

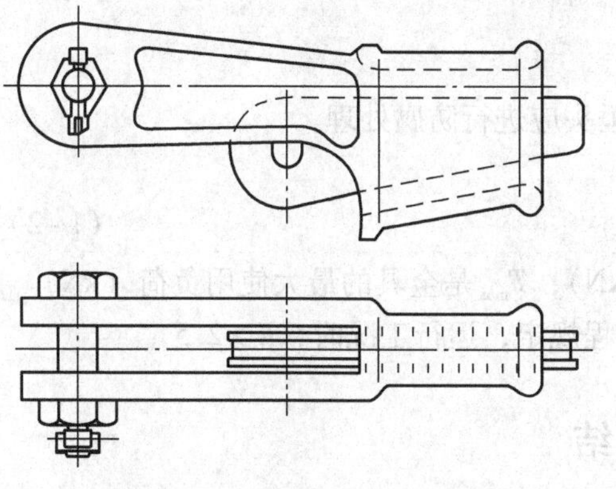

图1-55　拉线楔型耐张线夹

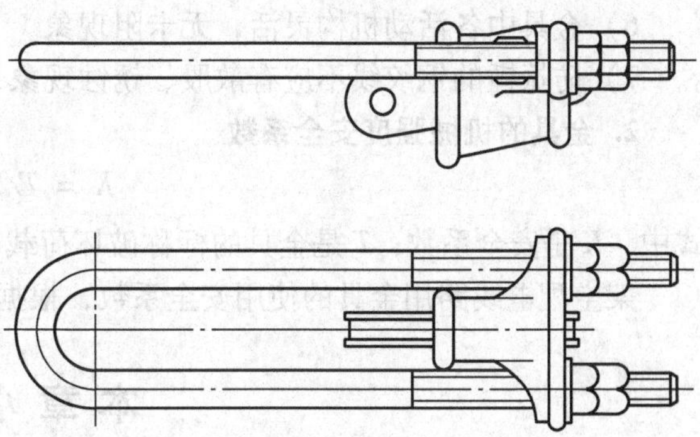

图1-56　拉线楔型UT线夹（可调线夹）

2）用于钢绞线拉线的预绞丝耐张线夹，采用镀锌钢丝制成。

3）钢线卡子，采用可锻铸铁制造，并热镀锌，主要用于钢丝绳索的接续和架空线路拉线的接续。由于钢绞线刚性较强、钢线卡子握力有限，不易有效形成凹槽增加摩擦阻力，故在两个钢卡子之间的两条镀锌钢绞线之间加铸铁垫块，用以增加摩擦阻力，如图1-57所示。正确的安装方式如图1-58所示。

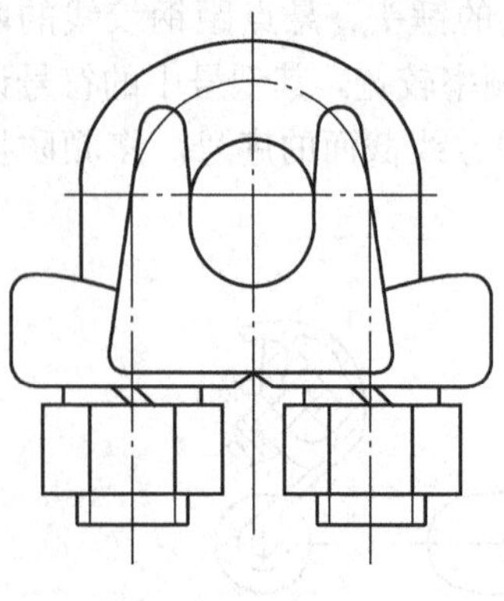

图 1-57 钢线卡子

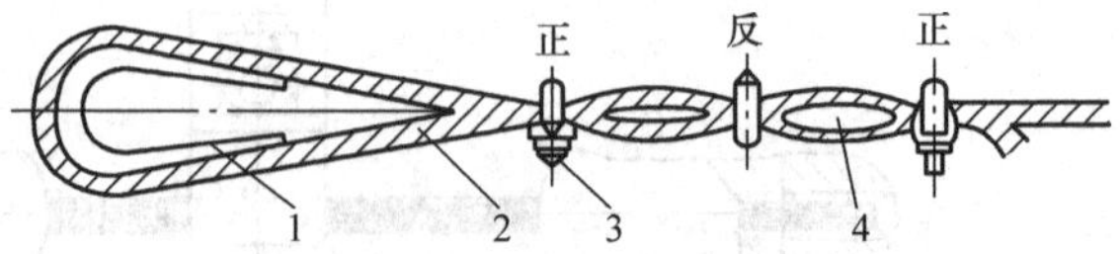

图 1-58 钢线卡子安装图

1—心形环 2—钢绞线 3—钢线卡子 4—垫块

1.5.2 金具的选用与安全系数

1. 金具的选用

在施工现场，为了保证金具的安全，必须对其进行外观质量检查，要求符合以下几点。

1）接续金具及耐张线夹的引流板表面应光洁、平整、无凹坑及腐蚀等缺陷，接触面应紧密，符合要求。

2）金具表面应无气孔、砂眼及裂纹等缺陷。

3）线夹、压板、线槽和喇叭口不应有毛刺、裂纹等缺陷。

4）金具的焊缝应牢固无裂纹、气孔及夹渣，咬边深度不应大于 1.0mm。

5）金具表面的镀锌层不得剥落、缺锌和锈蚀。

6）金具中各活动机构灵活，无卡阻现象。

7）防振锤的钢绞线不应有散股、锈蚀现象，锤头应进行防腐处理。

2. 金具的机械强度安全系数

$$K = T/T_{max} \tag{1-2}$$

式中，K 是安全系数；T 是金具的标称破坏荷载（kN）；T_{max} 是金具的最大使用负荷（kN）。

架空配电线路用金具的使用安全系数，根据规程规定，运行工况时，$K \geqslant 2.5$。

本 章 小 结

本章主要讲述了电力线路在电力系统中的地位、作用和分类，对各种线路的特点进行了描述。介绍了架空配电线路的基本组成、各部件的作用、分类、标识及选择。通过本章的学习，使学生对架空配电线路的基本组成、各部件的作用、分类、标识及选择等方面的知识有了较深的了解。

电力线路是电力系统中进行电能传输和分配的环节，是电力系统的重要组成部分。电力线路有多种分类方式，根据不同的分类，可以分为输电线路、配电线路，低压、中压、高压、超高压及特高压线路，交流、直流线路，架空线路和电缆线路等，并分别介绍了它们的结构特点。

导线的功能主要是输送电能。线路导线应具有良好的导电性能，足够的机械强度，耐振动疲劳和抵抗空气中化学杂质腐蚀的能力。架空导线分裸导线和绝缘导线。本章介绍了导线的材料、分类和用途，新旧标准的裸导线规格和型号表示方法，10kV 单芯绝缘线的结构分为绝缘层、导体及屏蔽层三部分。

避雷线的主要作用是防止雷直击导线，架空地线一般分为一般地线、绝缘地线、屏蔽地线和光纤复合地线四种。本章主要介绍了电力架空光缆的基本知识。

杆塔按材料分为木杆、混凝土杆及金属杆（铁塔、钢管杆），按用途分为直线杆塔、耐张杆塔、转角杆塔、终端杆塔、跨越杆塔及分支杆塔，介绍了各种杆塔的作用及特点。

架空配电线路常用的绝缘子有针式绝缘子、柱式绝缘子、悬式绝缘子、棒式绝缘子、蝴蝶式绝缘子和瓷横担绝缘子等，介绍了各种绝缘子的种类、型号标识及选用。

金具按用途分为线夹金具、连接金具、接续金具、保护金具和拉线金具五大类，介绍了各种金具种类、型号标识及选用。

习题与思考题

1-1　简述电力系统的概念，电力网的概念以及电力系统的优点。

1-2　输电线路的作用有哪些？

1-3　电力线路的分类有哪些？

1-4　简述架空线路与电力电缆的优缺点。

1-5　架空配电线路的组成元件有哪些？各有何作用？

1-6　常用导线的种类有哪些？

1-7　避雷线的作用有哪些？避雷线的种类有哪些？

1-8　常见电力架空光缆的种类有哪些？各有何特点？

1-9　杆塔按材料分有哪些？杆塔按作用分有哪些？各适用在何场合？

1-10　绝缘子的种类有哪些？各有何特点？应如何选用？

1-11　线路金具的种类有哪些？各有何特点？应如何选用？

第2章　架空线路的设计基础

【本章学习目标】

1）掌握悬点等高档架空线的弧垂应力计算；掌握架空线的弧垂应力曲线及安装曲线的绘制和使用；掌握杆塔外形尺寸的确定。

2）熟悉导线、避雷线截面的选择方法；熟悉杆塔的外形尺寸确定和杆塔形式的选择；熟悉线路的防振措施、防振锤防振原理和防振锤安装计算。

3）了解杆塔的基本结构；了解架空线微风振动原理；了解线路路径选择和杆塔定位内容。

2.1　线路设计用气象条件

2.1.1　气象资料

架空线路常年暴露在大气中，作用在它们上面的机械荷载是随气象条件的变化而变化的。架空线路所承受的机械荷载既影响其本身的长度、弧垂和张拉应力，又决定杆塔和杆塔基础的受力及带电部分与各方面的安全距离等。所以，架空线路设计用气象条件的选取是否合理，对保证线路建设和运行的安全性和经济性具有决定性意义。

线路的设计用气象条件，广义的说是指那些与架空线路的电气强度和机械强度有关的气象参数，如风速、覆冰情况、气温、湿度及雷电参数等。但架空线路设计的气象参数主要指对其运行影响较大的风速、覆冰厚度和气温，称为设计用气象条件的三要素。

1. 气温

架空线路的张力和弧垂随着线路周围空气温度的变化而变化。当气温最低时，导线长度变得最短，拉得很紧，导线张力有可能达到最大值；当气温最高时，导线长度有可能最长，档距中的弧垂可能达到最大值。

2. 风速

当风力作用在导线和杆塔上时，在垂直线路平面上将产生一个附加的机械荷载，并使导线张力增大，杆塔产生弯矩。另外，风还会在垂直平面内使导线产生振动和舞动。

3. 覆冰厚度

在一定气象条件下，架空线路的导线、避雷线以及绝缘子串上出现的冰层、霜、积雪等称为覆冰。覆冰不但使导线垂直方向的机械荷载增加，也增大了导线水平方向的风荷载。有时这些荷载可能超过设计所预计的数值，造成断线事故。覆冰对弧垂也有影响，覆冰厚度越大，弧垂也就越大，可能造成对地安全距离不够的情况。

导线、架空地线覆冰的物理过程是：气温下降至 $-5\sim0°C$，风速为 $3\sim15m/s$ 时，如遇大雾或毛毛雨天气时，过冷却水滴首先在导线、架空地线的表面形成雨凇；如气温升高，天气转晴，雨凇开始融化；如天气骤然变冷，气温下降，出现雨雪天气，冻雨或雪则在粘结强度很高的雨凇冰面上迅速生长，形成密度大于0.6g/cm³较厚的冰层；如温度继续下降至－15～－8°C，原有冰层外则积覆雾凇。这种过程导致导线、架空地线表面形成雨凇—混合凇—雾凇的复合冰层。在这种过程中天气变化，如出现多次晴、冷天气，则融化加强了冰的密度，如此反复发展将形成雾凇和雨凇交替重叠的混合冻结物，即混合凇。

导线覆冰常指雨凇冰，设计时按等厚中空圆形考虑，其密度取0.9g/cm³。

综上所述，进行输配电线路的机械荷载和应力计算时，主要的气象条件是：空气的最高温度、最低温度、覆冰厚度及最大风速等。

2.1.2　组合气象条件和典型气象区

为使架空输配电线路的结构强度和电气性能能够很好地适应自然界的气象变化，以保证送电线路的安全运行，在设计过程中，必须对沿线的气象情况进行全面了解，详细搜集设计所需要的气象资料，从沿线气象台和气象站搜集的有关风速、覆冰厚度及大气温度等气象资料，需要根据相关规程进行整理、换算，选取合适的值，才能成为设计气象条件，供设计时使用。在反映客观现实，考虑技术上合理性及计算方便性的同时，再根据运行经验和科学的数理统计得出计算用的气象条件组合，即风速、覆冰厚度及大气温度各取什么值。气象条件一般常用的组合有九种：最高气温、最低气温、年平均气温、最大风速、最大覆冰、内过电压（操作过电压）、外过电压（雷电过电压）以及安装情况和事故断线情况，每种组合都包含气象三要素的合理取值。

为了线路设计、制造上的标准化和统一化，同时使设计简单化，根据《10kV及以下架空配电线路设计技术规程》DLT 5220—2005，将架空线路设计的三个气象要素——气温、风速、覆冰厚度，进行了归纳，合并成为我国九个典型气象区，见表2-1。

表2-1　我国九个典型气象区

<table>
<tr><th colspan="2">气象区</th><th>Ⅰ</th><th>Ⅱ</th><th>Ⅲ</th><th>Ⅳ</th><th>Ⅴ</th><th>Ⅵ</th><th>Ⅶ</th><th>Ⅷ</th><th>Ⅸ</th></tr>
<tr><td rowspan="7">大气温度/℃</td><td>最高</td><td colspan="9">+40</td></tr>
<tr><td>最低</td><td>−5</td><td>−10</td><td>−10</td><td>−20</td><td>−10</td><td>−20</td><td>−40</td><td>−20</td><td>−20</td></tr>
<tr><td>覆冰</td><td>—</td><td colspan="8">−5</td></tr>
<tr><td>最大风速</td><td>+10</td><td>+10</td><td>−5</td><td>−5</td><td>+10</td><td>−5</td><td>−5</td><td>−5</td><td>−5</td></tr>
<tr><td>安装</td><td>0</td><td>0</td><td>−5</td><td>−10</td><td>−5</td><td>−10</td><td>−15</td><td>−10</td><td>−10</td></tr>
<tr><td>外过电压</td><td colspan="9">+15</td></tr>
<tr><td>内过电压、年平均气温</td><td>+20</td><td>+15</td><td>+15</td><td>+10</td><td>+15</td><td>+10</td><td>−5</td><td>+10</td><td>+10</td></tr>
<tr><td rowspan="5">风速/(m/s)</td><td>最大风速</td><td>31.5</td><td>27</td><td>23.5</td><td>23.5</td><td>27</td><td>23.5</td><td>27</td><td>27</td><td>27</td></tr>
<tr><td>覆冰</td><td colspan="7">10①</td><td colspan="2">15</td></tr>
<tr><td>安装</td><td colspan="9">10</td></tr>
<tr><td>外过电压</td><td>15</td><td colspan="8">10</td></tr>
<tr><td>内过电压</td><td colspan="9">0.5×最大风速（不低于15m/s）</td></tr>
<tr><td colspan="2">覆冰厚度/mm</td><td>0</td><td>5</td><td>5</td><td>5</td><td>10</td><td>10</td><td>10</td><td>15</td><td>20</td></tr>
<tr><td colspan="2">冰的比重/(g/cm³)</td><td colspan="9">0.9</td></tr>
</table>

① 一般情况下覆冰同时风速10m/s，当有可靠资料表明需加大风速时可取15m/s。

当所设计线路经过地区的气象情况与某一典型气象区的气象情况接近时，可直接套用该典型气象区的气象条件组合进行设计；当所设计线路经过地区的气象条件与各典型气象区的气象条件相差较为悬殊时，则应按实际搜集的气象资料经过换算后，组合为设计气象条件进行设计。事故断线一般系外力所致，与气象条件无明显的规律关系，而计算断线情况的目的，主要是为了确定断线时杆塔所受的荷载，校核杆塔强度。因此，根据各地的实际运行经验，设计规程规定了线路断线事故情况下的气象组合，即：

1）一般地区，无风、无冰、历年最低气温月的日最低气温平均值。

2）重冰区（覆冰厚度20mm以上），无风、有冰、气温 -5℃。

2.2 导线的机械物理特性和比载

2.2.1 导线的机械物理特性

导线的机械物理特性主要有瞬时破坏应力、弹性系数、温度线膨胀系数及导线的质量。

1. 导线的瞬时破坏应力（也叫抗拉强度）

瞬时破坏应力是指导线的计算拉断力与导线计算截面积的比值。对导线做拉伸试验，将测得的瞬时破坏拉断力除以导线的截面积，就得到瞬时破坏应力。

$$\sigma_P = T_P/A \tag{2-1}$$

式中，σ_P 是导线的瞬时破坏应力（N/mm^2）；T_P 是导线的瞬时破坏拉断力（N）；A 是导线截面积（mm^2）。

对于钢芯铝绞线来说，它是指综合瞬时破坏应力，与绞线的结构，铝、钢截面积比以及铝、钢单线的抗拉强度有关。

2. 导线的弹性系数

导线的弹性系数又称弹性模量，是指在弹性限度内，导线受拉力时，其应力与应变的比例系数。

$$E = \frac{\sigma}{\varepsilon} = \frac{TL}{A\Delta L} \tag{2-2}$$

式中，E 是导线的弹性系数（N/mm^2）；T 是导线的拉力（N）；A 是导线截面积（mm^2）；L 是导线的原长（m）；ΔL 是导线的伸长量（m）；σ 是导线应力（N/mm^2）；ε 是导线应变，即导线受拉力时的单位长度的变形量，$\varepsilon = \frac{\Delta L}{L}$。

钢芯铝绞线的弹性系数是一个综合弹性系数。

弹性伸长系数就是导线弹性系数的倒数。其物理含义就是表征导线施以单位应力时，能产生的相对变形，它表示导线受拉后易于伸长的程度。

$$\beta = \frac{1}{E} = \frac{\varepsilon}{\sigma} \tag{2-3}$$

式中，β 是导线的弹性伸长系数（mm^2/N）。

3. 导线的温度线膨胀系数

导线温度升高1℃时，导线单位长度的伸长值称为导线的温度线膨胀系数。

$$\alpha = \frac{\varepsilon}{\Delta t} \tag{2-4}$$

式中，α 是导线温度线膨胀系数（1/℃）；ε 是温度变化引起的导线相对变形量；Δt 是温度变化量（℃）。

钢芯铝绞线的温度线膨胀系数 α 介于钢的温度线膨胀系数 α_s 和铝的温度线膨胀系数 α_a 之间。铝比钢的温度线膨胀系数大，因此，温度升高时，铝部比钢部伸长大，反之，当温度降低时，铝部比钢部缩短大。表 2-2 和表 2-3 分别给出了铝绞线和钢芯铝绞线的弹性系数和线膨胀系数。

表 2-2　铝绞线的弹性系数和线膨胀系数

单线根数	最终弹性系数（实际值）		线膨胀系数/(1/℃)	单线根数	最终弹性系数（实际值）		线膨胀系数/(1/℃)
	N/mm²	kgf/mm²			N/mm²	kgf/mm²	
7	59000	6000	23.0×10^{-6}	37	56000	5700	23.0×10^{-6}
19	56000	5700	23.0×10^{-6}	61	54000	5500	23.0×10^{-6}

表 2-3　钢芯铝绞线的弹性系数和线膨胀系数

结构		铝钢截面积比	最终弹性系数（实际值）/(N/mm²)	线膨胀系数（计算值）/(1/℃)	结构		铝钢截面积比	最终弹性系数（实际值）/(N/mm²)	线膨胀系数（计算值）/(1/℃)
铝	钢				铝	钢			
6	1	6.00	79000	19.1×10^{-6}	30	7	4.29	80000	17.8×10^{-6}
7	7	5.06	76000	18.5×10^{-6}	30	19	4.37	78000	18.0×10^{-6}
12	7	1.71	105000	15.3×10^{-6}	42	7	19.44	61000	21.4×10^{-6}
18	1	18.00	66000	21.2×10^{-6}	45	7	14.46	63000	20.9×10^{-6}
24	7	7.71	73000	19.6×10^{-6}	48	7	11.34	65000	20.5×10^{-6}
26	7	6.13	76000	18.9×10^{-6}	54	7	7.71	69000	19.3×10^{-6}
					54	19	7.90	67000	19.4×10^{-6}

注：1. 弹性系数的精确度为 3000N/mm²。
2. 弹性系数适用于受力在 15% ~50% 计算拉断力的钢芯铝绞线。

4. 导线的质量

导线的质量常以每千米长导线的质量值表示，单位为 kg/km。输电线路所用导线均为多股绞线或复合材料多股绞线，所以机械物理特性与导线的结构形式有关，钢芯铝绞线还与铝钢截面积比有关。

2.2.2　导线的比载计算

作用在导线上的荷载有导线的自重、冰重和水平风压。为便于计算，通常认为荷载沿导线均匀分布。在进行导线的受力分析时，为了方便，工程中用单位长度、单位截面积导线上的荷载即比载来计算导线所受的风、冰和自重荷载。比载的单位为 N/m · mm²。

常用的比载有七种，分为垂直比载、水平比载和综合比载三类。

1. 垂直比载

（1）自重比载　导线的自重比载就是导线自身重力引起的比载，其计算公式为

$$g_1 = 9.8\frac{m_0}{A}\times 10^{-3} \tag{2-5}$$

式中，g_1 是导线的自重比载（N/m・mm²）；m_0 是每千米长导线的质量（kg/km）；A 是导线的截面积（mm²）。

（2）冰重比载　图 2-1 为覆冰的导线示意图。将 1m 长导线的覆冰重量折算到每平方毫米导线截面积上的数值称为冰重比载，其计算公式为

$$g_2 = 27.708\frac{b(b+d)}{A}\times 10^{-3} \tag{2-6}$$

式中，g_2 是冰重比载（N/m・mm²）；b 是覆冰厚度（mm）；d 是导线直径（mm）；A 是导线截面积（mm²）。

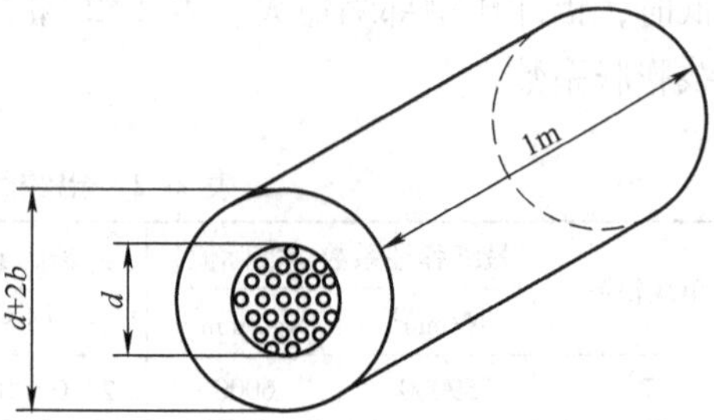

图 2-1　覆冰的导线（可视为圆柱体）

（3）导线自重和冰重总比载（覆冰时垂直总比载）　它为导线的自重比载与冰重比载之和。

$$g_3 = g_1 + g_2 \tag{2-7}$$

式中，g_3 是导线自重和冰重总比载（N/m・mm²）。

2. 水平比载

水平比载是由导线受垂直于线路方向的水平风压引起的比载。

（1）无冰时导线风压比载　无冰时导线每米每平方毫米的风压荷载，称为无冰时导线风压比载。其计算公式为

$$g_4 = \frac{0.6125\alpha C d v^2}{A}\times 10^{-3} \tag{2-8}$$

式中，g_4 是无冰时导线风压比载（N/m・mm²）；C 是风载体型系数，当导线直径小于 17mm 时，$C=1.2$，当导线直径大于等于 17mm 时，$C=1.1$；d 是导线直径（mm）；v 设计风速（m/s）；A 是导线截面积（mm²）；α 是风速不均匀系数。风速不均匀系数采用表 2-4 所列数值。

表 2-4　风速不均匀系数 α 值

设计风速/(m/s)	<20	20~30	30~35	>35
α	1.0	0.85	0.75	0.70

（2）覆冰时的风压比载　覆冰时导线每米每平方毫米的风压荷载，称为覆冰时的风压比载。此时，导线的受风面宽度因覆冰变为 $d+2b$。所以，覆冰时的风压比载为

$$g_5 = \frac{0.6125\alpha C(2b+d)v^2}{A}\times 10^{-3} \tag{2-9}$$

式中，g_5 是覆冰风压比载（N/m・mm²）；C 是风载体型系数，取 $C=1.2$；b 是覆冰厚度（mm）。

3. 综合比载

在有风气象条件时，作用在导线上的荷载有垂直方向的自重比载、冰重比载和水平方向的风压比载，因此，导线的综合比载为这两个方向比载的向量和。

（1）无冰有风时的综合比载　无冰有风时，在导线上垂直方向作用着的自重比载和水平方向的风压比载，按向量合成方法可得综合比载，如图 2-2 所示。其计算公式为

$$g_6 = \sqrt{g_1^2 + g_4^2} \tag{2-10}$$

式中，g_6 是无冰有风时的综合比载（$N/m \cdot mm^2$）。

（2）覆冰有风时的综合比载　导线覆冰有风时，在导线上作用着垂直方向的自重和冰重比载，水平方向上作用着覆冰风压比载，按向量合成方法可得覆冰有风时的综合比载，如图 2-3 所示。其计算公式为

$$g_7 = \sqrt{g_3^2 + g_5^2} \tag{2-11}$$

式中，g_7 是覆冰有风时的综合比载（$N/m \cdot mm^2$）。

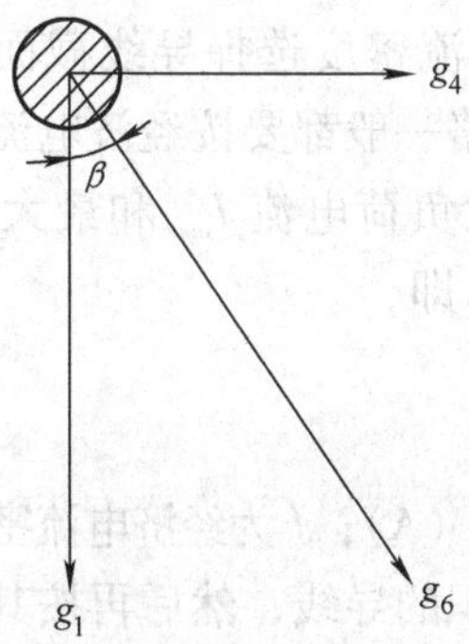

图 2-2　无冰有风时的综合比载

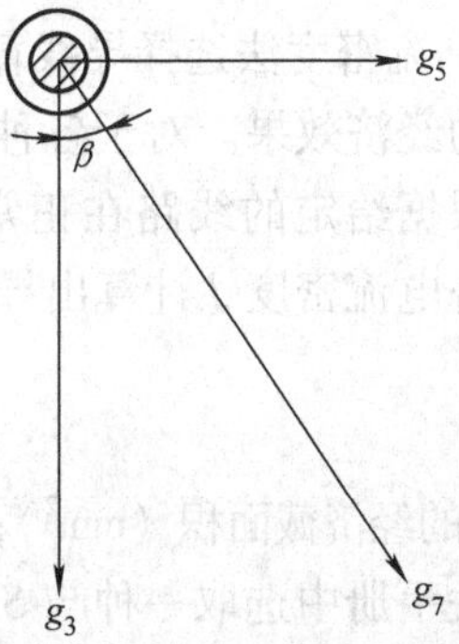

图 2-3　覆冰有风时的综合比载

各种标准规格的常用导线，其比载一般已计算列成如附录 B 的表格，以便使用时查取。

需要注意的是：上述七种比载，在使用时应根据计算气象条件和计算目的正确选用相应的比载。

2.3　导线和避雷线的截面积选择

2.3.1　导线截面积的选择

1. 导线截面积选择的要求

导线是用以传输电能的载体，导线截面积的大小直接影响到线路运行的经济性，因此，输电线路导线截面积选择必须满足如下条件。

1）线路年运行费低，符合总的经济利益。线路年运行费是指为维持线路正常运行而每年支出的费用，它包括电能损失费、折旧费、修理费和维护费等，其中电能损失费、折旧费及修理费是与导线截面积有关的。例如：导线截面积越大，导线中的电能损耗就越小，但线路的初建投资会增加，且线路的折旧费和修理费也随之增加；反之，导线截面积越小，线路初建投资减小，线路的折旧费、修理费也随之减小，但线路中的电能损耗则必将增加。

因此，必须综合考虑各方面的因素，进行必要的经济技术比较，合理选择。

2）导线在运行中的温度不应超过其最高允许温度。导线中通以电流，由于导线电阻的存在，必定要消耗一部分电能，使导线温度升高。

GB 50545—2010《110kV ~750kV架空输电线路设计规范》规定，钢芯铝绞线的最高允许温度一般采用 +70℃（大跨越可采用 +90℃），钢绞线的最高允许温度一般采用 +125℃。

3）所选定的导线截面积必须大于按机械强度所要求的最小截面积。

4）110kV及以上电压等级的输电线路，导线截面积应满足电晕条件的要求。电晕是导线表面空气在强电场作用下被电离而发出淡蓝光辉的一种现象，导线出现电晕现象将损耗一定的功率。

2. 导线截面积的选择与校验方法

一般对于区域性架空线路，首先是按经济电流密度选择导线截面积，再校验导线热稳定条件、电压损耗、电晕条件及机械强度条件。而对于地方性架空线路，首先按电压损耗来选择导线截面积，然后再校验其他条件。

（1）经济电流密度法选择导线截面积　采用经济电流密度选择导线截面积，可以使线路运行有最好的经济效果。对于各种电压等级的电力线路一般都要按经济电流密度选择其导线的截面积，根据给定的线路在正常运行方式下的最大负荷电流 I_{max} 和最大负荷利用小时数，即可按经济电流密度 J 计算出导线的经济截面积 S，即

$$S = \frac{I_{max}}{J} \tag{2-12}$$

式中，S 为导线的经济截面积（mm^2）；I_{max} 为最大负荷电流（A）；J 为经济电流密度（A/mm^2）。

首先从相关手册中选取一种与 S 最接近的标准截面积的导线，然后再按其他的技术条件校验截面积是否满足要求。我国现行的经济电流密度见表2-5。

表2-5　经济电流密度　（单位：A/mm^2）

导线材料	最大负荷利用小时数 t_{max}/h		
	3000以下	3000 ~5000	5000以上
铝	1.65	1.15	0.90
铜	3.00	2.25	1.75

另外，一般地区选用铝钢截面积比为5.3 ~8.3的钢芯铝绞线，重冰区或大跨越地段可选用铝钢截面积比小于4.5的钢芯铝绞线，以提高机械强度。

（2）电晕校验　电晕现象的发生和大气环境及导线截面积有关，为了降低能量损耗，防止产生电晕干扰，按规程规定，海拔不超过1000m的地区，对于110kV及以上电压等级的线路，应按电晕条件校验导线截面积，所选导线的直径应不小于表2-6中所列数值。

表2-6　不必验算电晕的导线（适用于海拔小于1000m的地区）

额定电压/kV	110	220	330	500
导线外径/mm	9.6	21.3	2 ×21.3	3 ×27.4 ~4 ×23.7
相应导线型号	LGJ—50	LGJ—240	LGJ—240 ×2	LGJQ—400 ×3 ~300 ×4

（3）机械强度校验 为了保证电力运行安全可靠，一切电压等级的电力线路都要具有必要的机械强度。对于跨越铁路、通航河流、运河、公路、通信线路和居民区的线路，其导线截面积应不小于35mm²。通过其他地区的线路最小允许截面积为：35kV以上线路为25mm²，35kV及以下线路为16mm²。任何线路都不允许使用单股导线，并且必须满足表2-7中的要求。

表2-7 机械强度允许的导线最小截面积（mm²）或直径（mm）

导线结构	导线材料	线路等级		
		Ⅰ	Ⅱ	Ⅲ
单股线	铜	不允许	10	6
	青铜		$\phi3.5$	$\phi2.5$
	钢		$\phi3.5$	$\phi2.75$
	铝及其合金		不允许	10
多股线	铜	16	10	6
	青铜	16	10	6
	钢	16	10	10
	铝及其合金	25	16	16

（4）热稳定校验 一切电压等级的电力线路都要按发热条件校验导线截面积，所选导线的最大允许持续电流应大于该线路在正常或故障后运行方式下可能通过的最大持续电流。

（5）电压损耗校验 对于10kV及以下电压等级的线路，如果电压调整问题不能或不宜（经济上不合算）由别的措施解决时，可按允许电压损耗选择导线截面积。但要注意，如果导线截面积已大于95mm²，继续增大导线截面积对降低电压损耗的作用就不大了。对于35kV及以上电压等级的线路，一般都不采用增大导线截面积的办法来减少电压损耗。

在校验过程中，若不满足上述技术条件中的任何一条，则应按该技术条件决定导线截面积。

2.3.2 避雷线的敷设及截面积选择

1. 避雷线截面积的选择

避雷线应满足电气和机械使用条件的要求，可选用镀锌钢绞线或复合型绞线。当避雷线选用镀锌钢绞线时，其与导线的配合不宜小于表2-8的规定，重冰区、严重污秽区可提高一、二级或选用防腐型架空线。当避雷线兼用于减少潜供电流、降低工频电压、改善对通信设施的干扰影响以及作为高频载波通道等时，可采用良导体架空线，其截面积应满足综合利用的载流要求。当利用避雷线进行光纤通信时，可选用OPGW型复合光纤电缆。

表2-8 避雷线采用镀锌钢绞线时与导线配合表

导线型号		LGJ—185/30及以下	LGJ—185/45 ~ LGJ—400/35	LGJ—400/50及以上
镀锌钢绞线最小标称截面积/mm²	无冰区	35	50	80
	覆冰区	50	80	100

2. 避雷线的敷设

输电线路是否架设避雷线，应根据线路电压等级、负荷性质和系统运行方式，并结合当地已有线路的运行经验、地区雷电活动的强弱、地形地貌特点及土壤电阻率高低等来决定。在计算过耐雷水平后，通过技术经济比较，采用合理的防雷方式。

根据 GB 50545—2010《110kV ~ 750kV 架空输电线路设计规范》和 GB 50061—2010《66kV 及以下架空电力线路设计规范》规定，各级输配电线路采用下列保护方式。

1）对于 110kV 线路，宜沿全线架设地线，在年平均雷暴日数不超过 15 天或运行经验证明雷电活动轻微的地区，可不架设地线。无地线的送电线路，宜在变电站或发电厂的进线段架设 1 ~ 2km 地线。

2）对于 66kV 架空电力线路，年平均雷暴日数为 30 天以上的地区，宜沿全线架设地线。

3）对于 35kV 架空电力线路，进出线段宜架设地线，加挂地线长度一般宜为 1.0 ~ 1.5km。

4）在多雷区，3 ~ 10kV 混凝土杆架空电力线路可架设地线，或在三角排列的中性线上装设避雷器；当用铁横担时，宜提高绝缘子等级；绝缘导线铁横担的线路，可不提高绝缘子等级。

5）杆塔上地线对边导线的保护角宜采用 20° ~ 30°，山区单根地线的杆塔可采用 25°。杆塔上两根地线间的距离不应超过导线与地线间垂直距离的 5 倍。高杆塔或雷害比较严重地区可采用零度或负保护角以及加装其他防雷装置。对于多回路杆塔，宜采用减少保护角等措施。

2.4 导线的弧垂和应力

2.4.1 概述

对于悬挂在架空线路杆塔上的导线，当外界温度和荷载变化时，由于热胀冷缩和导线的弹性变形，都可能使导线的长度发生变化。档距不变时，这些变化又会引起导线应力和弧垂的变化，从而影响导线的安全系数和对地的安全距离。因此，在线路设计时，必须计算导线的应力和弧垂，确定和掌握导线在各种气象条件下的应力和弧垂的变化情况，并保证当导线应力最大时，其值不超过导线强度允许值，而当弧垂最大时，要保证导线的对地安全距离，从而保证线路设计经济合理、运行安全可靠。

本节介绍导线的应力、弧垂和线长的力学分析方法，避雷线的分析方法除最大使用应力计算与导线不同外，基本与导线相同，故除特别指明者外，本节中导线泛指导线和避雷线。

1. 几个基本术语

（1）档距（l） 相邻杆塔导线悬点之间的水平距离称为档距，常用 l 表示，如图 2-4 所示。

（2）弧垂（f） 导线悬挂曲线上任一点至两悬点连线的铅垂距离，称为该点弧垂，常用 f_x 表示。档距中央导线的 O 点至悬点 A、B 两点连线的铅垂距离，称为档距中央弧垂，常用 f 表示，如图 2-4 所示。

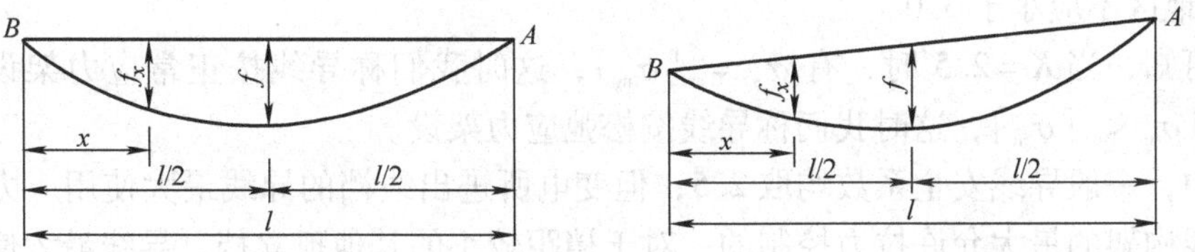

a) 悬点等高时的弧垂　　b) 悬点不等高时的弧垂

图2-4 导线的弧垂

(3) 导线应力（σ_0） 是指导线单位横截面上的内力。一档导线中各点应力是不相等的，导线上某点应力的方向与导线悬挂曲线上该点的切线方向相同，因此，一档导线中导线最低点应力的方向是水平的，如图2-5所示。取导线最低点 O 至任一点 P 的一段导线分析：设 P 点应力为 σ_P，方向为 P 点的切线方向，导线最低点应力为 σ_0，方向为水平方向。σ_P 可分解为垂直方向（设为 σ_1）和水平方向（设为 σ_2）两个分应力，则根据静力平衡条件可知 $\sigma_0=\sigma_2$，即档中导线各点应力的水平分量均相等，且等于导线最低点应力 σ_0。另一方面，一个耐张段在施工紧线时，直线杆塔上导线置于放线滑车中，当忽略滑车的摩擦力影响时，各档导线最低点的应力均相等。所以，在导线应力、弧垂分析中，除特别指明者外，导线的应力都是指档中导线最低点的水平应力，常用 σ_0 表示，如图2-5所示。

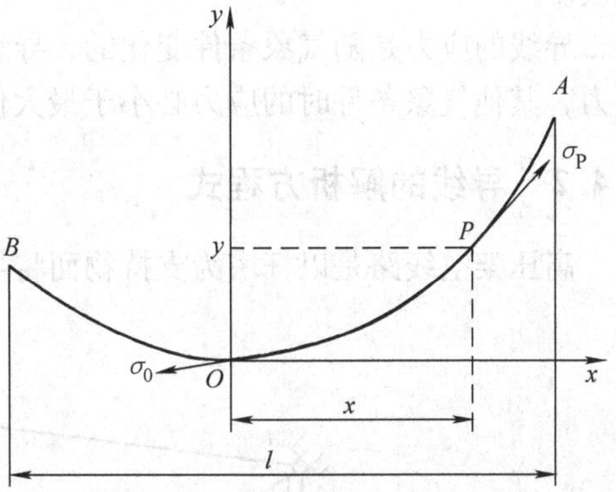

图2-5 导线在档距中的受力状态

2. 最大允许应力［σ_m］和最大使用应力 σ_m

导线机械强度允许的最大应力称为最大允许应力，用［σ_m］表示。导线的最大允许应力为

$$[\sigma_m]=\frac{T_P}{KA}=\frac{\sigma_P}{2.5} \tag{2-13}$$

式中，T_P 是导线的计算拉断力（N）；A 是导线的计算截面积（mm^2）；σ_P 是导线的瞬时破坏应力（N/mm^2）；K 是导线最小允许安全系数，通常取2.5。

在一条线路的设计、施工过程中，一般应使导线在各种气象条件中出现最大应力时的应力恰好等于导线的最大允许应力。但是由于地形或孤立档等条件的限制，有时必须把最大应力控制在比最大允许应力小的某一水平上，即安全系数 $K>2.5$。把设计时所取定的最大应力气象条件时导线应力的最大使用值称最大使用应力，用 σ_m 表示，即

$$\sigma_m=\frac{\sigma_P}{K} \tag{2-14}$$

式中，K 是导线的设计安全系数，其值不应小于2.5。

GB 50545—2010《110kV～750kV 架空输电线路设计规范》和 GB 50061—2010《66kV 及以下架空电力线路设计规范》规定：送电线路导线的设计安全系数不应小于2.5；避雷线的安全系数应大于导线的安全系数；钢芯铝绞线配电线路的设计安全系数一般地区不应小于

2.5，重要地区不应小于3.0。

由此可知，当$K=2.5$时，有$\sigma_m=[\sigma_m]$，这时我们称导线按正常应力架设；当$K>2.5$时，则$\sigma_m<[\sigma_m]$，这时我们称导线按松弛应力架设。

工程中，一般导线安全系数均取2.5，但变电所进出线档的导线最大使用应力常是受变电所进出线构架的最大允许拉力控制的；对于档距较小的其他孤立档，导线最大使用应力则往往是受紧线施工时的允许过牵引长度控制；对于个别地形高差很大的耐张段，导线最大使用应力又受导线悬点应力控制。这些情况下，导线的安全系数均大于2.5，为松弛应力架设。

导线的应力是随气象条件变化的，导线最低点在最大应力气象条件时的应力为最大使用应力，其他气象条件时的应力必小于最大使用应力。

2.4.2 导线的解析方程式

高压架空线路是以杆塔为支持物而将导线悬挂起来的，如图2-6所示。

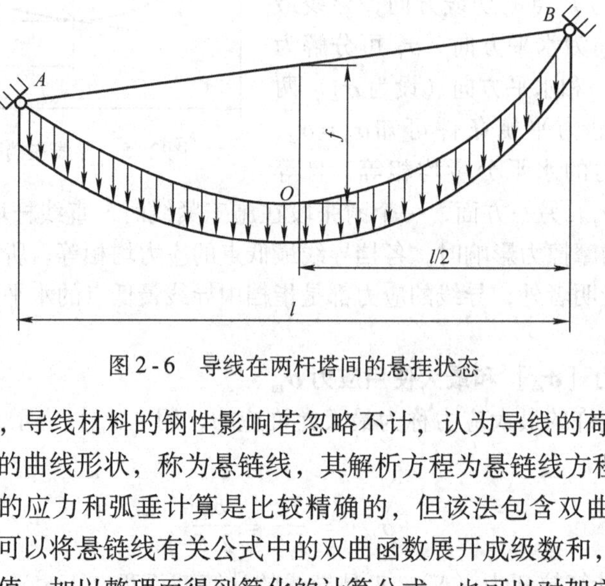

图2-6 导线在两杆塔间的悬挂状态

当档距足够大时，导线材料的钢性影响若忽略不计，认为导线的荷载是沿线长均匀分布，则导线悬挂形成的曲线形状，称为悬链线，其解析方程为悬链线方程，用其推导出的悬链线公式进行架空线的应力和弧垂计算是比较精确的，但该法包含双曲函数，计算比较复杂。在实际应用中，可以将悬链线有关公式中的双曲函数展开成级数和，根据要求的精度取其前若干项作为近似值，加以整理而得到简化的计算公式。也可以对架空线的荷载分布给出简化设计，导出一套简化公式。若假设导线的荷载沿两悬点的连线均匀分布，形成的曲线称为斜抛物线，由其导出的架空线弧垂、应力和线长的有关公式称为斜抛物线公式，适用于悬点高差和档距之比大于等于15%的档距。若假设导线的荷载沿两悬点间的水平连线均匀分布，其形成的曲线则称为平抛物线，由此得到一套计算式称为平抛物线计算公式，适用于悬点高差和档距之比小于15%的档距。本书中只讲授平抛物线的有关公式。

在工程设计中，对于悬点等高或者小高差档距（悬点高差h与档距l之比$h/l<0.15$），导线的方程式可以近似成平抛物线形式的方程式，则导线任一点的纵坐标、线长和应力的平抛物线近似计算公式如下：

$$y=\frac{gx^2}{2\sigma_0} \tag{2-15}$$

$$L_x = x + \frac{g^2x^3}{6\sigma_0^2} \tag{2-16}$$

$$\sigma_x = \sigma_0 + \frac{g^2x^2}{2\sigma_0} \tag{2-17}$$

式中，x、y 分别是导线上任意一点的横坐标和纵坐标；g 是导线的比载（N/m·mm^2）；σ_0 是导线最低点的应力（N/mm^2）；σ_x 是导线任意一点的应力（N/mm^2）；L_x 是导线最低点到任意一点的弧长（m）。

2.4.3　导线弧垂应力及线长的计算

1. 导线的弧垂计算

导线弧垂有水平弧垂和斜弧垂之分，如果导线两悬点等高，连线是水平的，其相应各点的弧垂称为水平弧垂；如果两悬点不等高，连线是倾斜的，其相应弧垂则称为斜弧垂。有计算证明，水平弧垂和斜弧垂是近似相等的。因此，所谓弧垂泛指斜弧垂。工程中所谓某点的弧垂就是指某点的斜弧垂，除特别说明外，均指档距中央弧垂。档距中央弧垂也是档中最大弧垂。

（1）中点弧垂的计算　有一悬点等高档距，如图2-7所示。将 $x=l/2$ 代入式（2-15），得中点弧垂的计算式，即

$$f = \frac{gl^2}{8\sigma_0} \tag{2-18}$$

式中，g 是导线的比载（N/m·mm^2）；σ_0 是导线最低点的应力（N/mm^2）；l 是档距（m）。

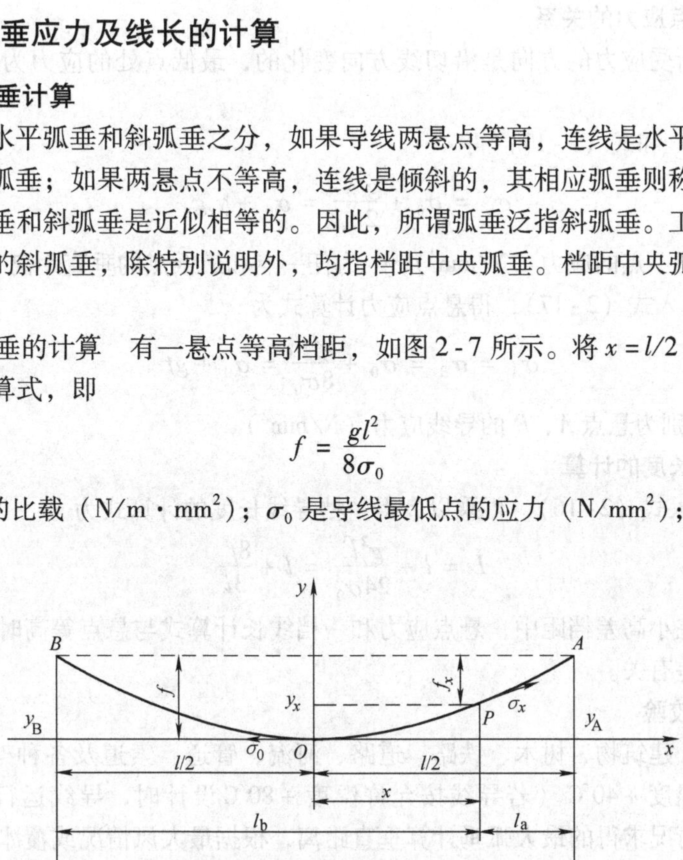

图2-7　悬点等高档的弧垂和应力

（2）任意点弧垂的计算　由图2-7可看出，利用式（2-15）和式（2-18）可得到任一点 P 的弧垂计算式

$$f_x = y_A - y_x = f - y_x$$

$$= \frac{gl^2}{8\sigma_0} - \frac{gx^2}{2\sigma_0} = \frac{g}{2\sigma_0}\left(\frac{l^2}{4} - x^2\right) = \frac{g}{2\sigma_0}l_a l_b \tag{2-19}$$

式中，$l_a = l/2 - x$，$l_b = l/2 + x$

也可以证明，在小高差档距中，中点弧垂和任一点弧垂也有与悬点等高档距相同的计算式。

由此可以得出，在小高差档距中，弧垂与高差无关，最大弧垂出现在档距中央，以后没有特别说明，弧垂均指中央弧垂。还可以得出，悬挂于两基杆塔之间的一档导线，弧垂越大，导线的应力越小，安全系数增加，但威胁着对地安全距离；反之，弧垂越小，应力越大，对地安全性增强，但机械安全性降低。同时，在线间距离不变的条件下，增大弧垂也就增加了运行中发生混线事故的机会。为了解决这一矛盾，在设计架空线路时，使导线在机械强度允许的范围内，尽量减小弧垂，从而最大限度的利用导线机械强度，又降低杆塔高度，做到经济合理、运行安全。

2. 导线上各点应力的关系

架空线各点所受应力的方向是沿切线方向变化的，最低点处的应力为水平应力，如图2-7所示。

由式（2-15）和式（2-17）得

$$\sigma_x = \sigma_0 + \frac{g^2x^2}{2\sigma_0} = \sigma_0 + y_x g \tag{2-20}$$

式中，σ_x 为导线任一点的应力（N/mm^2），y_x 为任一点和最低点的垂直距离（m）。

将代 $x = l/2$ 入式（2-17），得悬点应力计算式为

$$\sigma_A = \sigma_B = \sigma_0 + \frac{g^2l^2}{8\sigma_0} = \sigma_0 + gf \tag{2-21}$$

式中，σ_A、σ_B 分别为悬点 A、B 的导线应力（N/mm^2）。

3. 一档导线长度的计算

将 $x = l/2$ 代入式（2-16），再乘以 2 得一档导线长度的计算式为

$$L = l + \frac{g^2l^3}{24\sigma_0^2} = l + \frac{8f^2}{3l} \tag{2-22}$$

可以证明，在小高差档距中，悬点应力和一档线长计算式与悬点等高时不再有相同的计算式，而是和高差有关。

4. 交叉跨越校验

导线对地面、建筑物、树木、铁路、道路、河流、管道、索道及各种架空线路的距离，应根据导线运行温度 +40℃（若导线按允许温度 +80℃设计时，导线运行温度取 +50℃）情况或覆冰无风情况求得的最大弧垂计算垂直距离，根据最大风情况或覆冰情况求得的最大风偏进行风偏校验。计算上述距离，可不考虑由于电流、太阳辐射等引起的弧垂增大，但应计及导线架设后塑性伸长的影响和设计、施工的误差。重冰区的线路还应计算导线覆冰不均匀情况下的弧垂增大。大跨越导线的弧垂应按导线实际能达到的最高温度计算。输电线路与主干铁路、高速公路交叉，采用独立耐张段。输电线路与标准轨距铁路、高速公路及一级公路交叉时，如交叉档距超过 200m，最大弧垂按导线温度计算时，导线的温度应按不同要求取 +70℃或 +80℃计算。

电力线路与电信线、电力线、房屋建筑、铁路及公路等交叉跨越时，必须保证在正常运行情况下，导线出现最大弧垂时，在交叉跨越处导线与被跨越物间的垂直距离不小于表 2-9 所列的数值。

表 2-9　电力线路导线与地物地貌跨越或接近的最小距离　　（单位：m）

线路经过的地区	标称电压/kV						
	3 以下	3~10	35	66~110	220	330	500
居民区	6.0	6.5	7.0	7.0	7.5	8.5	14
非居民区	5.0	5.5	6.0	6.0	6.5	7.5	11(10.5)①
交通困难地区	4.0(3)	4.5(3)	5.0	5.0	5.5	6.5	8.5
步行可以到达的山坡	3.0	4.5	5.0	5.0	5.5	6.5	8.5
步行不能到达的山坡峭壁和岩石	1.0	1.5	3.0	3.0	4.0	5.0	6.5
导线与建筑物之间的最小垂直距离	2.5(2.0)	3(2.5)	4.0	5.0	6.0	7.0	9.0
边导线与建筑物之间的最小距离	1.0(0.2)	1.5(0.75)	3.0	4.0	5.0	6.0	8.5
导线与树木之间的垂直距离	3.0	3.0	4.0	4.0	4.5	5.5	7.0
导线与公园、绿化区或防护林带的树木之间的最小距离	3.0	3.0	3.5	3.5	4.0	5.0	7.0
导线与果树、经济作物、城市绿化灌木之间的最小垂直距离	3.0	3.0	3.0	3.0	3.5	4.5	7.0
导线与街道、人行道及树木之间的最小距离：最大计算弧垂情况下的垂直距离	1.0(0.2)	1.5(0.8)	3.0	3.0	3.5	4.5	7.0
导线与街道、人行道及树木之间的最小距离：最大计算风偏情况下的水平距离	1.0(0.5)	2.0(1.0)	3.5	3.5	—	—	—

注：1. 括号中的值为绝缘线数值。
　　2. 导线与城市多层建筑物或规划建筑物间的距离，指水平距离。
　　3. 导线与不在规划范围内的城市建筑物间的距离，指净空距离。
① 用于导线三角形排列的单回路。

送电线路与铁路、公路、河流、管道、索道及各种架空线路交叉或接近，应符合表2-10的要求。

表 2-10　输电线路导线与铁路、公路、河流、管道、索道及各种架空线路交叉或接近的基本要求　　（单位：m）

项　目	铁　路	公路和道路	电车道（有轨及无轨）
导线或避雷线在跨越档内接头	标准轨距，不得接头 窄轨：不限制	高速公路，一、二级公路及城市一、二级道路：不得接头 三、四级公路和城市三级道路：不限制	不得接头
交叉档导线最小截面积	35kV 及以上采用钢芯铝绞线为 $35mm^2$；10kV 及以下采用铝绞线或铝合金绞线为 $35mm^2$，其他导线为 $16mm^2$		

（续）

项目		铁路				公路和道路	电车道（有轨及无轨）	
最小垂直距离/m	线路电压/kV	至轨顶 标准轨	至轨顶 窄轨	至轨顶 电气轨	至承力索或接触线	至路面	至路面	至承力索或接触线
	3 以下	7.5	6.0	— —	3.0	6.0	9.0	3.0
	3～10	7.5	6.0	— —	3.0	7.0	9.0	3.0
	35～66	7.5	7.5	— —	3.0	7.0	10.0	3.0
	110	7.5	7.5	11.5	3.0	7.0	10.0	3.0
	220	8.5	7.5	12.5	4.0	8.0	11.0	4.0

项目	线路电压/kV	杆塔外缘至轨道中心 交叉	杆塔外缘至轨道中心 平行	杆塔外缘至路基边缘 开阔地区	杆塔外缘至路基边缘 路径受限制地区	杆塔外缘至路基边缘 开阔地区	杆塔外缘至路基边缘 路径受限制地区
最小水平距离/m	3 以下	5	最高杆（塔）高加3	0.5	0.5	0.5	0.5
	3～10	5		0.5	0.5	0.5	0.5
	35～110	30		交叉：8.0 平行：最高杆塔高	5.0（市区内0.5）	交叉：8.0 平行：最高杆塔高	5.0
	220				5.0		5.0
附加要求		35kV 以上线路不宜在铁路出站信号机以内跨越		在不受环境和规划限制的地区架空电力线路与国道的距离不宜小于20m，省道不宜小于15m，县道不宜小于10m，乡道不宜小于5m			
备注				公路分级见附录 E，城市道路分级可参照公路规定			

项目	通航河流	不通航河流	弱电线路
导线或避雷线在跨越档内接头	一、二级：不得接头 三级及以下：不限制	不限制	一、二级：不得接头 三级：不限制
交叉档导线最小截面积			

项目	线路电压/kV	至常年高水位	至最高航行水位的最高船桅顶	至最高洪水位	冬季至冰面	至被跨越线
最小垂直距离/m	3 以下	6.0	1.0	3.0	5.0	1.0
	3～10	6.0	1.5	3.0	5.0	2.0
	35～110	6.0	2.0	3.0	6.0	3.0
	220	7.0	3.0	4.0	6.5	4.0

（续）

项目		通航河流	不通航河流	弱电线路	
最小水平距离/m	线路电压/kV	边导线至斜坡上缘（线路与拉纤小路平行）		与边导线间	
				开阔地区	路径受限制地区
	3 以下	最高杆（塔）高		最高杆（塔）高	1.0
	3～10				2.0
	35～110				4.0
	220				5.0
附加要求		①最高洪水位时，有抗洪抢险船只航行的河流，垂直距离应协商确定；②35～66kV 线路跨越通航河流均不得接头	66kV 及以下线路交叉档绝缘子固定方式不限制	①送电线路应架在上方；②35～66kV 线路交叉点应尽量靠近杆塔，但不应小于7m（市内除外）；③10kV 及以下线路跨一、二级交叉档绝缘子为双固定方式	
备注		①不通航河流指不能通航，也不能浮运的河流 ②次要通航河流对接头不限制		弱电线路分级见附录 E	

项目		电力线路		特殊管道	一般管道、索道
导线或避雷线在跨越档内接头		35kV 及以上线路：不得接头 35kV 以下线路：不限制		不得接头	不得接头
交叉档导线最小截面积		—			
最小垂直距离/m	线路电压/kV	至被跨越线		至管道任何部分	至索道任何部分
	3 以下	1.0		1.5	1.5
	3～10	2.0		3.0	2.0
	35～110	3.0		4.0	3.0
	220	4.0		5.0	4.0
最小水平距离/m	线路电压/kV	与边导线间		边导线至管、索道任何部分	
		开阔地区	路径受限制地区	开阔地区	路径受限制地区（在最大风偏情况下）
	3 以下	最高杆（塔）高	2.5	最高杆（塔）高	1.5
	3～10		2.5		2.0
	35～110		5.0		4.0
	220		7.0		5.0
附加要求		①电压较高的线路一般架设在电压较低的上方，统一电压等级的电网公用线应架设在专用线上方；②10kV 线路跨 6～10kV 线路绝缘子为双固定方式		①与索道交叉，如索道在上方，索道的下方应装保护设施；②交叉点不应选在管道的检查井（孔）处；③与管道及索道平行、交叉时，管道、索道应接地	

（续）

项　目	电力线路	特殊管道	一般管道、索道
备注		①管道、索道上的附属设施，均应视为管道、索道的一部分；②特殊管道指架设在地面上输送易燃、易爆物品的管道	

注：1. 跨越杆塔（跨越河流除外）应采用固定线夹。

2. 常年高水位是指5年一遇洪水位，最高洪水位对35kV及以上架空电力线路是指百年一遇洪水位，对10kV及以下架空电力线路是指50年一遇的洪水位。

3. 对路径受限制地区的最小水平距离的要求，应计及架空电力线路导线的最大风偏。

4. 送电线路与弱电线路交叉时，交叉档弱电线路的木质电杆，应有防雷措施。

5. 路径狭窄地带，如两线路杆塔位置交错排列，导线在最大风偏情况下，对相邻线路杆塔的最小水平距离，不应小于下表所列数值。

电压/kV	35~110	154~220	330	500
距离/m	3.0	4.0	5.0	7.0

6. 送电线路跨220kV及以上线路、铁路、高速公路及一级公路时，悬垂绝缘子串宜采用双联串（对500kV线路并宜采用双挂点）或两个单联串。

7. 跨越弱电线路或电力线路，如导线截面积按允许载流量选择，还应校验最高允许温度时的交叉距离，其数值不得小于操作过电压间隙，且不得小于0.8m。

8. 当导线、地线接头采用爆压方式时，线路跨越二级公路的跨越档内不允许有接头。

9. 交叉档导线采用钢芯铝线，最小截面积为35mm²。

10. 66kV及以下等级对电气化铁路的安全距离主要是电力线导线与承力索和接触线的距离控制，因此，对电气化铁路轨顶的距离按实际情况决定。

11. 35~66kV线路跨越铁路、高速公路和一二级公路、城市一二级道路、电车道、通航河流、特殊管道、一般管道及索道均为双固定。

为此，设计部门应在排杆定位时进行交叉跨越校验，而施工、运行部门也需进行交叉跨越检查和校验。下面以一例题说明校验计算方法。

例2-1 某110kV输电线路中有一档导线跨越弱电线路，交叉跨越档布置如图2-8所示，已知导线悬点高程 $H_A=50m$，$H_B=62m$，交叉跨越点高程 $H_P=47m$，档距 $l=300m$，交叉跨越点距两悬点的水平距离 $l_a=200m$，$l_b=100m$，导线最小应力 $\sigma_0=50N/mm^2$，比载 $g=34.047\times10^{-3}N/m\cdot mm^2$。试校验交叉跨越距离能否满足要求。

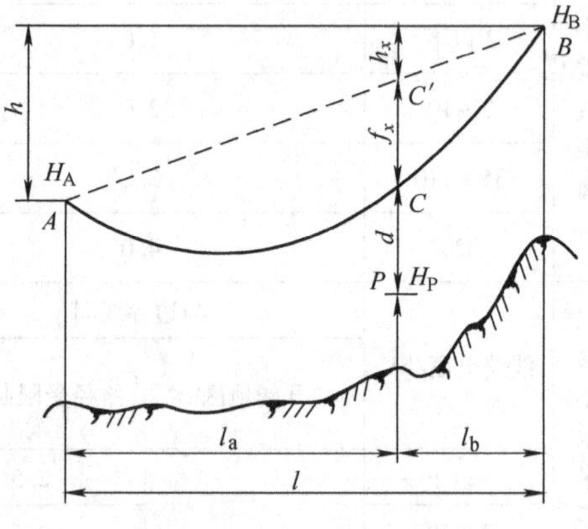

图2-8　交叉跨越布置

解： 交叉跨越点导线弧垂为

$$f_x=\frac{g}{2\sigma_0}l_al_b=\frac{34.047\times10^{-3}}{2\times50}\times200\times100m=6.81m$$

交叉跨越点导线与弱电线路间的垂直距离为

$$d=H_B-h_x-f_x-H_P=H_B-\frac{h}{l}l_b-f_x-H_P$$

$$=62m-\frac{12}{300}\times100m-6.81m-47m=4.19\ m$$

查表2－10，知110kV线路导线与弱电线路最小垂直距离［d］＝3.0m，现d＞［d］，所以交叉跨越距离满足要求。

在运行、维护过程中，常用绝缘测量绳或其他方法直接测出导线与被交叉跨越物间的垂直距离。但测量时往往并非最大弧垂气象条件，所以需将测得的垂直距离换算到最大弧垂气象条件时的垂直距离，然后进行校验。

2.4.4 导线的状态方程式

悬挂于两悬点间的一档导线，当气象条件发生变化，即作用在导线上的荷载或环境温度发生变化时，导线线长会随之发生变化，进而引起导线的应力、弧垂发生相应的变化。为保证导线在施工与运行中的安全可靠性，就必须掌握导线应力随气象条件变化的规律。导线的状态方程式就是反映这一规律的数学表达式。在已知一种气象条件和应力时，应用状态方程式可求出另一种气象条件下的应力。

1. 孤立档导线的状态方程式

在实际的全程导线中，总会有些耐张段只有一档导线的档距，这就是孤立档距。气象条件发生变化时，引起导线线长变化的主要因素有两个：一是由于气温的改变，导线热胀冷缩引起线长的变化；二是由于荷载变化，导线发生弹性变形而引起线长的变化。

对于一档导线，设档距为l，气象条件从m状态（即气温t_m、比载g_m及应力σ_m）变化到n状态（即气温t_n、比载g_n及应力σ_n），则一档线长从L_m变化到L_n。这种变化包括两部分，首先，由于气温的变化，使导线线长由于热胀冷缩从L_m变化为L_t；然后，由于应力的变化，导线发生弹性变形，导线线长从L_t变化为L_n。可表示为

$$L_t = [1 + \alpha(t_n - t_m)]L_m \tag{2-23}$$

$$L_n = [1 + \beta(\sigma_n - \sigma_m)]L_t \tag{2-24}$$

将式（2-23）代入式（2-24）可得

$$L_n = L_m[1 + \alpha(t_n - t_m)][1 + \beta(\sigma_n - \sigma_m)]$$

由于α和β的数值较小，从而可以将展开式中的$\alpha\beta(t_n - t_m)(\sigma_n - \sigma_m)$项舍去，于是上式可简化为

$$L_n = L_m[1 + \alpha(t_n - t_m) + \beta(\sigma_n - \sigma_m)] \tag{2-25}$$

再根据一定气象条件下线长的表达式（2-22）得出

$$\left.\begin{aligned} L_m &= l + \frac{g_m^2 l^3}{24\sigma_m^2} \\ L_n &= l + \frac{g_n^2 l^3}{24\sigma_n^2} \end{aligned}\right\}$$

将以上两式代入式（2-25）得

$$l + \frac{g_n^2 l^3}{24\sigma_n^2} = l + \frac{g_m^2 l^3}{24\sigma_m^2} + [\alpha(t_n - t_m) + \beta(\sigma_n - \sigma_m)]\left(l + \frac{g_m^2 l^3}{24\sigma_m^2}\right)$$

因上式中$\frac{g_m^2 l^3}{24\sigma_m^2}$项数值较小，它与方括号中数值的乘积可舍去，同时等式两侧各除以βl，得导线的状态方程式为

$$\sigma_n - \frac{g_n^2 l^2}{24\beta\sigma_n^2} = \sigma_m - \frac{g_m^2 l^2}{24\beta\sigma_m^2} - \frac{\alpha}{\beta}(t_n - t_m) \tag{2-26}$$

式中，g_m、g_n 分别为已知气象条件和待求气象条件下的比载（$N/m \cdot mm^2$）；σ_n 是待求气象条件下，温度为 t_n 和比载为 g_n 时的导线最低点应力（N/mm^2）；σ_m 是已知气象条件下，温度为 t_m 和比载为 g_m 时的导线最低点应力（N/mm^2）；α 是导线的温度线膨胀系数（1/℃）；β 是导线的弹性伸长系数（mm^2/N）；l 是实际档距（m）。

当已知一种气象条件（气温 t_m、比载 g_m）及导线应力 σ_m，可以利用状态方程式求另一待求气象条件（气温 t_n、比载 g_n）时的应力 σ_n。

为便于计算，令

$$A = \sigma_m - \frac{g_m^2 l^2}{24\beta\sigma_m^2} - \frac{\alpha}{\beta}(t_n - t_m)$$

$$B = \frac{g_n^2 l^2}{24\beta}$$

则状态方程式变形为

$$\sigma_n^2(\sigma_n - A) = B \tag{2-27}$$

上式为一元三次方程，其常用解法有试凑法和迭代法，也可以用函数型计算器求解。试凑法求解简单方便，但精确度较低，迭代法计算量较大，精度高，适合用计算机计算，建议使用试凑法求解。

2. 连续档耐张段的代表档距及状态方程式

如果一个耐张段有许多档距连在一起，称为连续档耐张段。在同一连续档耐张段中，各档导线的水平张力（水平应力）是按同一值架设的，悬垂绝缘子串处于铅锤状态。但当气象条件变化时，由于各档档距及高差不一定相等，各档水平张力（水平应力）变化就不完全相等，从而使直线杆塔上出现不平衡张力差，使悬垂绝缘子串向张力大的一侧产生偏斜。偏斜的结果又使各档张力趋于基本相等。所以，除了档距长度、悬点高差相差十分悬殊者外，一般情况下，耐张段中各档导线在一种气象条件下的水平张力（水平应力）总是相等或基本相等的。这个相等的水平应力称为该耐张段内导线的代表应力，其值是用耐张段内的所谓“代表档距”代入状态方程式（2-26）求出的。

当耐张段中各档悬点高差与档距之比 $h/l < 0.15$ 时，该耐张段的代表档距可按下式计算

$$l_D = \sqrt{\frac{l_1^3 + l_2^3 + l_3^3 + \cdots + l_n^3}{l_1 + l_2 + l_3 + \cdots + l_n}} = \sqrt{\frac{\sum l_i^3}{\sum l_i}} \tag{2-28}$$

式中，l_D 是耐张段的代表档距（m）；l_i 是耐张段中各档档距（m）。

将孤立档状态方程式（2-26）中的档距 l 用连续档的代表档距 l_D 代替，就得连续档的状态方程式。所以导线状态方程式一般只用式（2-26）的形式，只是档距 l 应理解为耐张段的代表档距。

2.4.5 临界档距

1. 控制条件

架空线路的导线应力，是随着档距的不同和气象条件的改变而变化的。对同一耐张段，

导线应力随气象条件的变化规律符合导线状态方程式。为了保证架空线在任何气象条件下的应力都不超过最大使用应力，必须使架空线在长期运行中可能出现的最大应力等于最大使用应力。因此，需要找出出现最大应力时的气象条件，该气象条件叫控制气象条件，与之对应的导线的最大使用应力叫控制应力。以控制气象条件和相应的控制应力为已知状态，利用状态方程式求出架空线安装气象条件下的应力和弧垂。按照计算出的应力和弧垂安装导线，就可以保证导线在运行中，在任何气象条件下，其应力不超过允许值。

GB 50061—2010《66kV 及以下架空电力线路设计规范》规定：在各种气象条件下，导线的张力弧垂计算应采用最大使用张力和平均运行张力作为控制条件。地线的张力弧垂计算可采用最大使用张力、平均运行张力和导线与地线间的距离作为控制条件。

因此，可能成为导线控制条件的气象条件有如下四种。

1）最低气温、无风、无冰；

2）最大风速、无冰、相应的气温；

3）覆冰、相应风速、-5℃；

4）年平均气温、无风、无冰。

其中前三种情况可能出现最大张力，因而其控制应力都是导线的最大使用应力。最后一种条件是从导线的防振观点提出的。为了满足导线耐振的要求，在年平均气温条件下，导线应力不得大于年平均运行应力。GB 50061—2010《66kV 及以下架空电力线路设计规范》规定：导线的平均运行张力上限及防振措施见表 2-11。

表 2-11　导线的平均运行张力上限及防振措施

导线和环境状况	防振措施	年平均运行应力上限（瞬时破坏应力的百分数）（%）	
		钢芯铝绞线	镀锌钢绞线
开阔地区档距小于 500m	不需要	16	12
非开阔地区档距小于 500m	不需要	18	18
档距小于 120m	不需要	18	18
不论档距大小	护线条	22	—
不论档距大小	防振锤（阻尼线）或另加护线条	25	25

在采用防振锤这种常用防振措施时，无论档距大小，钢芯铝绞线以及镀锌钢绞线年平均运行应力上限为其瞬时破坏应力的 25%，即控制应力为 25% σ_P。

2. 临界档距的计算

以上四种控制条件并不是在所有的档距范围内都是控制条件，各控制条件可能在不同的档距范围内起控制作用。可能存在某一档距，在此档距下某两个控制条件同时起控制作用，超过此档距时是一个条件控制，而小于此档距时是另一个条件控制，则称该档距为两个控制条件的临界档距。每两个控制条件之间都有一个临界档距，因此四种控制条件就有六个临界档距。

根据临界档距的概念，利用导线的状态方程式可推得临界档距的计算式为

$$l_j = \sqrt{\frac{24\beta(\sigma_n - \sigma_m) + 24\alpha(t_n - t_m)}{\left(\dfrac{g_n}{\sigma_n}\right)^2 - \left(\dfrac{g_m}{\sigma_m}\right)^2}} \tag{2-29}$$

式中，l_j 是临界档距（m）；σ_n、σ_m 分别是两种控制条件的控制应力（N/mm^2）；g_n、g_m 分别是两种控制气象条件时的比载（$N/m \cdot mm^2$）；t_n、t_m 分别是两种控制气象条件时的气温（℃）；α 是导线的温度线膨胀系数（1/℃）；β 是导线的弹性伸长系数（mm^2/N）。

当两种控制条件的控制应力相等时，式（2-29）可简化为

$$l_j = \sigma_m \sqrt{\frac{24\alpha(t_n - t_m)}{g_n^2 - g_m^2}} \tag{2-30}$$

式中符号意义同前。

3. 有效临界档距的判别

在整个代表档距数轴上，一种控制条件的控制档距区间是连续的。因此，四种控制条件即使都起控制作用，也只能是四个档距区间，临界档距最多不会超过三个，这样的真正有意义的临界档距称之为有效临界档距。而临界档距最多有六个，因此，必须进行有效临界档距的判别，确定控制条件及其控制档距范围。

判别有效临界档距的方法如下：

（1）按照 g/σ 值的大小排列四种可能控制条件的次序　对四种控制条件分别计算 g/σ 值，并由小到大分别给予 A、B、C、D 的编号。如果某两个控制条件的 g/σ 值相等，则分别计算这两种控制条件的 $\sigma + \alpha Et$ 值，取其数值较小的控制条件编入序号，而数值较大的控制条件予以舍弃，这时可能的控制条件减少为三个，临界档距数也减少为三个。

（2）将临界档距列表　假设按最大可能算出每两个控制条件的临界档距，并按表 2-12 的方法排列。

表 2-12　有效临界档距判别表

A	B	C
l_{AB} =	l_{BC} =	l_{CD} =
l_{AC} =	l_{BD} =	
l_{AD} =		

（3）判别 A、B、C 栏的有效临界档距

1）首先查看 A 栏内临界档距有无零或虚数值，只要有一个临界档距值为零或虚数，则该栏内所有临界档距均被舍弃，即该栏内没有有效临界档距，这时可转到下一栏（如 B 栏）进行判别。

若栏内所有临界档距值均不为零或不为虚数，则选取该栏中最小的一个临界档距为第一个有效临界档距（如 l_{AB}）。于是 A 栏内与 A 组合的其他临界档距（如 l_{AC}、l_{AD}）即可舍弃。选得的第一个有效临界档距（如 l_{AB}）系为下标中第一个字母表示的控制条件（如 A）所控制的档距范围的上限值；下标中后一个字母表示的控制条件（如 B）所控制的档距范围的下限值。

2）紧接着对所选得的第一个有效临界档距下标中后一个字母所代表的栏进行判别，亦即判别后一个字母所代表的控制条件所控制的档距范围的上限值，并确定下一个控制条件。如第一个有效临界档距为 l_{AB}，则对 B 栏进行判别；若第一个有效临界档距为 l_{AC}，则对 C 栏进行判别，这时 B 栏被跨越，即 B 栏没有有效临界档距而全部被舍弃。确定了需判别的栏

后，用1）中的方法选取第二个有效临界档距。

3）根据上述原则，依次类推，直至判别到最后一栏（如C栏），或有效临界档距下标中后一字母为D，则判别结束。例如，在判别A栏时，选取的第一个有效临界档距为l_{AD}，则判别结束，有效临界档距只有一个，为l_{AD}。

4）在有效临界档距的判别过程中，如在A、B、C三栏中均有零或虚数，则没有有效临界档距，此时所有可能的代表档距，其导线应力均受D条件控制。

5）对于避雷线，如果是按防雷要求计算最大使用应力σ_B，然后推求各种气象情况下的应力时，则其临界档距值与导线一致。如果用给出的安全系数计算最大使用应力，则同样按上述步骤确定其有效临界档距。

通过上述有效临界档距的判别，最后得一组有效临界档距，这组有效临界档距的下标是依次连接的。将这组有效临界档距标在代表档距数轴上，即将数轴分成若干区间，然后可按有效临界档距下标字母确定每一区间的控制条件。例如，当有效临界档距为l_{AB}和l_{BD}时，其控制情况如图2-9所示。

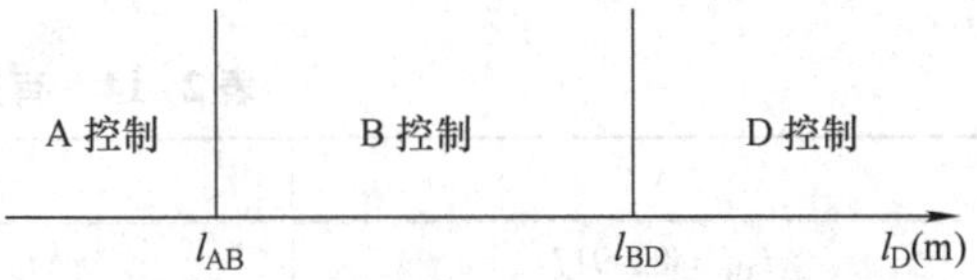

图2-9 有效临界档距判别结果

判别结果的意义为：当代表档距$l_D \leqslant l_{AB}$时，导线应力受A控制条件控制，当代表档距$l_{AB} \leqslant l_D \leqslant l_{BD}$时，导线应力受B控制条件控制；当代表档距$l_D \geqslant l_{BD}$时，导线应力受D控制条件控制。实际计算中，根据代表档距值就可确定其控制条件，然后将控制条件代入状态方程作为已知条件，即可求取其他气象条件时的应力。

例2-2 某架空线路导线采用LGJ—120/20，通过Ⅳ类典型气象区，试计算临界档距，并确定控制条件。

解： 由表A-1查得，LGJ—120/20导线的计算拉断力$T_P = 41000$N，计算截面积$A = 134.49\text{mm}^2$，所以导线的综合瞬时破坏应力$\sigma_P = 41000/134.49 = 304.855\text{N/mm}^2$，LGJ—120/20导线的铝钢结构比为26/7，由表2-3查得，弹性系数$E = 76000\text{N/mm}^2$，温度线膨胀系数$\alpha = 18.9 \times 10^{-6}$1/℃，弹性伸长系数$\beta = 1/E = 13.2 \times 10^{-6}\text{mm}^2/\text{N}$。

1）计算控制应力。取设计安全系数$K = 2.5$，则最大使用应力为

$$\sigma_m = \sigma_P / K = 121.942\text{N/mm}^2$$

在年平均气温时，控制应力为平均运行应力的上限，即

$$\sigma_{cp} = \sigma_P \times 25\% = 304.855 \times 25\%\text{N/mm}^2 = 76.214\text{ N/mm}^2$$

2）可能控制条件列表。根据比载和控制应力，将有关数据按g/σ值由小到大列出表格，并按A、B、C、D顺序编号，见表2-13。导线比载见表B-1。

表2-13 可能控制条件列表

出现控制应力的气象条件	控制应力 /(N/mm²)	比载 /(N/m·mm²)	温度/℃	比值g/σ	顺序代号
最低温度	121.942	$g_1 = 34.015 \times 10^{-3}$	-20	0.279×10^{-3}	A
年平均气温	76.214	$g_1 = 34.015 \times 10^{-3}$	+10	0.446×10^{-3}	B
最大风速	121.942	$g_{6(25)} = 55.420 \times 10^{-3}$	-5	0.462×10^{-3}	C
覆冰	121.942	$g_7 = 56.379 \times 10^{-3}$	-5	0.462×10^{-3}	D

3）计算临界档距。根据 $\sigma_n \neq \sigma_m$ 时，临界档距计算式（2-29）得

$$l_{AB} = \sqrt{\frac{24 \times 13.2 \times 10^{-6} \times (121.942 - 76.214) + 24 \times 18.9 \times 10^{-6} \times (-20 - 10)}{(0.279 \times 10^{-3})^2 - (0.446 \times 10^{-3})^2}}\text{m}$$

$$= i82.917\text{m}$$

同理 $l_{BC} = 1029.86\text{m}$，$l_{BD} = 752.007\text{m}$

根据 $\sigma_n = \sigma_m$ 时，临界档距计算式（2-30）得

$$l_{AC} = 121.942 \times \sqrt{\frac{24 \times 18.9 \times 10^{-6} \times (-20 + 5)}{(34.015 \times 10^{-3})^2 - (55.420 \times 10^{-3})^2}}\text{m} = 230.309\text{m}$$

同理 $l_{AD} = 224.0\text{m}$，$l_{CD} = 0\text{m}$

4）确定控制条件。列出有效临界档距控制条件判别表，见表2-14。

表2-14 有效临界档距判别表 （单位：m）

A	B	C
$l_{AB} = i82.917$	$l_{BC} = 1029.86$	$l_{CD} = 0$
$l_{AC} = 230.309$	$l_{BD} = 725.007$	
$l_{AD} = 224.0$		

从表2-14可看出，A栏中 l_{AB} 为虚数，故该栏所有临界档距均无效，然后判别B栏，选取 $l_{BD} = 725.007\text{m}$ 为第一个有效临界档距。C栏被跨越没有有效临界档距。

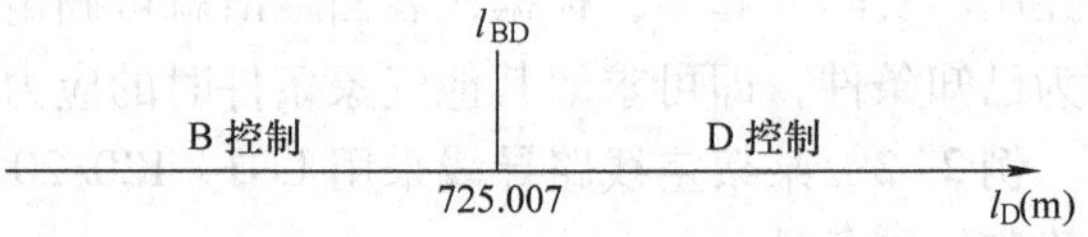

图2-10 有效临界档距判别结果

有效临界档距的判别结果如图2-10所示。

从图中可得出，当 $l_D \leqslant 725.007\text{m}$，控制条件为年平均气温，控制应力为 $\sigma_{cp} = 76.214\text{N/mm}^2$；当 $l_D \geqslant 725.007\text{m}$，控制条件为最大覆冰，控制应力为 $\sigma_m = 121.942\text{N/mm}^2$。

2.4.6 避雷线最大使用应力

避雷线是高压和超高压输电线路最基本的防雷保护措施，其主要作用是防止雷直击导线。前面各节所述的导线应力、弧垂和线长的分析计算方法同样适用于避雷线。但避雷线最大使用应力的确定方法不同于导线，对避雷线最大使用应力的确定还必须满足导线防雷这一要求。

1. 避雷线最大使用应力的选择原则

避雷线最大使用应力的选择，应满足以下原则。

1）为了防止雷击档距中央避雷线反击导线，在15℃无风气象条件下，导线与避雷线在档距中央的距离应满足以下要求：

$$s_1 \geqslant (0.012l + 1) \tag{2-31}$$

式中，l 为线路的档距（m）。

2）避雷线的设计安全系数不应小于2.5，宜大于导线的设计安全系数。

3）为了防止振动的危害，避雷线的平均运行应力的上限应符合表2-11的要求。

2. 避雷线最大使用应力的选择方法

根据以上原则，避雷线最大使用应力的选择方法可以有两种，一种方法是根据在 15℃无风气象条件下，导线与避雷线在档距中央的距离要求，确定出 15℃无风气象条件下时的避雷线应力，然后利用状态方程式求得最大使用应力，再校验其安全系数是否满足要求。如安全系数小于规定值，则需加高避雷线支架。另一种方法是根据设计安全系数（通常取为 3.0 ~4.0），求出避雷线最大使用应力，再校验在 15℃无风气象条件下，导线与避雷线在档距中央的距离是否满足规程要求。若安全距离不够，则需减小安全系数或者加高避雷线支架。

2.4.7 导线应力弧垂特性曲线

在架空线路设计过程中，为了确定有关杆塔的设计荷载、导线对地安全距离以及交叉跨越的距离，必须计算导线在各种气象条件下不同档距的应力（或弧垂），并将计算结果以横坐标为代表档距，纵坐标为导线的应力（或弧垂），按一定比例绘制出各种气象条件下档距与应力（或弧垂）的关系曲线，这些曲线组称为导线应力（或弧垂）特性曲线或称导线机械特性曲线。

导线机械特性曲线的设计条件包括导线型号、气象区、安全系数和防振措施（以确定年平均运行应力），是通过广泛调查分析沿线有关气象数据等资料确定的。设计条件中任意改变其中之一，就有不同的机械特性曲线，所以应用时必须明确设计条件，特别是线路较长时，可能在线路不同区段采用不同的设计条件，此时尤其需要注意。

导线机械特性曲线的计算程序如下：

1）确定导线型号及设计气象区。

2）确定导线在各种气象条件时的比载。

3）确定导线的安全系数及防振措施，计算导线最大使用应力和年平均运行应力。

4）计算临界档距并进行有效临界档距判别，确定控制条件及控制范围。

5）以导线控制条件为已知条件，利用状态方程式和弧垂公式，逐一求出其他各种气象条件下各种代表档距值时的应力和弧垂值。

6）以代表档距为横坐标，应力（或弧垂）为纵坐标，绘制各种气象条件时的应力曲线或弧垂曲线。

导线的机械特性曲线并不需要按所有气象条件计算和绘制，根据工程需要一般需计算和绘制的曲线项目见表 2-15。

表 2-15 机械特性曲线计算项目表

计算项目		大风	覆冰	安装	事故	低温	高温	平均气温	内过电压	外过电压	
										有风	无风
应力曲线	导线	Δ	Δ	Δ	Δ	Δ	Δ	Δ	Δ	Δ	Δ
	避雷线	Δ	Δ	Δ	Δ	Δ	Δ	Δ			Δ
弧垂曲线	导线	Δ	*				Δ				Δ
	避雷线										Δ

注：Δ 表示需要绘制的曲线；* 表示当导线最大弧垂发生在最大垂直比载时，应计算覆冰（无风）和稀有覆冰（无风）时的弧垂曲线；空格栏表示可不计算。

图 2 - 11 是 LGJ – 185 导线在某非典型气象区的机械特性曲线。图中 l_{ab}、l_{bc} 和 l_{cd} 为临界档距。

利用导线和避雷线的机械特性曲线，当已知耐张段代表档距时，能够很快查出该耐张段在各种气象条件时的应力，从而可以计算出弧垂。

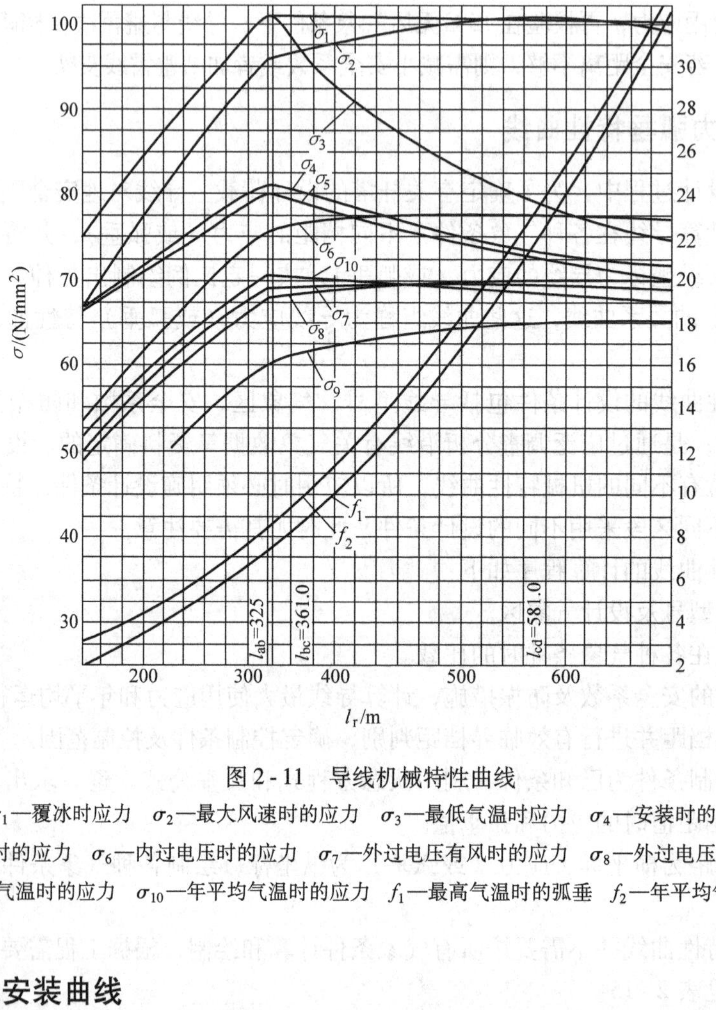

图 2 - 11 导线机械特性曲线

σ_1—覆冰时应力 σ_2—最大风速时的应力 σ_3—最低气温时应力 σ_4—安装时的应力 σ_5—事故时的应力 σ_6—内过电压时的应力 σ_7—外过电压有风时的应力 σ_8—外过电压无风时的应力 σ_9—最高气温时的应力 σ_{10}—年平均气温时的应力 f_1—最高气温时的弧垂 f_2—年平均气温时的弧垂

2.4.8 导线安装曲线

1. 导线安装曲线的绘制

为使导线在运行中任何气象条件下的应力都不超过最大使用应力，且满足耐振条件，使导线任何点对地面及被跨越物之间的距离符合设计要求。首先导线在安装时的应力必须与设计值相符合，为此，设计部门事先计算出各种可能的安装气象条件下，各种代表档距时的导线张力和弧垂，并将其绘制成曲线，即安装曲线，以供施工现场使用。安装曲线的横坐标为代表档距，纵坐标为张力（或弧垂），是反映一定安装气象条件时，导线张力（或弧垂）和代表档距间关系的曲线。

导线安装曲线通常绘制张力和弧垂两种曲线，如图 2 - 12 所示。

安装曲线的计算方法与机械特性曲线计算相同。只是其计算气象条件为无冰无风情况，温度变化范围为最高气温到最低气温，其间隔可取5℃（或10℃），档距的变化范围视工程实际情况而定。图中每一条曲线对应一种安装气象条件。

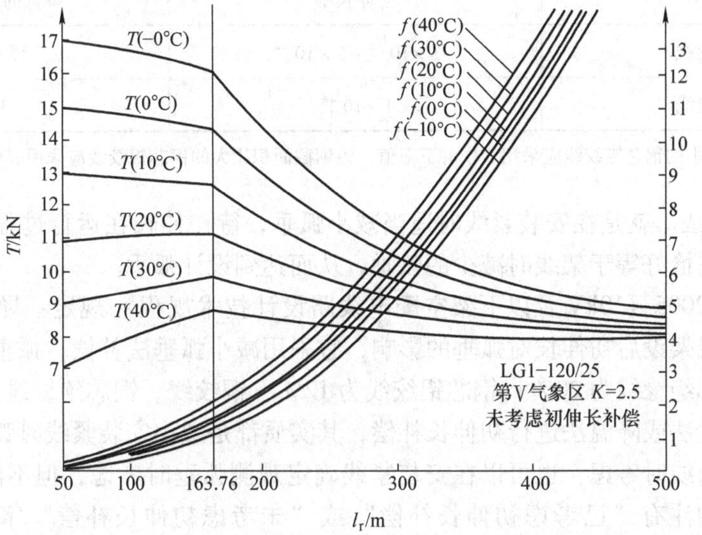

图2-12　导线安装曲线

导线的张力和应力之间的关系为

$$T = \sigma_0 A \tag{2-32}$$

式中，T 是导线的张力（N）；σ_0 是导线的应力（N/mm^2）；A 是导线的截面积（mm^2）。

2. 安装曲线的使用

（1）导线的初伸长及其影响　安装曲线在使用时，首先应注意曲线绘制时是否已考虑初伸长的影响。

导线在张力的作用下会产生弹性伸长，状态方程中已考虑。除此之外还将产生塑形伸长和蠕变伸长，统称为塑蠕伸长。塑蠕伸长使导线、避雷线产生永久变形，即拉力除去后这两部分伸长仍不消失，在工程上称之为初伸长。

初伸长与作用于导线的张力大小和作用时间的长短有关。在线路运行过程中随着导线自重、拉力及温度变化的影响，初伸长逐渐伸展出来，最终在5~10年后趋于一稳定值，使档距内导线长度增加，引起弧垂永久性增大，应力相应减小，结果使导线对地和被跨越物的接近距离减小，危及线路的安全运行。因此，在线路设计或安装紧线时，导线若为未使用过的新线，则必须考虑初伸长的影响，对导线进行预拉或作预补偿。

（2）初伸长的补偿措施　补偿初伸长最常用的方法有减小弧垂法和降温法。

1）降温法。就是将安装紧线时的气温降低一定的数值，然后按降低后的温度，从安装曲线查得代表档距的弧垂，再计算出观测档的弧垂，该弧垂即为考虑了初伸长影响的紧线时的观测弧垂。

GB 50061—2010《66kV及以下架空电力线路设计规范》规定：对于35kV和66kV架空电力线路的导线或地线的初伸长率应通过试验确定，导线或地线的初伸长对弧垂的影响可采用降温法补偿。当无试验资料时，初伸长率和降低的温度可采用表2-16所列数值。

表2-16　导线或地线的初伸长率和降低的温度

类　型	初伸长率	降低的温度/℃
钢芯铝绞线	$3\times10^{-4}\sim5\times10^{-4}$	15~25
镀锌钢绞线	1×10^{-4}	10

注：铝钢截面积比小的钢芯铝绞线应采用表中的下限值；铝钢截面积比大的钢芯铝绞线应采用表中的上限值。

2）减小弧垂法。就是在安装紧线时适当减小弧垂，待初伸长在运行过程中被释放出来后，所增加的弧垂恰好等于架线时减少的弧垂，从而达到设计弧垂。

DL/T 5220—2005《10kV及以下架空配电线路设计技术规程》规定：导线的弧垂应根据计算确定。导线架设后初伸长对弧垂的影响，宜采用减小弧垂法补偿。弧垂减小的百分数为：铝绞线、铝芯绝缘线为20%；钢芯铝绞线为12%；铜绞线、铜芯绝缘线为7%~8%。

采用减小弧垂法或降温法进行初伸长补偿，其实质都是减小安装紧线时弧垂，因而可以在设计绘制安装曲线时考虑，也可以在安装紧线确定观测弧垂时考虑，但不能重复。所以，安装曲线上一般均注有“已考虑初伸长补偿”或“未考虑初伸长补偿”字样，使用时需注意。

2.5　导线的振动和防振

2.5.1　导线振动的类型和特点

张紧在空间的导线，由于受到各种因素的影响，而引起导线的振动。振动将使导线产生断线、断股或引起相间闪络，造成线路跳闸停电等事故，严重危及线路的正常运行。

目前，在架空导线上经常发生的振动类型主要有均匀低风速下的微风振动、分裂导线的次档距振荡以及个别覆冰情况下的导线舞动等。下面介绍出现几率最多的微风振动。

2.5.2　导线微风振动的基本理论

1. 振动的起因

架空输电线路的导线受到稳定的微风作用时，便在导线背后形成以一定频率上下交替变化的气流旋涡，如图2-13所示，从而使导线受到一个上下交变的脉冲力作用。当气流旋涡的交替变化频率与导线的固有自振频率相等时，导线在垂直平面内产生共振即引起导线振动。

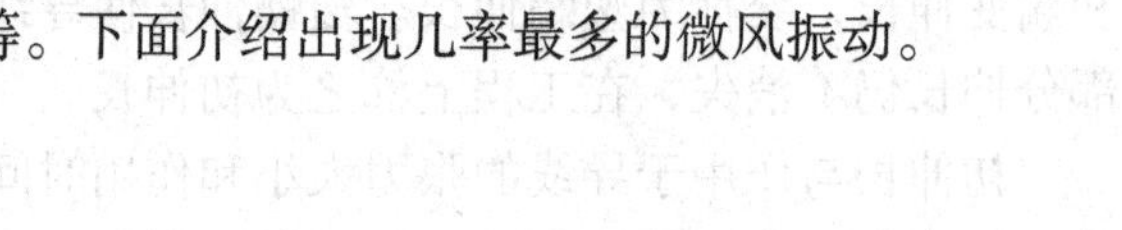

图2-13　引起导线振动的气流旋涡

2. 导线振动的特性和影响因素

（1）导线振动的特性

1）振动波形、振幅和振动角。导线的振动是沿整档导线呈驻波分布的，即导线离开平衡位置的位移大小无论在时间上还是沿档距长度上都是按正弦规律变化的，在同一频率下，波腹点 a（最大振幅）及波节点 b 在导线上的位置恒定不变。在理想情况下形成的驻波振动可表示为

$$A_x = A_m \sin \frac{2\pi x}{\lambda} \sin 2\pi f t \tag{2-33}$$

式中，A_x 是导线任一点离开其原始平衡位置的位移（mm）；A_m 是导线振动波腹点的最大振幅（mm）；x 是自振动节点（或悬点）沿导线至任一点的距离（m）；λ、f 分别是振动波长（m）及频率（Hz）；t 是计算时间（s）。

图2-14为某一频率时导线振动的波形示意图。O 为波节点，导线离开平衡位置 OX 轴的距离 A_x，称为振幅，位移中最大者 A_m 称为最大振幅。

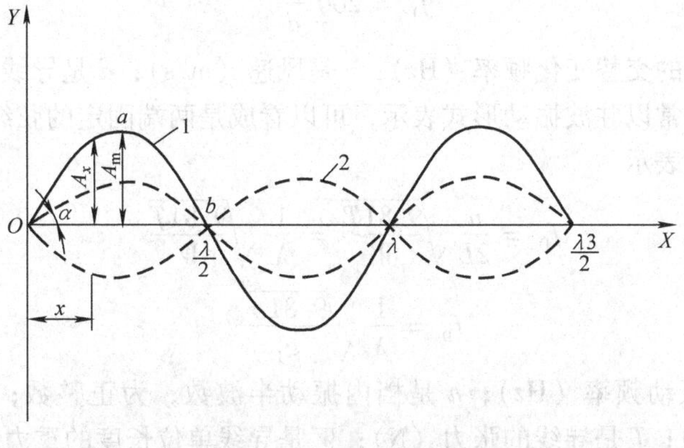

图2-14　导线振动的波形
1—最大振幅时沿档距的波形　2—非最大振幅时沿档距的波形

由于在一定振动频率下的振动波节点仅有角位移，且在导线上的位置不变，特别是两悬点，对各种频率的振动波均为波节点，并受线夹的约束，使导线不能自由转动，同时还经常受到较大的拉、弯曲和挤压等静态应力，因此，该处若受到长期强烈的振动，易产生导线材料的疲劳断股等损坏，这是导线防振的关键部位。

在评价线夹出口处导线振动弯曲程度时，以线夹出口处的振动角来表示更为直观。所谓振动角，是指导线振动波的波节点处，导线与中心平衡位置的夹角，如图2-14中的 α。显然 α 就是振动波在波节点处的斜率角，且最大振幅时振动角最大。如果在运行中测得距线夹出口处为 x 点的振幅为 A_x，则可按下式求得最大振动角 α_m 为

$$\alpha_m = \arctan\left(\frac{2\pi A_x}{\lambda \sin \frac{2\pi x}{\lambda}}\right) \tag{2-34}$$

式中，α_m 是最大振动角（′）；λ 是振动波波长（m）；x 是测量点与线夹出口处的距离（m）；A_x 是测量点振动波的振幅（m）。

运行的线路上，导线的振动角一般为30′～50′，当振动特别强烈时接近1°，这样大的振动角，不需要很长时间就会使导线断股。因此，一般架空输电线路均需采取防振措施，且在导线紧线后应尽快安装防振器具，以使导线的振动角减小到允许范围之内。导线的允许振动角见表2-17，这是衡量振动的严重程度和评价防振装置防振效果的标准。

表 2-17 导线的允许振动角

平均运行应力	允许振动角
$\leqslant 25\%\sigma_P$	10′
$>25\%\sigma_P$	5′

2）导线的振动频率和波长。引起导线振动的原因是气流旋涡的交替变化频率与导线的固有自振频率相等而发生共振。根据试验，当导线受到稳定的微风作用时，气流旋涡的交替变化频率与风速和导线直径有关，其频率可由下式确定

$$f_F = 200\frac{v}{d} \tag{2-35}$$

式中，f_F 是气流旋涡的交替变化频率（Hz）；v 是风速（m/s）；d 是导线直径（mm）。

导线的微风振动常以驻波振动形式表示，可以看成是两端固定的弦线振动形式，故导线的振动频率可用下式表示

$$f_D = \frac{n}{2L}\sqrt{\frac{9.81T}{W}} = \frac{1}{\lambda}\sqrt{\frac{9.81T}{W}} \tag{2-36}$$

或

$$f_D = \frac{1}{\lambda}\sqrt{\frac{9.81\sigma}{g_1}} \tag{2-37}$$

式中，f_D 是导线的振动频率（Hz）；n 是档内振动半波数，为正整数；L 是档内导线长度（m）；λ 是波长（m）；T 是导线的张力（N）；W 是导线单位长度的重力（N/m）；σ 是导线的应力（N/mm^2）；g_1 是导线的自重比载（$N/m\cdot mm^2$）。

导线固有自振频率和气流旋涡的交替变化频率相等时，其振动的振幅最大，这种现象称为共振。即 $f_F = f_D$。

由 f_F 和 f_D 计算式可知，当风速变化致使 f_F 变化时，振幅将有所下降，同时导线应力也有所变化，导线固有自振频率也随之变化，有可能在另一频率下又实现 $f_F = f_D$，产生新的共振。因此，导线振动的频率不是唯一的。

根据共振的条件 $f_F = f_D$，可以求出导线振动波的波长为

$$\lambda = \frac{d}{200v}\sqrt{\frac{9.81\sigma}{g_1}} \tag{2-38}$$

振动波的半波长为

$$\frac{\lambda}{2} = \frac{d}{400v}\sqrt{\frac{9.81\sigma}{g_1}} \tag{2-39}$$

（2）影响振动的因素　影响振动的因素主要有风速、风向、档距、悬点高度、导线应力以及地形、地物等。

1）风对振动的影响。引起振动的基本因素是均匀稳定的微风，因为一方面导线振动的产生和维持需要一定的能量（克服空气阻力、导线股线间的摩擦力等所需的最小能量），而这些能量需由气流旋涡对导线的冲击能量转化而来，所以产生导线振动的风速有最小值，一般可取 0.5m/s，风速再小就不会发生振动。风速越大，由于和地面摩擦加剧，使地面以上一定高度范围内的风速均匀性遭到破坏，导线越不易发生振动，因此，导线振动风速有最大值。

导线振动的最大风速值受地形、地物及悬点高度的影响，如果档距增大，则为保证导线对地距离，导线悬点必然增高；离地面越高，风速受地貌的影响越小，均匀性越好；地面越平坦，风速的均匀性也越好，导线越容易发生振动。线路的振动上限风速一般取为 4 ~8 m/s，大跨越档因在平滑的水面上方，上限风速可达 8 ~10m/s。

引起导线振动的风速范围，防振设计中一般取表 2-18 所列数值。

表 2-18　引起导线振动的风速范围

档距/m	悬点高度/m	引起振动的风速范围/（m/s）	
		下限 v_n	上限 v_m
150 ~250	12	0.5	4.0
300 ~450	25	0.5	5.0
500 ~700	40	0.5	6.0
700 ~1000	70	0.5	8.0

导线能否产生稳定振动还与风向有关，根据在平原开阔地区的观察结果表明，当风向和线路方向成 45° ~90°夹角时，导线产生稳定振动；在 30° ~45°时，振动的稳定性较小；夹角小于 20°时，则很少产生振动。

2）导线规格及结构对振动的影响。

① 导线断面形状如果能破坏风在导线背风侧卡门漩涡的建立（如三股钢丝绞制的钢绞线），就不会建立稳定振动。而光滑型（或称压缩性）的导线，其直径与截面积的比值较小，虽能减少风荷载和减少覆冰及舞动，但微风振动的振幅及延续时间则变得严重。

② 风输给导线的动能随导线的直径增大而增大，振动频率又随直径增大而降低，而低频范围的导线自阻尼又减小，这两种因素使大直径导线振动严重，给防振带来困难，对此，可采用分裂导线来减振。大直径导线若股层数及股数增多，其阻尼作用会增加，但如果是扩径或空心导线，截面积与重量比小，则易于振动。增大导线刚度有利于降低动弯应力（如护线条就有加强导线刚度的作用）。导线直径与其单位质量的比值越大，则振动越严重，故铝绞线比铜绞线和钢绞线振动严重，铝钢截面积比大的比截面积比小的振动严重。

3）档距长度及悬点高度对振动的影响。

① 在振动过程中，档距 l 中振动波的半波数 n 为整数，即

$$n = \frac{l}{\frac{\lambda}{2}} = \frac{2l}{\lambda}$$

则

$$\lambda = \frac{2l}{n}$$

将上式代入波长计算式（2-38）可得 $n = \dfrac{l}{d} \times 400v\sqrt{\dfrac{g_1}{9.81\sigma}}$

即当风速和导线应力不变时有 $n \propto \frac{l}{d}$。由此可知，档距越大，档中形成完整半波数的机会越多，也就是导线产生共振的机会越多，导线振动程度也越严重。档距两端绝缘子、金具与杆塔横担等部件对振动有阻尼作用，对小档距所占比例大，可以不安装防振装置，而对大档距其阻尼所占比例则较少。实际观测证实：档距小于 100m 时，很少见到振动；档距在 120m 以上时，导线振动则多了一些；在跨越河流、山谷等高杆塔大档距的地方，可以观测到较强烈的振动。

② 当导线悬点的高度增加时，在平坦开阔地区可能使振动上限风速提高，使振动频率的范围扩大，也使振动延续时间增加。架设在平坦开阔地区的线路，悬点高度随档距平方的函数而增加，两个因素结合一起考虑，对振动风速范围及振动相对延续时间的影响见表2-19。

表 2-19　档距长度及悬点高度对振动的影响

档距/m	导线悬点高度/m	振动的风速范围/（m/s）	振动的相对延续时间/s
150～200	12	0.5～4.0	0.15～0.25
300～450	25	0.5～5.0	0.25～0.3
500～700	40	0.5～6.0	0.25～0.35
700～1000	70	0.5～8.0	0.30～0.40

4）导线应力对振动的影响。导线的应力是影响导线振动烈度的关键因素，且对导线振动的频带宽度有直接影响。静态应力越大，振动的频带宽度越宽，越容易产生振动。另一方面，导线长期受振动的脉动力，相当于一个动态应力叠加在导线的静态应力上，而导线的最大允许应力是一定的。由此可见，静态应力越大，振动越厉害，动态应力越大，对线路的危害越严重。而且，随着静态应力的增大，导线本身对振动的阻尼作用显著降低，加重了振动的烈度，更易使导线材料疲劳，引起断股、断线事故。

为此，在线路设计考虑防振问题时，选择一个导线长期运行过程中运行时间最多，最有代表性的气象条件，即所谓“年平均气温”气象条件，并规定这个气象条件下导线的实际应力不得超过某一规定值，即年平均运行应力。根据运行经验，一般对架空输电线路的导线和避雷线的年平均运行应力和防振措施的规定见表 2-11。

2.5.3　导线的防振措施

1. 防振措施

根据引起导线振动的原因及其影响因素和导线振动破坏机理，考虑防振措施可从以下两方面着手。

（1）设法防止和减弱振动

1）设法从根本上消除引起导线振动的条件。如使线路路径避开易振区，年平均运行应力降低到不易发生振动的程度等。但这些措施在实际工程中往往不易实现，甚至不可能。

2）设法利用线路设备本身对导线振动的阻尼作用，以减小导线的振动。如采用柔性横担、偏心导线及防振线夹等。

3）在导线上加装防振装置以吸收或减弱振动能量，消除导线振动对线路的危害。目前我国广泛采用的防振装置是防振锤和阻尼线。

（2）提高设备的耐振性能　因为导线振动对线路的危害主要是引起线夹出口处导线断股断线，所以提高耐振性能的措施主要有以下几点。

1）在线夹处导线加装护线条或打背线。用来增加线夹出口附近导线的刚性，减少弯曲应力及挤压应力和磨损，同时也能对导线振动起一定阻尼作用。护线条应按导线型号选用相应的型号，打背线也不能在线夹出口处与背线端部之间进行扎固，否则将在护线条或背线端部形成新的波节点，引起该处断股断线。

2）改善线夹的耐振性能。如要求线夹转动灵活，从而线夹随着导线的上下振动能灵活转动，减小导线在线夹出口处的弯曲应力。

3）在技术经济条件许可的条件下，尽可能降低导线的静态应力。在实际工程中，根据需要可选用一种防振措施或两种以上防振措施配合使用。如对一般输电线路普遍采用防振锤防振；有些线路采用防振锤同时加装护线条进行防振。

2. 防振锤的安装设计

目前世界上可供使用的防振锤类型多达十余种，我国工程上采用的有三种，可参阅相关书籍，这里不一一介绍。

最常用的防振锤形式如图 2-15a 所示，它是由一段短的钢绞线在其两端各装一个重锤，中间有专为装于导线上使用的夹板组成。当导线振动时，夹板随着导线上下移动，由于两端重锤具有较大的惯性而不能和夹板同步移动，致使防振锤的钢绞线不断上下弯曲，重锤的阻尼作用减小了振动的振幅，而钢绞线的变形及股线间的摩擦则消耗了导线振动传给它的能量，从而减小了导线的振动。导线振动的振幅越大，防振锤的钢绞线上下弯曲挠度越大，则消耗的能量越多。振幅减小，防振锤消耗的能量随之下降，最后在能量平衡的条件下导线以很低的振幅振动，这就是防振锤的防振原理。严格地说，防振锤的作用并不是防振，而是将振动限制到无危险的范围内。

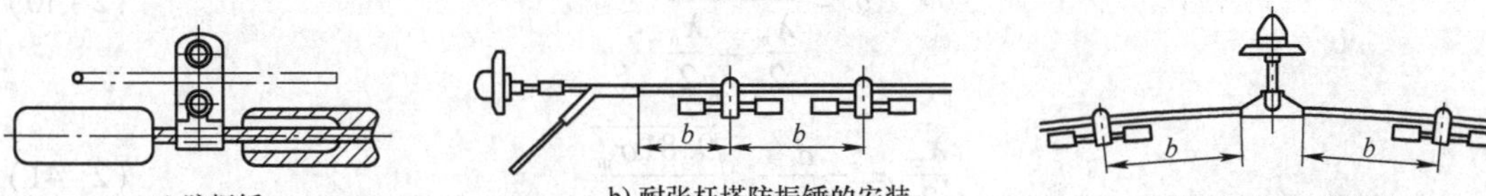

a) 防振锤　b) 耐张杆塔防振锤的安装　c) 直线杆塔防振锤的安装

图 2-15　防振锤安装距离示意图

从防振锤的防振原理可见，要使防振锤能最大限度地消耗导线振动的能量，就要在防振锤选择和安装时，以防振锤的钢绞线能产生最大挠度为原则。

在选择防振锤型号时，首先防振锤的固有自振频率应与导线可能发生的振动频率范围相适应；其次防振锤的重量要适当，太轻消振效果差，太重则可能在防振锤安装位置形成新的波节点；另外，还应与导线型号相配合。防振锤的选择一般可按表 2-20 进行。

表 2-20 防振锤型号及适用绞线截面积

型号	适用绞线截面积/mm^2		钢绞线规格	锤头质量/kg	质量/kg
	钢绞线	铝绞线或钢芯铝绞线			
FD—1		35~50	7/2.6	0.54	1.5
FD—2		70~95	7/3.0	0.94	2.4
FD—3		120~150	19/2.2	1.74	4.5
FD—4		185~240	19/2.2	2.17	5.6
FD—5		300~400	19/2.6	3.00	7.2
FD—6		500~630	19/2.6	3.60	8.6
FG—35	35		7/3.0	0.64	1.8
FG—50	50		7/3.0	0.94	2.4
FG—70	70		19/2.2	1.74	4.2
FG—100	100		19/2.2	2.40	5.9

在确定防振锤安装位置时，因为导线的振动是沿整档导线呈驻波分布的，导线悬点处无论何种频率的振动均为一固定的波节点，因此，防振锤应安装在悬点附近；另外，防振锤应安装在波腹点附近，这样防振锤甩动幅度最大，消耗振动能量最多。然而，导线振动的频率和波长并非是唯一的，而是在一定范围内变化，为使防振锤的安装能对各种频率和波长的振动都能发挥一定的防振作用，就应照顾到出现最大及最小半波长时，都能起到一定的防振作用，如此自然对中间波长的振动具有更好的防振效果。综上所述，当安装一个防振锤时，其安装位置的确定原则是：在最大波长和最小波长情况下，防振锤的安装位置在线夹出口处第一个半波范围内，并对这两种波长的波节点或波腹点具有相同的接近程度，即在这两种情况下防振锤安装点的相角的正弦绝对值相等。即 $|\sin\theta_m| = |\sin\theta_n|$，如图 2-16 所示。根据上述原则，可以推得防振锤安装距离为

$$b = \frac{\frac{\lambda_m}{2}\frac{\lambda_n}{2}}{\frac{\lambda_m}{2}+\frac{\lambda_n}{2}} \tag{2-40}$$

$$\frac{\lambda_m}{2} = \frac{d}{400v_n}\sqrt{\frac{9.81\sigma_m}{g_1}} \tag{2-41}$$

$$\frac{\lambda_n}{2} = \frac{d}{400v_m}\sqrt{\frac{9.81\sigma_n}{g_1}} \tag{2-42}$$

上述三式中，b 是防振锤的安装距离（m）；λ_m 是振动波的最大波长（m）；λ_n 是振动波的最小波长（m）；σ_m 是最低气温时的导线应力（N/mm^2）；σ_n 是最高气温时的导线应力（N/mm^2）；v_m 是振动的上限风速（m/s）；v_n 是振动的下限风速（m/s）。

防振锤的安装距离 b，对悬垂线夹来说，是指自线夹出口至防振锤夹板中心间的距离，如图 2-15c 所示；对耐张线夹来说，当采用一般轻型螺栓式或压接式耐张线夹时，也指自线夹出口至防振锤夹板中心间的距离，如图 2-15b 所示。

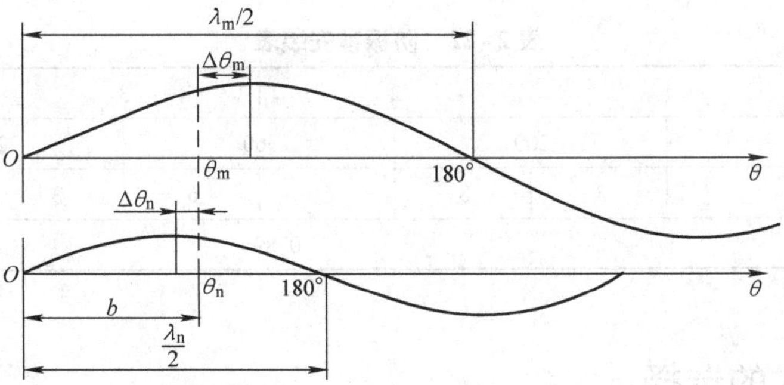

图 2-16　防振锤的最佳安装位置图解

当导线档距较大，悬点高度较高，风的输入能量很大而使导线强烈振动时，安装一个防振锤不足以将此能量消耗至足够低的水平，这时就需装多个防振锤。实际工程中，档距两侧各需安装的防振锤个数一般可按表 2-21 确定。

多个防振锤一般均按等距离安装，即按前述方法计算得出第一个防振锤的安装距离 b，则第二个为 $2b$，第三个为 $3b$，如图 2-15 所示。

表 2-21　防振锤安装个数

档距/ m 导线直径/ mm	每档每端防振锤安装个数		
	1	2	3
<12	≤300	300～600	600～900
12～22	≤350	350～700	700～1000
22～37.1	≤450	450～800	800～1200

例 2-3　某架空输电线路中，有一耐张段各档档距分别为 200m、360m 和 273m，导线为 LGJ—95/20 型，导线直径为 13.87mm，自重比载 $g_1 = 35.187 \times 10^{-3}\text{N/m} \cdot \text{mm}^2$，代表档距 $l_D = 300\text{m}$，已知导线最高气温时应力为 68.55N/mm^2，最低气温时的应力为 99.45N/mm^2。试选择防振锤型号、安装距离并统计该耐张段所需的防振锤个数。

解： 由表 2-20，选用 FD—2 型防振锤。

选振动风速，$v_m = 5\text{m/s}$，$v_n = 0.5\text{m/s}$，则

$$\frac{\lambda_m}{2} = \frac{d}{400v_n}\sqrt{\frac{9.81\sigma_m}{g_1}} = \frac{13.87}{400 \times 0.5} \times \sqrt{\frac{9.81 \times 99.45}{35.187 \times 10^{-3}}}\text{m} = 11.548\text{ m}$$

$$\frac{\lambda_n}{2} = \frac{d}{400v_m}\sqrt{\frac{9.81\sigma_n}{g_1}} = \frac{13.87}{400 \times 5} \times \sqrt{\frac{9.81 \times 68.55}{35.187 \times 10^{-3}}}\text{m} = 0.959\text{ m}$$

$$b = \frac{\frac{\lambda_m}{2}\frac{\lambda_n}{2}}{\frac{\lambda_m}{2} + \frac{\lambda_n}{2}} = \frac{11.548 \times 0.959}{11.548 + 0.959}\text{m} = 0.89\text{ m}$$

由表 2-21，该耐张段所需防振锤个数见表 2-22。

表 2-22 防振锤安装表

杆号	1		2		3		4	
档距/m		200		360		273		
防振锤个数		3	3	6	6	3	3	
安装距离/m	0.89							

2.6 杆塔形式的选择

2.6.1 杆塔的结构形式

电力线路是电力系统中进行电能传输、交换、调节和分配的主要环节。其中架空线路要穿越村庄、农田、森林和高山，跨越河流、公路、铁路、电力线路及通信线路等，遇到重要的设施和不可逾越的障碍需要避开绕行，而且要经受雨、雪、风、冰等各种气象条件的影响。杆塔结构作为架空线路的重要组成部分，起着支撑架空导线的作用，最终保证电能安全可靠地输送到用户。按杆塔在线路中的用途主要分为直线杆塔、耐张杆塔、转角杆塔、换位杆塔、跨越杆塔和终端杆塔等。在线路的直线路径上要设置直线杆塔，在每一个耐张段两端设置耐张杆塔，在直线杆塔的转角处要设置转角杆塔，在被跨越物的两侧要设置较高的跨越杆塔，为均衡三相交流导线的电抗，每隔一定距离要设置换位杆塔，在线路两端张力差过大处或线路的终端处，采用终端杆塔，如变电站的进出口处要设置终端杆塔。

杆塔结构从使用材料上可分为木杆、钢筋混凝土电杆、钢管杆塔和桁架铁塔；从维持结构整体稳定性上可分为自立式杆塔和拉线式杆塔；从排列方式上可分为单回线路水平排列、垂直排列和三角形排列杆塔，双回线路杆塔以及多回线路杆塔。实际工程中究竟使用哪种结构形式的杆塔，主要取决于线路的电压等级、回路数、地形地质条件和使用条件等多种因素，最后还要通过经济技术的比较择优选用。就我国已建的输配电线路工程来看，电压等级不低于110kV的线路常使用铁塔，电压等级不高于66kV的线路常使用钢筋混凝土电杆和钢管杆塔；在平坦或稻田地直线路径上，使用拉线结构更为常见；在走廊清理费用比较高及走廊较狭窄的地带，宜采用导线三角形排列的杆塔；在非重冰区还宜结合远景规划采用双回线路杆塔或多回线路杆塔；在重冰区地带宜采用单回线路导线水平排列的杆塔；在城市或城郊可采用钢管杆塔。

2.6.2 架空配电线路杆塔的结构

1. 高压架空配电线路

高压架空配电线路是具有较高电压等级的架空配电线路，常作为地区枢纽变电所向某一地区的一个或几个地区变电所或大用户的变电所供电的重要配电线路。在农村配电网中，往往成为农村一个地区的唯一电源线。我国高压架空配电线路现行的标准额定电压为35kV、66kV和110kV。高压架空配电线路中的导线，我国使用较多的是钢芯铝绞线和钢芯铝合金绞线，使用的绝缘子，主要是悬式绝缘子、瓷横担绝缘子和瓷质棒式绝缘子，现已开始使用合成绝缘子，杆塔普遍采用钢筋混凝土电杆，也常使用铁塔。杆塔间的档距一般由几十米到几百米不等。杆塔上的排列根据需要和客观条件有所不同，排列形式很多，如图 2-17 所示。

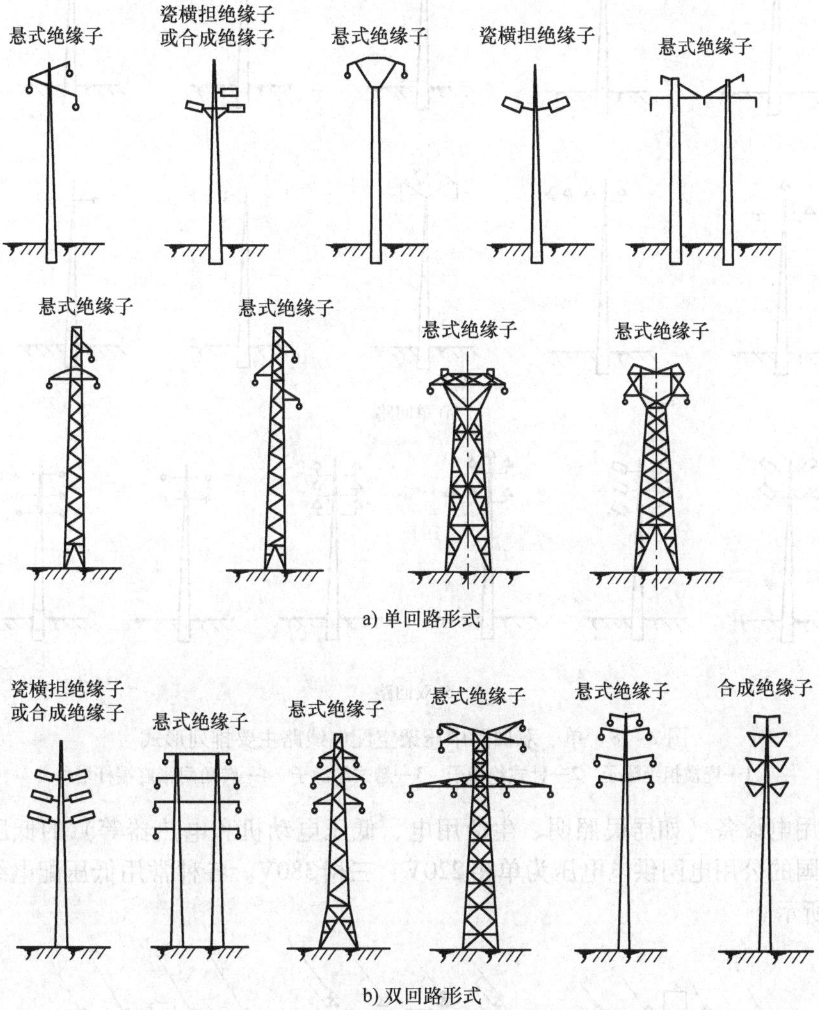

图 2-17　高压架空配电线路杆塔排列图

2. 中压架空配电线路

中压架空配电线路即 1～20kV 电压等级的架空配电线路，也称一次配电线路，是配电网内电源与用户之间的电能再分配的重要环节。它与配电变电所或配电变压器组成中压配电网，直接向中压用户供电或通过配电变压器降压后向低压配电网供电。我国中压架空配电线路的标准额定电压为 10kV。使用的导线一般为铜绞线、铝绞线、铝合金绞线或钢芯铝绞线，在城市配电线路上或通过树木茂密地区的配电线路上使用绝缘导线。使用的绝缘子一般为针式绝缘子、悬式绝缘子、瓷横担绝缘子和瓷质棒式绝缘子。使用较多的杆塔是钢筋混凝土杆。杆塔间档距一般在几十米至一二百米左右。杆上排列形式较多，图 2-18 所示为一些常见的排列形式。

3. 低压架空配电线路

低压架空配电线路即电压为 1kV 以下的架空配电线路，也称二次配电线路。它是直接

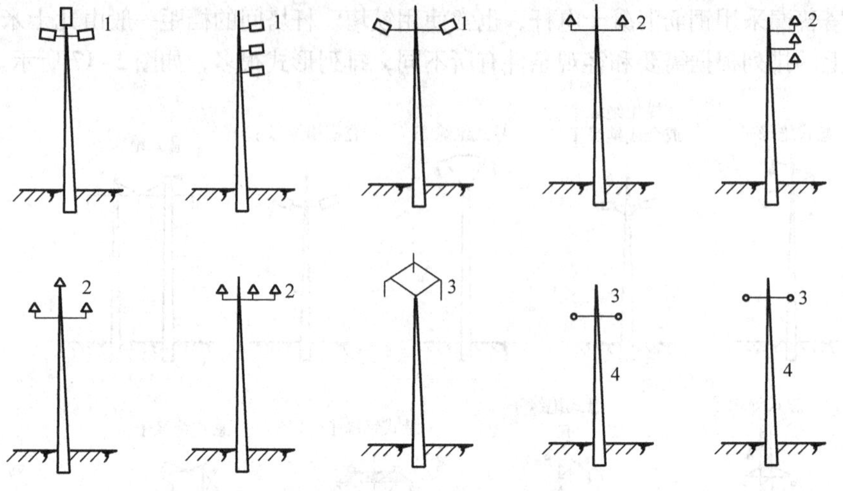

a) 单回路

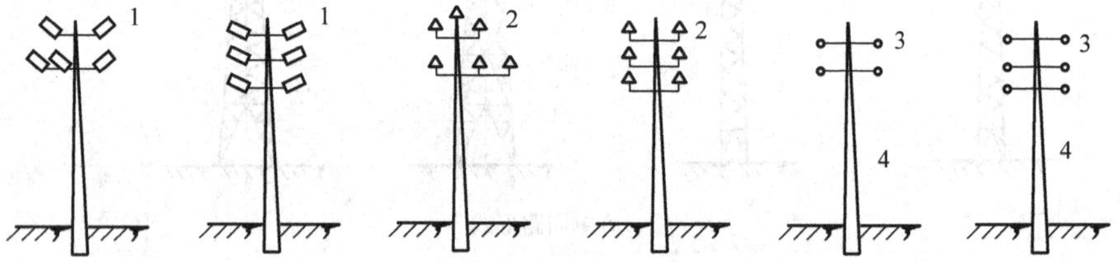

b) 双回路

图 2-18 单、双回路中压架空配电线路主要排列形式

1—瓷横担绝缘子 2—针式绝缘子 3—悬式绝缘子 4—转角耐张终端杆塔

供电给低压用电设备（如居民照明、生活用电、低压电动机和电热器等）的低压三相或单相线路。我国的公用电网供电电压为单相 220V、三相 380V。各种常用低压配电线路的杆型如图 2-19 所示。

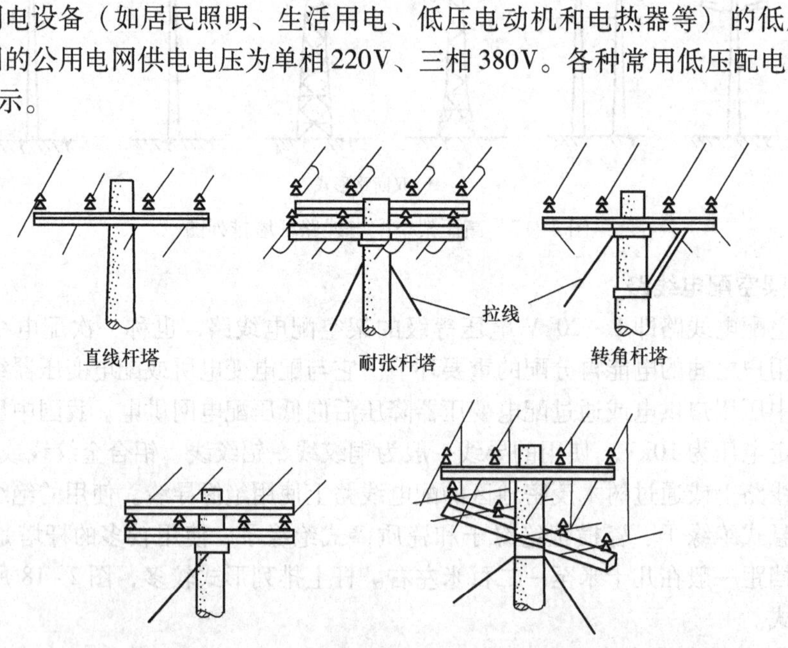

图 2-19 各种常用低压配电线路杆型图

我国低压配电线路目前使用较多的导线有铝绞线、铜绞线及铝合金绞线，有的还采用氯丁橡胶绝缘线等风雨线。绝缘子多选用蝴蝶式绝缘子和针式绝缘子，也有用低压瓷横担绝缘子的。我国从1986年开始推广使用绝缘导线和成束绝缘导线，导线的绝缘层有用交联聚乙烯绝缘的和聚氯乙烯耐候性绝缘的，以聚氯乙烯耐候性绝缘使用较多，配套金具和附件也陆续开发生产。杆塔有木杆和钢筋混凝土电杆等，钢筋混凝土电杆用得较多，木杆已经绝大部分被淘汰。

2.6.3　架空配电线路常用杆型

在35~110kV送电线路中广泛采用钢筋混凝土电杆，特别是预应力钢筋混凝土电杆，因为它具有节约钢材、不易出现裂缝等优点。

（1）35~110kV的直线杆塔　该类电杆因其所承受的荷载较小，一般采用单杆，如图2-20所示。主杆可用梢径为ϕ150~190mm、全长为15~18m的锥形杆，导线呈三角布置。当杆塔荷载较大时，如导线截面积大、档距大时，可以采用图2-21所示的双杆或带拉线的单杆。

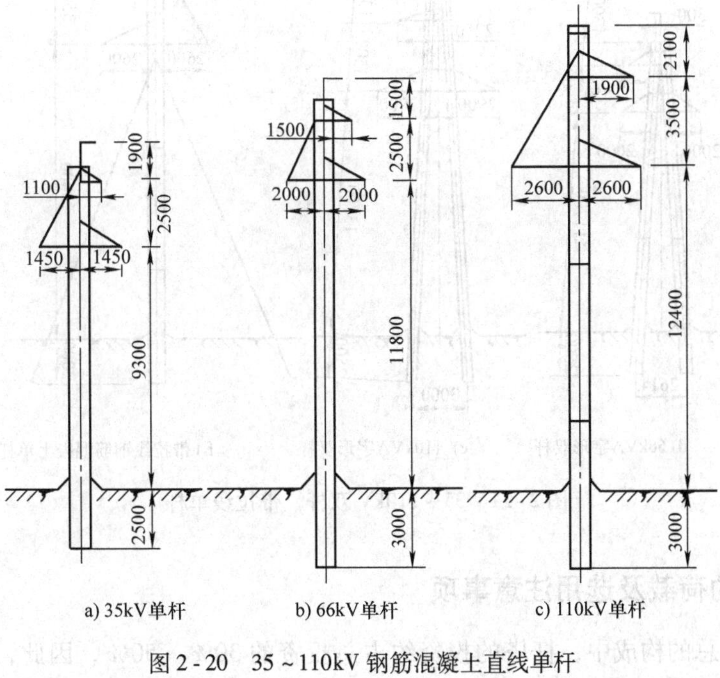

图2-20　35~110kV钢筋混凝土直线单杆

（2）35~110kV双回路直线杆塔　35~110kV双回路直线杆塔多采用A字形双杆，如图2-22所示。主杆采用锥形杆段，荷载较大时，还可设置外拉线。这种杆型结构简单，受力性能好，耗钢量也少，是一种良好的双回路杆型。

（3）35~110kV单回路承力杆塔　承力杆系指耐张杆塔、转角杆塔及终端杆塔，其所受荷载较大。若采用混凝土杆一般均需设置拉线，其外形有A字形和门形。拉线的设置方式是：在小转角时，可用V形或交叉形；在大转角时可用八字形，如图2-23所示。

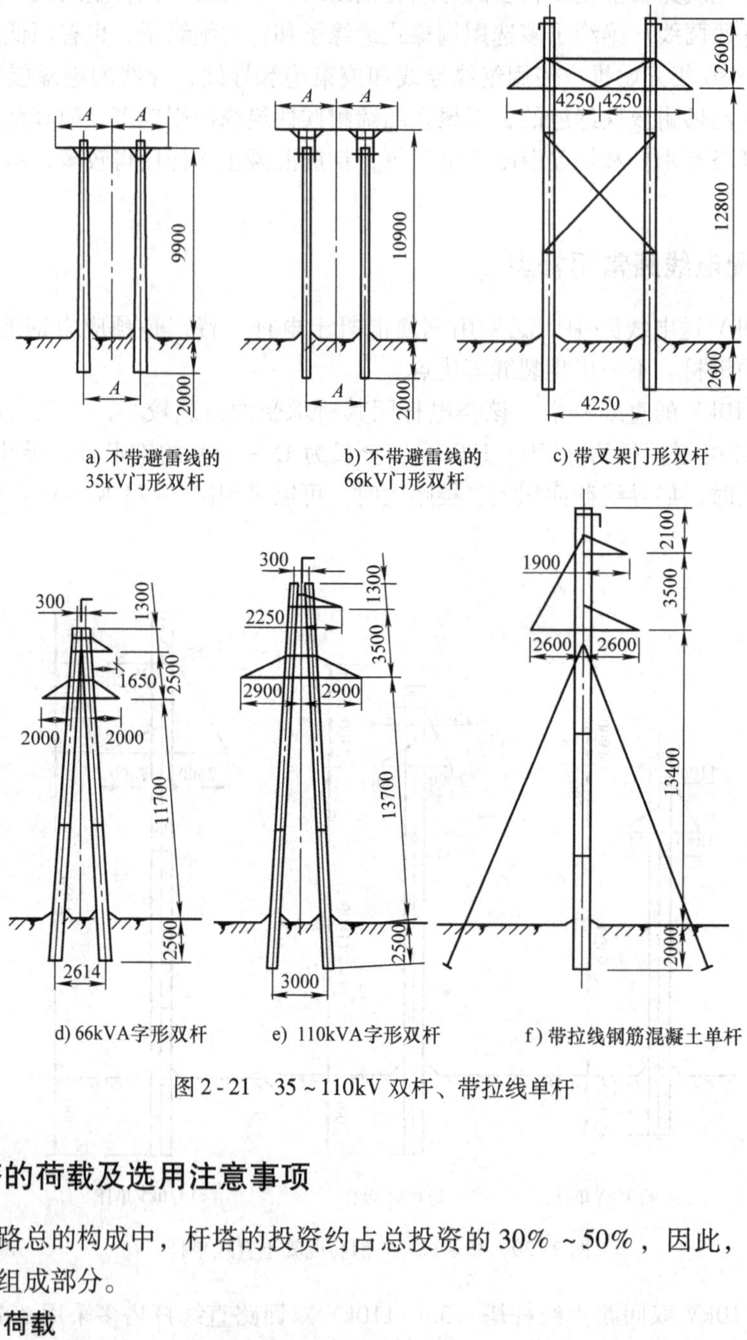

图 2-21　35～110kV 双杆、带拉线单杆

2.6.4　杆塔的荷载及选用注意事项

在配电线路总的构成中，杆塔的投资约占总投资的 30%～50%，因此，它是配电线路中极为重要的组成部分。

1. 杆塔的荷载

杆塔在运行中要承受拉、压、弯、剪等各种外力的作用，常将这些作用力称为杆塔的荷载。根据荷载在杆塔上的作用方向，可将其分为以下三种，如图 2-24 所示。图中，T 表示纵向荷载，p_B、G_B 分别表示避雷线的横向风压荷载和自重荷载，p_D、G_D 分别表示导线的横向风压荷载和自重荷载。

（1）垂直荷载　是指导线荷载、避雷线荷载、金具荷载、绝缘子荷载、覆冰荷载和杆塔自重，安装检修人员及工具重力，使用拉线时由拉线产生的垂直分力等。

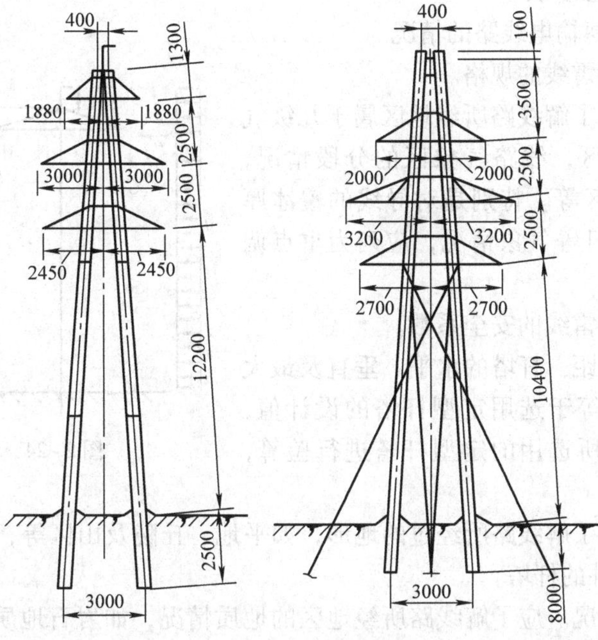

a) 不带拉线的A字形双杆　　b) 带交叉拉线的A字形双杆

图 2-22　35～110kV 双回路直线杆塔

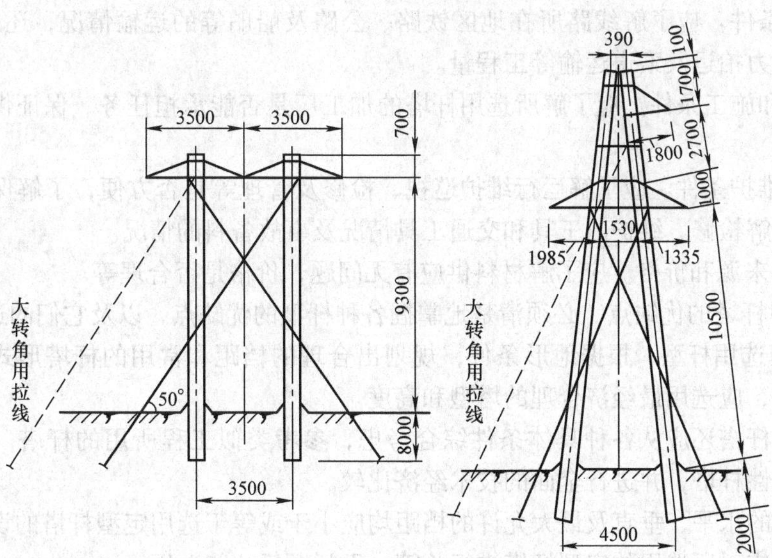

a) 门形　　b)A字形

图 2-23　35～110kV 单回路承力杆塔

（2）水平荷载　是指杆塔及导线、避雷线的横向风压荷载，转角杆塔导线及避雷线的角度荷载。

（3）纵向荷载　是指杆塔及导线、避雷线的纵向风压荷载，事故断线时的顺线路方向张力，正常运行时导线、避雷线的顺线路方向不平衡张力，安装时的紧线张力等。

2. 杆塔的选用注意事项

（1）充分了解拟建输电线路的情况

1）了解导线和避雷线的规格。

2）气象条件。应了解线路所经地区属于几级气象区，共有几个气象区，线路气象区的分段情况，是否能套用典型气象区等。特别是对导线的覆冰厚度、最大风速及雷电日等气象情况，应列为重点调查研究项目。

3）了解导线和避雷线的安全系数。

4）杆塔的设计档距。杆塔的水平、垂直及最大允许档距均应小于或等于选用定型杆塔的设计值，任一项不合格均应对所选用的定型杆塔进行验算，无问题后才能选用。

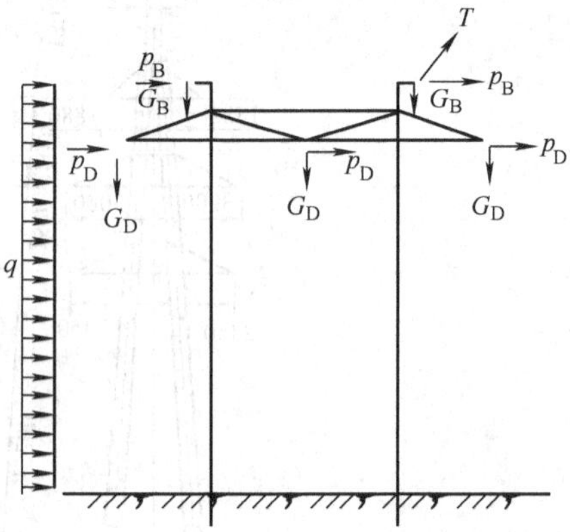

图 2-24　杆塔荷载

5）地形条件。应了解线路所经过的地形，如平地、丘陵及山区等，应根据不同地形分别选用适合该地形条件的杆塔。

6）地区的地质概况。应了解线路所经地区的地质情况，如岩石地质、流沙地质、一般土质或湿陷性大孔性黄土、永久性冻土等，此外，还应了解土质有无腐蚀性等；应了解土质的容重、上拔角、计算抗剪角、地耐力及地下水位高度等；了解跨越河流的流量、流速和冲刷深度，常年洪水位与最高洪水位，洪水漫延的范围等。

7）运输条件。应了解线路所在地区铁路、公路及船舶等的运输情况，还应了解修路、桥梁加固、人力抬运及索道运输等工程量。

8）加工和施工条件。应了解所选用杆塔的加工厂是否能承担任务、保证供应，对施工是否方便等。

9）运行维护条件。应了解运行维护巡视、检修及管理等是否方便，了解保线站的设置地点；还应了解检修、维护的工具和交通工具情况及事故备料的情况。

10）材料来源和价格。应了解材料供应有无问题，价格是否合理等。

（2）掌握杆塔的优缺点　必须清楚地掌握各种杆型的优缺点，以及它们的适用范围。

（3）合理选用杆型　根据地形条件，规划出合理的档距和常用的杆塔形式。特别对直线杆塔的形式，应选用最经济合理的塔型和高度。

此外，对杆塔还应从各种具体条件综合考虑，参考类似工程所用的杆塔，拟出杆型方案，提出代表性杆塔，并进行全面的技术经济比较。

选用杆塔的水平、垂直及最大允许的档距均应小于或等于选用定型杆塔的设计值，任一项不合格时均应对所选用的定型杆塔进行验算，无问题后才能选用。

应采用材料（主要是钢材、水泥）消耗量较少的杆塔。应尽量简化杆型尺寸和种类，材料品种不宜过多，以利于工厂施工管理、运行、维护和检修。

应尽量选用定型杆塔，以减少设计、加工和施工的工作量。

2.7　杆塔外形尺寸设计

杆塔设计应做到安全、经济和美观。杆塔头部尺寸的决定是否得当，是杆塔结构设计经济、合理的重要因素之一。如果杆塔头部设计过大，在导线出现不平衡张力（如断线、不均匀覆冰或脱冰等）时，会增加塔身的扭矩以及对横担的弯矩。避雷线支架设计的过高会增大塔身的弯矩，加大使用材料规格，浪费材料。同时使线路走廊宽度增大，电磁污染环境扩大。如果杆塔头部设计过小，又会对线路安全运行以及带电检修等带来不便。

2.7.1　确定杆塔外形尺寸的基本要求

杆塔外形尺寸的确定，应符合以下基本要求：

1）确定杆塔高度时，应满足导线对地面及交叉跨越物的距离要求。

2）导线与塔身的距离应满足内、外过电压及正常工作电压的间隙要求，并满足带电作业的间隙要求。

3）导线间的水平距离或垂直距离应满足档距中央接近程度所需的距离（包括由于风吹引起的不同期摆动或不均匀覆冰的影响等）。

4）避雷线的布置应满足导线防雷保护的要求。

2.7.2　杆塔呼称高的确定

杆塔的最下层导线绝缘子串悬点到地面的垂直距离 H，称为杆塔的呼称高，如图 2-25 所示。

1. 呼称高的计算

杆塔的呼称高 H 按下式计算

$$H = \lambda + f_{max} + h + \Delta h \tag{2-43}$$

式中，H 是杆塔的呼称高（m）；λ 是悬垂绝缘子串的长度（m）；f_{max} 是导线的最大弧垂（m）；h 是导线最大弧垂时至地面的最小距离（m）；Δh 是考虑地形断面测量误差及导线安装误差等留的裕度（m），一般 110kV 及以下线路、档距 200 ~ 350m 时可取 Δh = 0.5 ~ 0.7m。

10kV 及以下采用绝缘导线的线路，除导线与地面的距离和重要交叉跨越距离之外，其他最小距离的规定可结合地区运行经验确定。

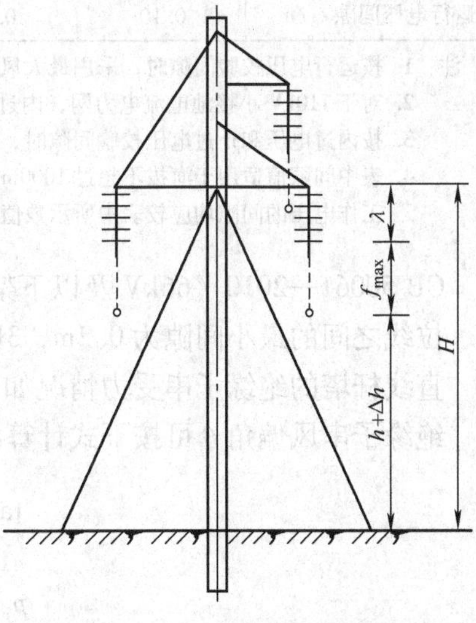

图 2-25　杆塔的呼称高

2. 经济呼称高

由式（2-43）可知，对一定电压等级的架空线路，其 λ、h 及 Δh 均为定值。显然，随着设计档距的增加，导线弧垂加大，所用杆塔的呼称高也随之加大，但每公里的杆塔数量可减少；反之，设计档距减小，杆塔呼称高降低，但杆塔总数量将增多。因此，对某一电压等级的线路，必然存在着一个经济的呼称高和相应的档距，使线路总投资最低。此时，相应的呼称高度称为经济呼称高。各电压等级线路杆塔的经济呼称高见表 2-23。

表 2-23 线路杆塔的经济呼称高

线路电压/kV	钢筋混凝土电杆/m	铁塔/m
35～66	10～12	15
110	13	15～18
154	17	18～20
220	21	23

2.7.3 杆塔头部尺寸的确定

杆塔的头部尺寸主要决定于电气方面的要求，这些要求可以从两方面来满足，即杆塔头部各种空气间隙的检查和档中各种线间距离的验算。

1. 空气间隙的校验

在内、外过电压及正常工作电压情况下，绝缘子串风偏后导线对杆塔接地部分的空气间隙不得小于表 2-24 的数值。

表 2-24 带电部分与杆塔构件的最小间隙

线路电压/kV	35	60	110	154	220	330
外过电压间隙 e_1/m	0.45	0.65	1.00	1.40	1.90	2.60
内过电压间隙 e_2/m	0.25	0.50	0.70	1.10	1.45	2.20
运行电压间隙 e_3/m	0.10	0.20	0.25	0.55	0.55	1.00

注：1. 按运行电压校验间隙时，采用最大风速及相应气温。
2. 对于 110kV 小接地电流电力网，内过电压间隙不应小于 0.8m，运行电压间隙不应小于 0.4m。
3. 按内过电压和外过电压校验间隙时，采用相应的风速及气温。
4. 表中间隙值适用于海拔不超过 1000m 的情况，对海拔超过 1000m 地区，海拔每增加 100m，内过电压和正常工作电压的间隙均应较表中所示数值增大 1%。

GB 50061—2010《66kV 及以下架空电力线路设计规范》规定：3～10kV 导线与杆塔构件、拉线之间的最小间隙为 0.2m，3kV 以下为 0.05m。

直线杆塔的绝缘子串受力情况如图 2-26 所示。

绝缘子串风偏角 θ 可按下式计算，即

$$\tan\theta = \frac{0.5p_j + g_4Al_h}{0.5G_j + g_1Al_v} \tag{2-44}$$

$$p_j = 9.8(n+1)A_j\frac{v^2}{16} \tag{2-45}$$

式中，A 是导线截面积（mm^2）；l_h 是水平档距（m）；l_v 是垂直档距（m）；g_1 是导线的自重比载（$N/m\cdot mm^2$）；g_4 是导线的风压比载（$N/m\cdot mm^2$）；G_j 是绝缘子串的重力（N）；p_j 是绝缘子串风压（N）；A_j 是一片绝缘子串的受风面积（m^2），一般单裙绝缘子取 0.03m^2，双裙绝缘子取 0.04m^2；n 是每串绝缘子的片数，金具零件按一片绝缘子的受风面积考虑；v 是计算情况下的风速（m/s）。

在内过电压、外过电压及正常工作电压情况下，分别求出绝缘子串的风偏角 θ_1、θ_2 和

θ_3，然后绘制出间隙圆图，间隙圆图的画法如图 2-27 所示。由图中的间隙距离 e_1、e_2 和 e_3，即可得知各种情况下空气间隙是否满足表 2-24 所列数值。

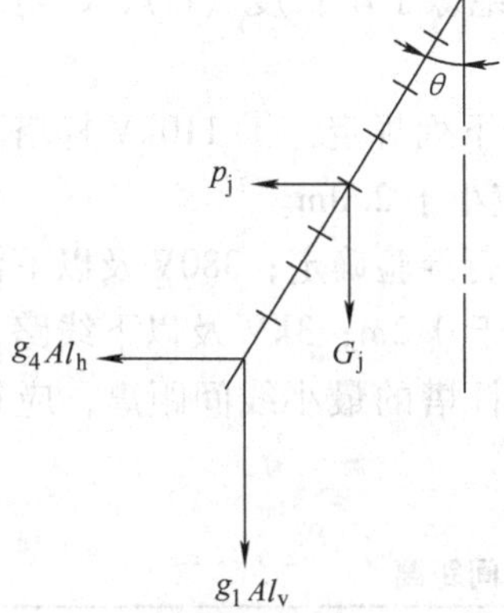

图 2-26　绝缘子串受力情况

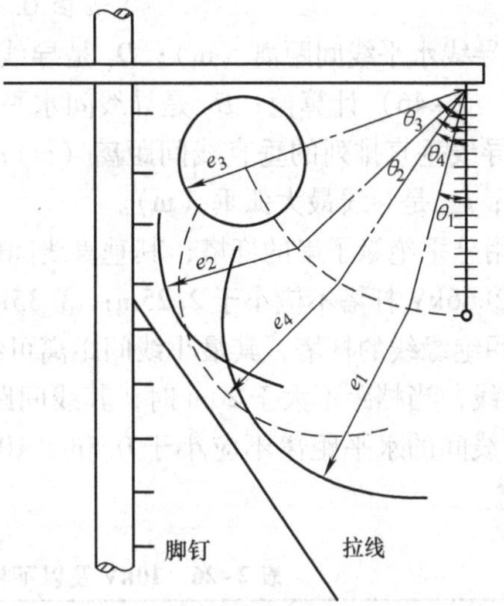

图 2-27　间隙圆图

三种情况的间隙圆图中，对杆身间隙起控制作用的一般为内过电压或外过电压两种情况。从图 2-27 可以看出，内过电压对下导线横担起控制作用，而正常情况风速较大，绝缘子串风偏角较大，对杆身间隙不起控制作用，但在强风地带须校验此时对横担下沿的间隙。

为了带电检修的需要，有时还需给出带电作业的间隙圆图来（如图 2-27 中的 e_4）。带电作业的杆塔，其带电部分对接地体风偏后的间隙应满足表 2-25 的距离要求。其相应的气象条件为：气温 +15℃、风速 10m/s、无冰（与外过电压情况同）。

表 2-25　带电部分与接地体的最小距离

电压/kV	10	35	60	110	154	220	330
距离/m	0.4	0.6	0.7	1.0	1.4	1.8	2.4

对于带电作业的人员停留或工作的部位，还应考虑人体的活动范围 0.3～0.5m。

2. 导线的线间距离和避雷线布置

（1）导线的线间距离　导线在塔头上的布置形式大体上可以分为三类：水平排列、垂直排列和三角形排列。后者实际上是前两种方式的结合。

当导线处于铅垂静止平衡位置时，它们之间的距离叫做线间距离。架空电力线路导线线间距离，应结合运行经验，按下列要求确定。

1）根据 GB 50545—2010《110kV～750kV 架空输电线路设计规范》和 GB 50061—2010《66kV 及以下架空电力线路设计规范》规定，对 1000m 以下档距，导线的线间距离一般按下式计算

$$D \geqslant 0.4\lambda + \frac{U}{110} + 0.65\sqrt{f_{\max}} \tag{2-46}$$

$$D_x \geqslant \sqrt{D_P^2 + \left(\frac{4}{3}D_Z\right)^2} \tag{2-47}$$

$$h \geqslant 0.75D$$

式中，D 是导线水平线间距离（m）；D_x 是导线三角形排列的等效水平距离（m），要求其值不小于式（2-46）计算值；D_P 是导线间水平投影距离（m）；D_Z 是导线间垂直投影距离（m）；h 是导线垂直排列的垂直线间距离（m）；λ 是悬垂绝缘子串长度（m）；U 是线路线电压（kV）；f_{max}是导线最大弧垂（m）。

2）使用悬垂绝缘子串的杆塔，其垂直线间距离应符合下列规定：① 110kV 杆塔不应小于3.5m；② 66kV 杆塔不应小于2.25m；③ 35kV 杆塔不应小于2.0m。

3）采用绝缘线的杆塔，其最小线间距离可结合地区运行经验确定；380V 及以下沿墙敷设的绝缘导线，当档距不大于20m 时，其线间距离不宜小于0.2m；3kV 及以下线路，靠近电杆的两导线间的水平距离不应小于0.5m；10kV 及以下杆塔的最小线间距离，应符合表2-26的规定。

表 2-26 10kV 及以下杆塔的最小线间距离

线路电压/kV	档距/m								
	40 及以下	50	60	70	80	90	100	110	120
	线间距离/m								
3 ~10	0.6	0.65	0.7	0.75	0.85	0.9	1.0	1.05	1.15
3 以下	0.3	0.4	0.45	0.5	—	—	—	—	—

4）在具有覆冰的地区，为保证线路的运行安全尚需考虑导线间的水平偏移，以上两个标准中对导线间水平偏移的数值作了相应的规定。

设计覆冰厚度为5mm 及以下的地区，上下层导线间或者导线与地线间的水平偏移，可根据运行经验确定；设计覆冰厚度为20mm 及以上的重冰地区，导线宜采用水平排列。各种电压等级架空电力线路，在覆冰地区上下层导线间或导线与地线间的水平偏移，不应小于表2-27 所列数值。

表 2-27 上下层导线间的水平偏移

线路电压/kV	35	60	110	220	330	500
设计冰厚 10/mm	0.2	0.35	0.5	1.0	1.5	1.75
设计冰厚 15/mm	0.35	0.5	0.7	1.5	2.0	2.5

注：500kV 数值系建议值。

5）对于采用绝缘线的杆塔，不同回路的导线间最小水平距离可结合地区运行经验确定；3 ~66kV 多回路杆塔，不同回路的导线间最小距离，应符合表2-28 的规定。

表 2-28 不同回路的导线间最小距离

线路电压/kV	3 ~10	35	66
导线间距离/m	1.0	3.0	3.5

6）对于 66kV 与 10kV 同杆架设的线路，不同电压等级导线间的垂直距离不应小于 3.5m；对于 35kV 与 10kV 同杆架设的线路，不同电压等级导线间的垂直距离不应小于 2m。

（2）避雷线的布置

1）杆塔上地线对边导线的保护角应满足防雷的要求，图 2-28 中的保护角为

$$\alpha = \arctan \frac{s}{h} \tag{2-48}$$

式中，α 是对边导线的保护角（°）；s 是导线、地线间的水平偏移（m）；h 是导线、地线间的垂直距离（m）。

根据相关规程，α 的值一般取 20° ~ 30°。500kV 输电线路宜采用 10° ~ 15°，330kV 送电线路及双地线的 220kV 送电线路宜采用 20°左右，山区 110kV 单避雷线线路宜采用 25°左右，对大跨越档高度超过 40m 的杆塔，α 一般不宜超过 20°，对于发电厂及变电所的进线段，α 不宜超过 20°，最大不应超过 30°。

2）避雷线和导线的水平偏移应符合表 2-27 的规定。

3）杆塔上两根避雷线间的距离，不应超过避雷线与导线间垂直距离的 5 倍。

4）在一般档距的中央，导线与避雷线间距离 s_1 在 +15℃，无风的气象条件下应满足式（2-31）。

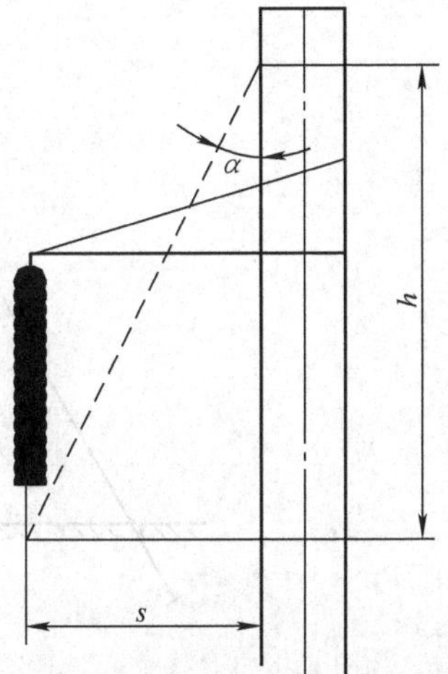

图 2-28　避雷线对边导线的保护角

例 2-4　某 110kV 线路，导线为 LGJ—150/20 型，避雷线为 GJ—35 型，Ⅳ气象区，杆塔采用带拉线的等径水泥杆，如图 2-29 所示，杆径 $\phi = 300$mm，水平档距 $l_h = 300$m，垂直档距 $l_v = 250$m，导线间水平距离为 5m，垂直距离为 3.5m，导线与避雷线间的垂直距离为 2.6m，保护角不大于 22°，导线悬垂串长 1.45m，重力为 520N，避雷线金具长 0.182m，导线最大弧垂 $f_{max} = 6.9$m。考虑带电检修，试校验杆塔头部外形尺寸。

解： 1）校验头部间隙。根据Ⅳ气象区查表 2-1 可得有关气象参数，从表 A-1、表 B-1 中查得 LGJ—150/20 型导线 $A = 164.5$mm，$g_1 = 32.752 \times 10^{-3}$N/m · mm^2，$g_{4(10)} = 7.453 \times 10^{-3}$N/m · mm^2、$g_{4(15)} = 16.770 \times 10^{-3}$N/m · mm^2，$p_j$ 忽略不计，则外过电压时

$$\theta_1 = \arctan \frac{g_4 A l_h}{G_j/2 + g_1 A l_v} = \arctan \frac{7.453 \times 10^{-3} \times 164.5 \times 300}{\dfrac{520}{2} + 32.752 \times 10^{-3} \times 164.5 \times 250} = 12.9°$$

内过电压时

$$\theta_2 = \arctan \frac{16.770 \times 10^{-3} \times 164.5 \times 300}{\dfrac{520}{2} + 32.752 \times 10^{-3} \times 164.5 \times 250} = 27.25°$$

查得最小空气间隙 $e_1 = 1.0$m、$e_2 = 0.7$m，带电检修时风速与外过电压时风速相同，允许间隙也相同。

图 2-29 分别作出了外过电压、内过电压两种情况的间隙圆图。

从上导线横担的间隙圆图看出，以上两种情况下导线风偏后对杆身的间隙是满足的，而带电作业时的间隙圆图（与外过电压的间隙圆图相同），对人体活动范围尚显不足。

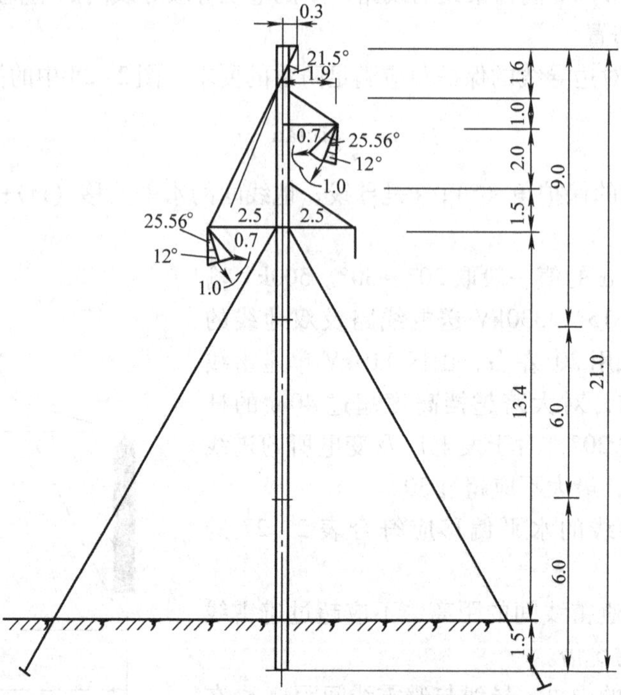

图 2-29 杆型校验

下导线对拉线的间隙圆图受内过电压控制。因拉线不在悬垂绝缘子串摇摆角平面内，故图上间隙圆对拉线的距离实为该距离的投影。从图 2-29 可见，间隙圆与拉线投影尚未相切，故合格。

2）校验档中的线间距离。

① 导线的水平线间距离。导线的水平线间距离按式（2-46）计算

$$D = 0.4\lambda + \frac{U}{110} + 0.65\sqrt{f_{max}}$$

$$= \left(0.4 \times 1.45 + \frac{110}{110} + 0.65\sqrt{6.9}\right)\text{m} = 3.29\text{ m} < 5\text{m} \quad 合格$$

上下导线间的等效水平线间距离按式（2-47）计算

$$D_x = \sqrt{D_p^2 + \left(\frac{4}{3}D_Z\right)^2} = \sqrt{(2.5 - 1.9)^2 + \left(\frac{4}{3} \times 3.5\right)^2}\text{ m} = 4.70\text{m} > D = 3.29\text{m} \quad 合格$$

② 校验垂直线间距离。根据线路电压 110kV，最小垂直线间距离为 3.5m，与该杆的垂直线间距离相等，合格。

③ 导线与避雷线的距离。只校验保护角，避雷线对上导线的保护角一般不应大于 30°，该杆的保护角为 22°，所以满足防雷保护要求。

④ 上下导线间和导线与避雷线间的水平偏移校验。线路通过Ⅳ级气象区，覆冰厚 5mm。表 2-27 中冰厚 10mm 地区线间最小偏移值 0.5m，而已知该杆的两种偏移均大于此值，满足要求。

根据题目要求，各校验项目均合格。

2.8　导线路径选择及杆塔定位

2.8.1　导线路径选择

路径选择的目的，就是要在线路起讫点间选出一个全面符合国家建设各项方针政策的线路路径。因此，选线人员在选择线路路径时，应遵照各项方针政策，对运行安全、经济合理及施工方便等因素进行全面考虑，综合比较。

选线工作一般按设计阶段分两步进行，即初勘选线和终勘选线。

1. 初勘选线

初勘选线分为图上选线、收集资料以及初勘三方面的内容。

（1）图上选线　图上选线是进行大方案的比较，从若干线路路径方案中，经比较后选出较好的线路路径方案。图上选线的方法步骤如下。

1）图上选线前应充分了解工程概况及系统规划，明确线路起讫点及中途必经点的位置、线路输送容量、电压等级、回路数与导线标号等设计条件。

2）图上选线所用地形图的比例以 1:50000 或 1:100000 为宜。先在图上标出线路起讫点及中间必经点位置，以及预先了解到的有关城市规划，军事设施，工厂、矿山发展规划，地下埋藏资源开采范围，水利设施规划，林区及经济作物区，已有及拟建的电力线、通信线或其他重要管线的位置、范围。然后按照线路起讫点间距离最短的原则，尽量避开上述影响范围，考虑地形、交通条件等因素，绘出若干个图上选线方案（一般经反复比较后保留 1~2 个方案）作为收集资料及初勘方案。

3）对已选定的路径方案，根据与通信线的相对位置，远景系统规划的短路电流及该地区大地电导率情况计算对铁路、邮电及军事等主要通信线的干扰及危险影响。根据计算结果，便可对已选定的路径方案进行修正或提出具体措施。

（2）收集资料　收集资料的主要目的是要取得线路通过地区对路径有影响的地上、地下障碍物的有关资料及所属单位对路径通过的意见。由所属单位以书面文件或在路径图上签署意见的形式提供资料，作为设计依据。若同一地区涉及单位较多又相互关联时，可邀集有关单位共同协商，并形成会议纪要。如果最终的路径走向满足对方的要求，可不再办理手续。但当路径靠近障碍物的边沿或从厂、矿区内通过时，应在线路施工图设计后以回文（或兼附图）的形式说明路径通过的位置及要求，以防对将来有可能发展时影响线路的建设与安全运行。

收集资料阶段，调查了解的单位一般应包括大行政区及省、市地区的有关部门和重要厂、矿企业及军事部门。收集资料的内容一般为有关部门所属现有设施的发展规模、占地范围及对线路的技术要求和意见等。在取得对方的书面意见前，应充分了解对方的设施情况与要求，并详细向对方介绍线路的情况，在协商的基础上取得对方同意线路通过的文件。

（3）初勘　初勘是按图上选定的线路路径到现场进行实地勘察，以验证它是否符合客观实际并决定各方案的取舍。

初勘的方法可以是沿线了解、重点勘察或仪器初测，按实际需要确定。

野外初勘应由送电设计（包括电气、土建、通信及保护）、概算、测算、水文及地质等专业的人员组成，并邀请施工及运行单位参加。

初勘工作一般应包括如下内容：①应根据地形、地物找出图上选线的实地位置并沿线勘察；对特殊大跨越，应进行实地选线、定线、平断面图草测及地质水文勘察；在某些协议区及复杂地段，需要将线路路径或具体塔位，用仪器测量落实或测绘有关平断面图。②由收资、协议人员到沿线的县、乡及有关厂、矿区补充收集沿线有影响的障碍、设施资料与办理初步协议，并收集沿线交通、污秽等资料。③重点踏勘的地区：可能影响路径方案的复杂地段及仅凭图样资料难以落实路径位置的地段；穿越或靠近有影响的障碍物协议区；不良地质、恶劣气象地段及交通困难、地形复杂地段；可能出现多方案的地段。④初勘时各有关专业组尚应做好拆迁、砍树（范围、树种及高度）、修桥补路、所需建筑材料产地、材料站设置及运距的调查。

初勘结束后，根据初勘中获得的新资料修正图上选线路径方案，并组织各专业人员进行方案比较，包括：线路亘长、交通运输条件、施工、运行条件、地形、地质条件及大跨越情况等技术比较；线路投资、年运行费、拆迁赔偿和材料消耗量等经济比较。按比较结果提出初步设计的推荐路径方案，编写路径部分说明并整理有关协议文件，同时办理最终协议文件。

2. 终勘选线

终勘选线是将批准的初步设计路径在现场具体落实，按实际地形情况修正图上选线，确定线路最终的走向，设立临时标桩。终勘选线工作对线路的经济、技术指标和施工、运行条件起着重要作用。因此，要正确地处理各因素的关系，选出一条既在经济技术上合理，又方便施工、运行的线路路径。

终勘选线一般应在线路终勘时提前一段时间进行，也可以与定线工作合并进行，需视线路的复杂程度而定。在选线中要兼顾杆（塔）位的技术经济合理性和关键塔位成立的可能性（如转角点、大档距和必须设立杆塔的特殊地点等），个别特殊地段应反复选线比较，必要时草测断面进行定位比较后择优选线。

（1）终勘选线的基本原则

1）选线人员要认真贯彻国家建设的各项方针政策。在选线中要对运行安全、经济合理及施工方便等因素进行全面考虑，综合比较。

2）尽可能选择长度短、特殊跨越少及水文和地质条件较好的路径方案。

3）应尽可能避开森林、绿化区、果木林、公园及防护林带等，当必须穿越时，应尽量选取最窄处通过，以减少树木砍伐。

4）应尽可能少拆迁房屋及其他建筑物，尽量少占用农田。

5）应尽可能避开地形、地质复杂和基础施工挖方量大或排水量大以及杆塔稳定受威胁的不良地形、地质地段。

（2）终勘选线的一般技术要求

1）山区路径选择。①线路经过山区时应避免通过陡坡、悬崖峭壁、滑坡、崩塌区、不稳定岩石堆、泥石流及喀斯特溶洞等不良地质地带。当线路与山脊交叉时，应尽量从平缓处通过。②在山区选线往往发生交通运输、地势高低与路径长短之是的矛盾。为此，应从技术经济与施工运行条件上作好方案比较。努力做到既合理的缩短路径长度、降低线路投资，又保证线路安全可靠、运行方便。③山区河流多为间歇性河流，其特点是流速大、冲刺力强。因此，线路应避免沿山间干河沟通过，如必须通过时，塔位应设以最高洪水位以上不受冲刷的地方，处理好线位关系。

2）跨河段路径选择。①线路跨越河流（包括季节性河流）时，尽量选在河道狭窄、河床平直、河岸稳定及两岸尽可能不被洪水淹没的地段。②选线时应调查了解洪水淹没范围及冲刷等情况，预估跨河塔位并草测跨越档距，尽量避免出现特殊塔的设计。③应避免与一条河流多次交叉。④避免在支流入口处及河道弯曲处跨越河流，应尽量避开旧河道、排洪道和在洪水期容易改为主河道的地方。⑤不要在码头和泊船地区跨越河流。⑥跨河塔位的地质条件：河岸地层稳定，无严重的河岸冲刷现象（如蛇曲、塌岸等）；两岸土质均匀良好，无软弱地层（如淤泥或淤泥质土）及易产生液化的饱和砂土；地下水埋藏较深。

3）转角点选择。①转角点不宜选在山顶、深沟、河岸、悬崖边缘、坡度较大的山坡，以及易被洪水淹没、冲刷和低洼积水之处；并应尽量与其他技术要求而需设置耐张杆塔结合起来考虑。②线路转角点应放置在平地或山麓缓坡上，并应考虑有足够的施工场地和便于施工机械的到达（直线杆塔允许紧线作业者例外）。③选择转角点时应考虑前后相邻两基杆（塔）位的合理性，以免造成相邻两档过大或过小而造成不必要的升高杆塔或增加杆塔数量等不合理现象。

4）线路接近炸药库附近时的路径选择。应避开炸药库事故爆炸的影响范围。

5）通过特殊地带的路径选择。①线路通过矿区应避开爆炸开采的爆炸影响范围、未稳定的塌陷区及可能塌陷的地区。②线路经过大孔性黄土地区时，应尽量避开冲沟特别发育的地段，要特别注意立塔条件，选线时就要考虑排塔位情况，做到线中有位。③线路应避开采石场，一般情况下应离开采石场200m以上，但遇到特定地形，应根据该说明情况适当的予以增减。④线路应尽量避开沼泽地、水草地、已大量积水或易积水及严重的盐碱地带。⑤线路与喷水池、冷却塔及生产过程中能排出腐蚀性气体或液体的工程接近时，要查明其危害范围，分析其危害程度。并尽量使线路与这些工厂保持必要的距离，最好在上风向通过，以减少或避开其影响。

6）通过严重覆冰地区的路径选择。①在严重覆冰地区选线时，应着重调查该地区线路附近的已有电力线路、通信线路及植物等的覆冰情况、覆冰厚度，调查突变范围、覆冰时季节风向、覆冰类型及雪崩地带等。②应特别注意地形对覆冰的影响，避免在覆冰严重地段通过，如必须通过时，应调查了解易覆冰的地形特征，选择较为有利的地形通过（如线路宜在地势低下的背风坡通过）。③在开阔地区尽量避免靠近湖泊，且在结冰季节的下风向侧通过，以免由于湿度大，大量过冷却水滴吹向导线，造成严重覆冰。④应尽量避免出现过大档距。⑤应特别注意交通运输情况，尽量创造维护抢修的方便条件。

7）利用航测照片配合地形图选线。由于航测照片的比例较大，村庄、房屋、河道及冲沟等地物以及山势大小、树林疏密程度等显示清晰。借助立体镜可看出立体形象，即使是小型障碍物也能辨认清楚。因此，利用航测照片配合地形图选线，能更好地保证路径质量。特别是在高山大岭、人烟稀少及工作生活条件困难的地方或路径受地形、地物控制的地方，利用航测照片选线的优越性更加突出，既方便又可提高选线精度，加快选线进度，可选出理想的送电线路路径，避免一些不必要的返工。

2.8.2 杆塔定位

在已经选好的线路路径上，进行定线、断面测绘，在纵断面图上配置杆塔的位置，并把杆塔的位置用各种方式标记出来，方便下一步的施工，称为定位。一般常用木桩、竹桩、铁棒及油漆等做标记。定位是送电线路设计的一个重要环节，定位的质量关系到线路的造价和施工、运行的方便与安全。所以，提倡深入实际，调查研究，进行细致工作，排出各种杆塔配置方案，进行优选。

1. 定位的原则

（1）杆（塔）位的选定原则

1）应尽量少占耕地和好地，减少土石方量。

2）杆（塔）位应尽可能避开洼地、泥塘、水库及冲沟发育地段、断层等水文、地质条件不良的处所，对于带拉线的杆塔还应考虑打拉线处的条件。

3）应具有较好的施工［组、立杆（塔）和紧线］条件。

（2）档距的配置原则

1）最大限度地利用杆塔强度，并严格控制杆塔使用条件。

2）相邻档距的大小应不十分悬殊，以免过大地增加纵向不平衡张力。

3）当不同的杆（塔）型或不同的导线排列方式相邻时，档距的大小应考虑到档中导线的接近情况，如换位杆（塔）间由于导线的交叉要适当减小档距。

4）当杆塔的摇摆角不足时，应首先考虑在不增加杆（塔）高的情况下调整杆（塔）位和档距来解决。

5）尽量避免出现孤立档（特别是小档距孤立档）。

（3）杆塔的选用原则

1）尽可能地选用最经济的杆塔形式或高度，充分利用杆塔的使用荷载条件。

2）尽量避免特殊设计杆塔，对较大转角杆塔应尽量降低杆塔高度。

3）为充分利用地形，排位时高、矮杆塔应尽量配合使用。

2. 定位准备工作

为了便于定位工作的顺利进行，需要事先将线路主要的有关技术资料和要求及注意事项汇编成《线路工程定位手册》，并准备好必要的工具，如弧垂模板及有关计算工具，空白的杆（塔）位明细表等。

《线路工程定位手册》应包含以下内容：线路的基本情况及送、受电端的情况；导线、避雷线型号及力学特性曲线；悬垂绝缘子串情况；防振措施规定；全线换位情况；不同气象区分段；接地装置选配情况；杆塔及基础使用条件一览表；各型杆塔使用原则；导线对地及对各种交叉物的距离及交叉跨越方式的要求；耐张段长度规定；线路平断面图；定位使用的模板 K 值曲线；摇摆角等各种校验曲线及图表；对地裕度及有关交叉跨越特殊校验条件的规定；线路边导线与建筑物之间距离的有关规定以及基础形式的选用原则等。

3. 定位方法

定位是一项实践性很强的技术工作，这主要是因为现场地形地物千变万化，而杆（塔）位、杆（塔）高及杆（塔）形等，必须根据这些千差万别的情况合理安排，才能做出质量优良、技术经济合理的设计。定位的方法共有以下三种。

(1) 院内定位法 由勘测人员在现场进行勘测，回院后提出勘测资料（包括测量、水文及地质资料），供设计人员进行排位。然后再到现场交桩修正部分杆（塔）位。

院内定位法的主要特点是测断面、定位和交桩三工序串接进行。因而工序流程时间较长，近年来工程上已很少采用。

(2) 现场定位法 由测量、地质、水文、设计等各专业人员在现场边测断面边定杆（塔）位。定位后按杆（塔）位进行地质鉴定，供设计基础及选配接地装置用。

现场定位法的主要特点是测断面、定位和交桩三项工作在一道工序内完成，工序简单。此定位法的另一特点是具有以位正线的反馈作用，是指在定位过程中，当发现某些杆（塔）位非常不合理而通过修改部分路径来解决才比较合适时，则可及时对该段路径进行修改。这一点之所以在现场定位中易于实现，主要是因为选线、断面和定位在同一现场、同一段时间内进行，各组之间的联系较为及时。其缺点则主要是不能对整个定位段进行方案比较，因而其经济合理性差。一般常在220kV以下线路定位工作中采用，现场定位法的大致工序如下。

1）先由定线组按选线确定的方向和目标定出线路中心线，并埋设直线桩和转角桩，测得各标桩的距离和高程并标注在线路断面图上。

2）定位组测量人员从起始塔位（如转角点）开始沿线路进行方向测量，向前测绘出1~2档的轮廓纵断面。将测量点绘于米格纸断面图上。

3）定位组织设计人员估计代表档距，选出相应K值的弧垂模板，在断面图上比拟出杆塔的大约位置，并根据弧垂曲线补测控制点的距离及高程，添绘于断面图上。

4）排出杆（塔）位位置，查看施工、运行条件，按定位手册要求的内容对各项使用条件进行检查，满足要求后，埋设杆（塔）位中心桩及杆（塔）号桩并实测档距、高程、施工基面及高低腿等，将测量结果填入断面图。

5）在测定1~2个耐张段后，应在室内进行仔细校核、验算并反复进行定位方案比较，如发现原定方案不够经济、合理，应以新的定位方案重返现场修改，并拔掉原定杆（塔）位标桩，以免施工弄错。

6）根据杆（塔）位地质情况，选配接地装置及基础形式，注写杆（塔）位明细表，整理断面图等业内工作。

(3) 现场室内定位法 测量人员先在现场测平断面，所测平断面够一定位段后（如两转角杆塔之间或两死塔位之间，一般往往是3~8km），即交设计人员在现场驻地进行室内定位，然后共同到现场交桩。同时由地质、水文人员按杆（塔）位进行地质、水文鉴定。

现场室内定位法的主要特点是测断面、定位和交桩三工序可平行交叉进行，因而工序流程时间接近于现场定位，较院内定位法时间要短得多。另外，也具有以位正线的反馈作用。一般对投资较高的220kV及以上线路多采用现场室内定位法。

4. 断面图测绘要求

线路断面图包括线路纵断面图、个别横断面图和线路带状平面图，均为定位的主要资料。现场测绘的平断面图如图2-30所示。

(1) 线路纵断面图

1）线路纵断面图表示沿线路中心线（及高边线）的地形起伏变化的形状和高程及交叉

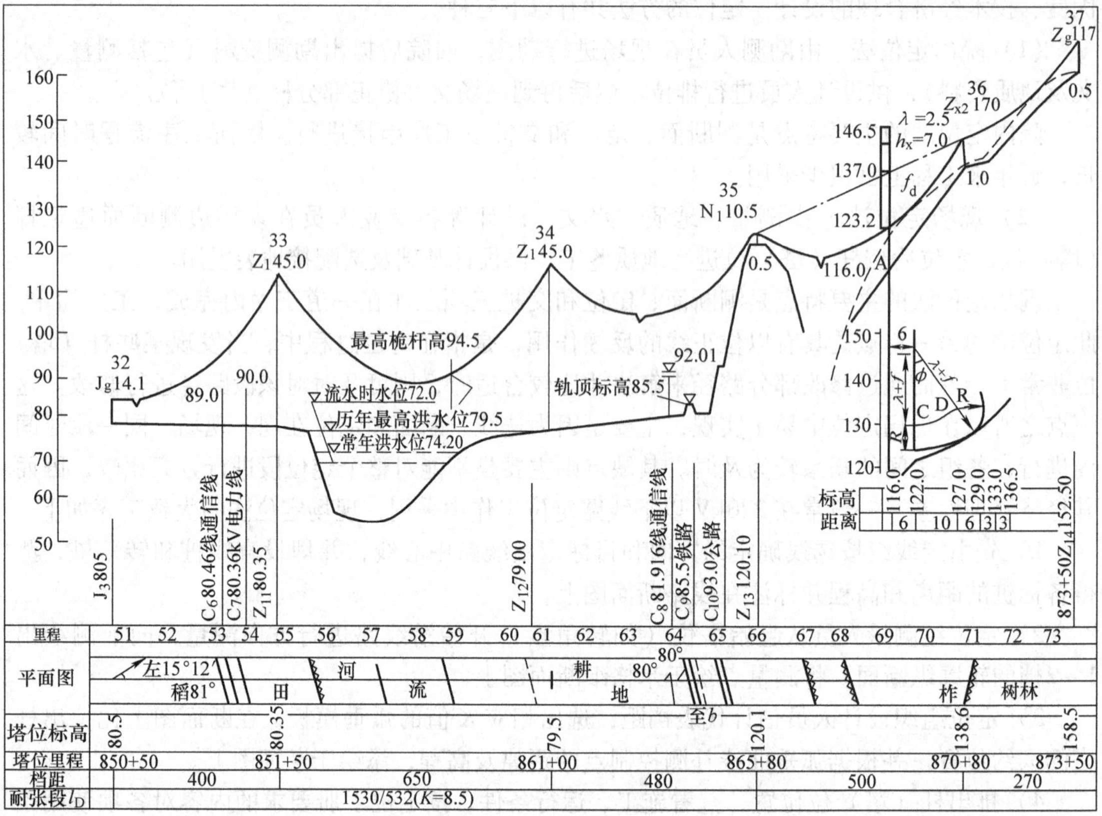

图 2-30 现场测绘的平断面图

跨越物的位置和高程。弧垂对地面最近的区段断面点应适当加密，并应保证高程误差不超过±0.5m。

2）纵断面图使用毫米方格纸，其比例一般采用：纵为 1∶500、横为 1∶5000 或纵为 1∶200、横为 1∶2000。

3）在纵断面图下方还应草绘沿线路中心线左右各 50m 范围内的平面图。在平面图上绘出：线路转角杆（塔）位的转角度数；杆塔位置；交叉跨越物（电力线、通信线、铁路、道路、河流、地上及地下管道等）与线路的交叉角度、去向或与线路平行接近的位置、长度；线路中心线附近的建筑物位置和接近距离；陡坡、冲沟及坟地的位置、范围；耕地、树林及沼泽地等的位置和边界。

4）纵断面图下方需要标注：里程（百米值）、杆（塔）位标高、杆塔档距、耐张段长度、代表档距及弧垂模板 K 值；在纵断面图中标注杆塔转角、直线桩里程及标高，交叉跨越物的里程、标高及名称；在图上绘出杆塔位置、定位高度及弧垂安全地面线，标注杆塔编号、型号、呼称高及施工基面等数据。

此外，对于重要交叉跨越（如跨越铁路及一、二级通信线等），还应有交叉跨越分图供施工协议用（分图比例同纵断面图）。

（2）线路横断面图　当线路沿着大于 1∶4 的边坡或其他对风偏有影响的山坡通过时，应实测与线路垂直的横断面以检查风偏影响。横断面绘于纵断面图相应位置的上方，其纵横比例尺一律为 1:500。测量宽度应视现场地形确定，一般为 40m 左右。

5. 定位弧垂模板的制作与使用

为便于按导线对地距离及对障碍物的距离要求配置杆（塔）位，可事先按导线安装后的实际最大弧垂形状，作成弧垂模板以比量档内导线各点对地及对障碍物的垂直间距。

（1）定位用弧垂模板的制作　直线杆塔的室内定位，是根据不同档距的最大弧垂绘制成的模板排定的。用最大弧垂绘制的模板称为最大弧垂模板又简称弧垂模板。

已知导线弧垂按抛物线方程式计算为

$$f = \frac{g}{2\sigma}\left(\frac{l}{2}\right)^2 \tag{2-49}$$

式中，g 是最大弧垂时的导线比载（$N/m \cdot mm^2$），最高气温时，出现最大弧垂 $g = g_1$，覆冰无风时出现最大弧垂 $g = g_3$；σ 是最大弧垂时的导线应力（N/mm^2）；l 是档距（m）。

令纵坐标 $y = f$，横坐标 $x = \frac{l}{2}$，常数 $K = \frac{g}{2\sigma}$，则上式可表示为

$$y = Kx^2 \tag{2-50}$$

用式（2-50）按平断面图相同的比例尺画出该抛物线曲线，此曲线即为最大弧垂模板曲线。将此曲线刻在透明胶板上，即得工程中所用的最大弧垂模板，如图 2-31 所示。

取各种不同的 K 值，可以制成一套模板，以供工程设计中选用。

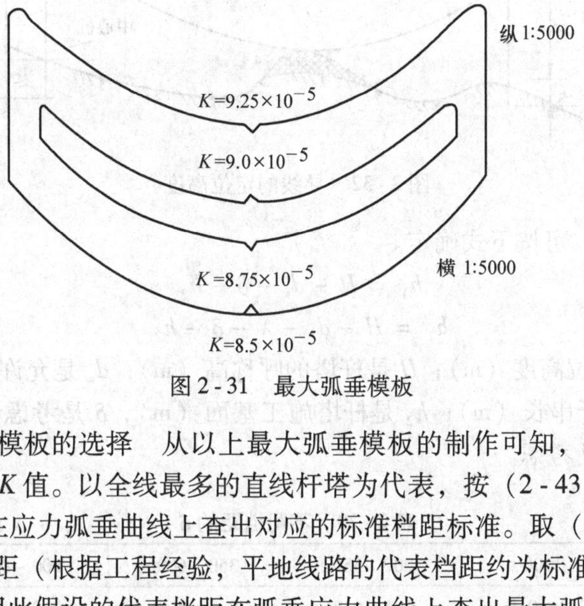

图 2-31　最大弧垂模板

（2）定位用弧垂模板的选择　从以上最大弧垂模板的制作可知，要选用合适的弧垂模板曲线，关键是选定 K 值。以全线最多的直线杆塔为代表，按（2-43）式求出其最大允许弧垂值 f_{max}，用 f_{max} 在应力弧垂曲线上查出对应的标准档距标准。取（0.8～0.9）倍的标准档距为假想的代表档距（根据工程经验，平地线路的代表档距约为标准档距的 0.9 倍，山区为 0.8～0.85 倍），用此假设的代表档距在弧垂应力曲线上查出最大弧垂时的导线应力，计算 K 值$\left(K = \frac{g}{2\sigma}\right)$，用此 K 值从成套制好的标准模板中选出所需要的模板来。

（3）不同比例的模板 K 值换算　在定位时如没有与断面图比例尺一致的弧垂模板时，也可按导线弧垂曲线形状相同的原则选用其他比例尺的等价 K 值模板，其相互关系为

$$K_x = \left(\frac{m_a}{m_x}\right)^2 \frac{n_x}{n_a} K_a \tag{2-51}$$

式中，K_a 是比例为纵 $1:n_a$、横 $1:m_a$ 的模板 K 值；K_x 是 K_a 值换算至模板（或断面图）比例

为纵 1: n_x、横 1: m_x 的等价 K 值。

例如，有一块 $m_a=2000$，$n_a=200$，$K_a=20\times10^{-5}$ 的模板，要用到断面图比例 $m_x=5000$，$n_x=500$ 的图纸上，求 K_x 值。根据上式计算可得 $K_x=0.4\times20\times10^{-5}=8\times10^{-5}$。即一块纵为 1:200，横为 1:2000，$K=20\times10^{-5}$ 的模板，在一张纵为 1:500、横为 1:5000 的断面图上可当 $K=8\times10^{-5}$ 的模板用。

（4）杆塔定位高度　杆塔定位的主要要求是使导线上任意一点在任何正常运行情况下都保证有足够的对地和其他被交叉跨越物的安全距离。为了便于检查导线各点对地的距离是否满足安全距离要求，通常我们假想将导线两悬点在杆塔上向下移动一段对地安全距离 d 后，在断面图上画出导线的弧垂曲线，即导线的对地安全线，如图 2-32 所示，只要该线不切地面，实际导线即满足对地安全距离要求。我们称导线悬点下移后与杆塔施工基面间的高差值为杆塔的定位高度，用 h_1 表示。

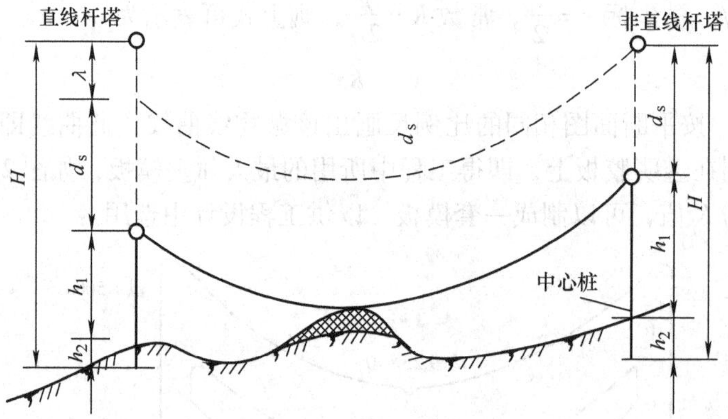

图 2-32　导线的定位高度

杆塔的定位高度，可按下式确定。

非直线杆塔　$$h_1=H-d_s-\delta-h_2 \tag{2-52}$$

直线杆塔　$$h_1=H-d_s-\lambda-\delta-h_2 \tag{2-53}$$

式中，h_1 是杆塔的定位高度（m）；H 是杆塔的呼称高（m）；d_s 是允许的导线对地最小距离（m）；λ 是悬垂绝缘子串长（m）；h_2 是杆塔施工基面（m）；δ 是考虑各种误差而采取的裕度（m）。δ 按表 2-29 考虑。

表 2-29　不同档距的 δ　（单位：m）

档距	<200	200~350	350~600	600~800	800~1000
δ	0.3~0.5	0.5~0.7	0.7~0.9	0.9~1.2	1.2~1.4

（5）定位模板的使用　在平断面图上利用模板定位时，首先将必需设立杆塔的地点（如转角点、山头地形较高的地点及交叉跨越附近）初步标在图上，然后在这些杆（塔）位点之间根据使用杆塔可能施放的档距，把各杆塔的定位高度 h_{D1}、h_{D2}、h_{D3} 等画在断面图上，如图 2-33a 所示。

这时，将定位模板平放在断面图上，使模板曲线与相邻两杆塔的定位高度 a 点和 b 点相连，如模板曲线某一点已与地面相切，其他部分均在地面以上，则认为所定的杆（塔）位

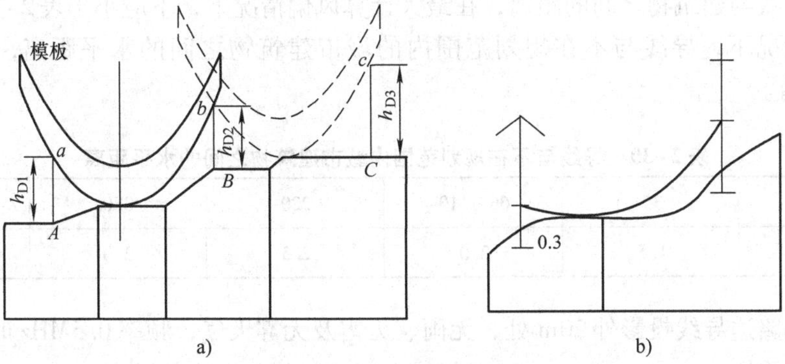

图2-33　模板定位操作

点基本满足要求。若导线对地距离裕度太大，或不满足对地距离时（即模板曲线的某一点在地面以下），可调整杆（塔）位或杆（塔）高到满足要求而又经济合理为止。按照这种方法将一个耐张段的杆（塔）位确定完毕后，就可以求出该耐张段的代表档距。如果使用模板的代表档距与该代表档距接近，则认为该耐张段所定杆（塔）位合适；否则应更换与该代表档距相接近的模板，重新校验导线对地距离是否满足要求。这样，反复定位就可以确定一个耐张段的杆（塔）位。当杆塔立在山坡上时，需要降低施工基面（如0.3m），此时杆塔的定位高度应当减去降低施工基面的距离，如图2-33b所示。杆（塔）位确定后，应在平断面图上注明所定的杆（塔）号、杆（塔）型代号、档距、代表档距、耐张段长度和施工基面等。

6. 定位结果检查

在初步确定杆塔位置、形式及高度后，应对线路设计条件进行全面检查，以验证是否超过设计规定的允许条件。

2.8.3　有关选线和定位的规定

1. 线路通过林区的要求

送电线路通过林区，应砍伐出通道，通道净宽度不应小于线路宽度加林区主要树种高度的2倍。通道附近超过主要树种高度的个别树木应砍伐。在下列情况下，如不妨碍架线施工和运行检修可不砍伐出通道。

1）树木自然生长高度不超过2m。

2）导线与树木（考虑自然生长高度）之间的垂直距离，不小于表2-9所列数值。线路通过公园、绿化区或防护林带，导线与树木之间的净空距离在最大计算风偏情况下，不应小于表2-9所列数值。线路通过果树、经济作物林或城市灌木林不应砍伐出通道。导线与果树、经济作物、城市绿化灌木以及街道行道树之间的垂直距离，不应小于表2-9所列数值。对于35～66kV线路导线与街道行道树之间在最大计算风偏情况下的水平距离为3.5m。

2. 线路与建筑物平行接近和交叉的要求

送电线路不应跨越屋顶为易燃材料做成的建筑物。对耐火屋顶的建筑物，也应尽量不跨越，如需跨越时，应与有关单位协商或取得当地政府的同意。导线与建筑物之间的垂直距离在最大计算弧垂情况下，不应小于表2-9所列数值。

线路边导线与建筑物之间的距离，在最大计算风偏情况下，不应小于表2-9所列数值。

在无风情况下，导线与不在规划范围内的城市建筑物之间的水平距离，不应小于表2-30所列数值。

表2-30 导线与不在规划范围内城市建筑物之间的水平距离

标称电压/kV	35	66~110	220	330	500
距离/m	1.5	2.0	2.5	3.0	5.0

距送电线路边导线投影外20m处，无雨、无雪及无雾天气，频率0.5MHz时的无线电干扰限值见表2-31。

表2-31 无线电干扰限值

标称电压/kV	110	220~330	500
限值/dB	46	53	55

3. 线路与各种工程设施交叉和接近时的基本要求

（1）有关交叉跨越的定义

1）居民区：工业企业地区、港口、码头、火车站及城乡等人口密集地区。

2）非居民区：上述居民区以外的地区，均属非居民区。对于时常有人、有车辆或农业机械到达的房屋稀少的地区，也属非居民区。

3）交通困难地区：车辆、农业机械不能到达的地区。

4）通信线路：系指电报、电话、有限广播、铁道闭塞装置与信号、遥控、遥测等弱电流线路，按其重要性分三级。

（2）导线对地距离及交叉跨越

1）导线与地面的距离，在最大计算弧垂情况下，不应小于表2-9所列数值。

2）导线与山坡、峭壁及岩石之间的净空距离在最大计算风偏情况下，不应小于表2-9所列数值。

3）送电线路跨越弱电线路时，根据GB 50061—2010《66kV及以下架空电力线路设计规范》，其交叉角应符合表2-32的要求。

表2-32 66kV及以下架空电力线路跨越架空弱电线路的交叉角

弱电线路等级	一级	二级	三级
交叉角	≥40°	≥25°	不限制

11kV送电线路跨越弱电线路的交叉角：一级不小于45°；二级不小于30°；三级不限制。

4）送电线路与甲类火灾危险性的生产厂房，甲类物品库房，易燃、易爆材料堆场以及可燃或易燃、易爆液（气）体贮罐、抽油设备的防火间距，不应小于杆塔高度的1.5倍。

5）送电线路与铁路、公路、河流、管道、索道及各种架空线路交叉或接近时，应符合表2-10的要求。

本章小结

本章主要讲述了配电线路设计的基础知识，通过本章的学习，使学生能完成架空配电线路的初步设计工作。

由于架空线路运行时会受到各种气象条件的影响，因此，设计时考虑了对其影响较大的气温、风速及覆冰三种气象条件，将它们称为设计气象条件三要素。三者合理组合在一起，作为设计气象条件，可以通过搜集线路沿线的气象资料经整理获得设计气象条件。但为了设计的标准化和统一化，常常利用典型气象区获得气象组合，我国根据各地区气象资料归纳成九个典型气象区，如所设计线路气象情况与典型气象区接近，一般采用典型气象区所列数值。

导线的机械物理特性是指瞬时破坏应力、弹性模量、线温度膨胀系数及密度。

导线的比载是指单位长度、单位截面积上的荷载，是导线机械计算的基础，共有七种。自重比载由导线本身重量造成，用 g_1 表示；g_2 反映导线覆冰重量，称冰重比载；g_1 和 g_2 之和为导线总垂直比载，用 g_3 表示；无冰时风压比载用 g_4 表示；覆冰时风压比载用 g_5 表示；g_6、g_7 分别表示无冰有风时和覆冰有风时的综合比载。

导线截面积一般用经济电流密度方法选择，用导线热稳定条件、电压损耗、电晕条件及机械强度条件校验；镀锌钢绞线避雷线的截面积和同杆架设的导线截面积配合选用。

状态方程式反映了导线随气象条件的变化规律，分孤立档和连续档两种，连续档状态方程式中档距为代表档距。通常利用设计控制条件和相应的控制应力作为导线状态方程的已知气象条件和应力，去求解其他气象条件下的应力。导线可能的设计控制条件有四种：①最低气温、无风、无冰；②最大风速、无冰、相应的气温；③覆冰、相应风速、-5℃；④年平均气温、无风、无冰。通过有效临界档距的判定，找出有效临界档距，从而得出每种控制条件在数轴上的控制档距范围。将实际档距与其比较，即可获得实际档距的控制条件。本章讲述了列表法判别有效临界档距。

最大弧垂是杆塔高度设计、交叉跨越校验和排杆定位的依据，最大弧垂只可能发生在最高气温和覆冰无风两种气象条件下，通过计算这两种气象条件下的弧垂，然后比较可获得最大弧垂。

避雷线的主要作用是防止雷直击导线，其最大使用应力的确定不同于导线，要兼顾导线的机械安全性和导线防雷，通常是根据防雷要求算出其最大使用应力，校验避雷线安全系数(大于导线安全系数)。

导线的机械特性曲线是导线设计和运行的重要资料，它是各种气象条件下的档距和导线应力（或弧垂）的关系曲线，只要知道代表档距，可以从中查出需要的任何气象条件下的应力。导线的安装曲线是各种安装温度下代表档距和导线弧垂及张力关系的曲线，供施工安装时使用。使用时注意导线的初伸长是否已考虑。

导线的振动对导线的运行危害很大，本章重点讲述了微风振动的基本理论、振动的影响因素以及防振措施和防振锤的防振设计。

杆塔外形设计及选型是线路设计的重要内容之一，应尽量选用定型杆塔，以减少设计、加工和施工的工作量。呼称高是杆塔高度设计的基础，每种电压等级根据运行经验都有一经济呼称高，从而得出每种杆塔的经济档距（或叫标准档距），是杆塔各种设计档距的选择依据。杆塔上各种排列的导线线间距离都应满足规程规定，杆塔头部带电部分与接地部分的空气间隙可以通过作间隙圆图进行校验，也可以通过解析计算进行校验。

本章最后讲述了杆塔的路径选择和定位，讲述了路径的选择方法、最大弧垂模板的制作和使用及杆塔的定位方法。

习题与思考题

2-1 何谓设计气象条件三要素？

2-2 我国典型Ⅳ级气象区的最低温度、最大风速、年平均气温、覆冰时温度、风速及覆冰厚度各是多少？

2-3 试了解你所在省区的气象分区情况及组合气象条件参数。

2-4 导线的机械物理特性指哪些？

2-5 什么叫导线的瞬时破坏应力？

2-6 弹性伸长系数的物理含义是什么？

2-7 什么叫导线的比载？有哪些比载？各表示什么意思？

2-8 某架空线路采用 LGJ—120/20 导线，通过Ⅴ类典型气象区，试计算导线的各种比载。

2-9 什么叫导线的应力？导线的最大允许应力与最大使用应力有什么区别？

2-10 什么叫弧垂？弧垂及线长怎样计算？

2-11 悬点应力和最低点应力有什么关系？

2-12 导线状态方程的作用是什么？什么叫耐张段的代表档距？如何计算？

2-13 什么叫应力控制条件？常用的有哪几种？

2-14 什么叫临界档距和有效临界档距？如何判别有效临界档距？

2-15 什么叫导线的机械特性曲线？什么叫导线的安装曲线？它们有何用处？

2-16 什么叫导线的初伸长？其对导线的运行有何影响？怎样进行补偿？

2-17 确定避雷线最大使用应力的原则有哪些？

2-18 有一悬点等高档距，$l=360\text{m}$，导线自重比载 $g_1=34.038\times10^{-3}\text{N/m}\cdot\text{mm}^2$，最高气温时导线应力为 $\sigma_0=67.3\text{N/mm}^2$，试计算：

1）档距中点弧垂；2）距杆塔 100m 处的弧垂；3）悬点应力；4）档中导线的长度。

2-19 有一 35kV 输电线路中某处交叉跨越房屋，档距布置如图 2-34 所示（图中各物理量的单位为 m），已知最大弧垂时导线比载为 $g_1=34.038\times10^{-3}\text{N/m}\cdot\text{mm}^2$，应力 $\sigma_0=66\text{N/mm}^2$，试校验：

1）最大弧垂时交叉跨越距离能否满足要求？

2）如在运行中实测导线与房屋顶的垂直距离为 5.0m，实测时气温为 15℃，已知 $\sigma_{15}=81.6\text{N/mm}^2$，交叉跨越距离能否满足要求？

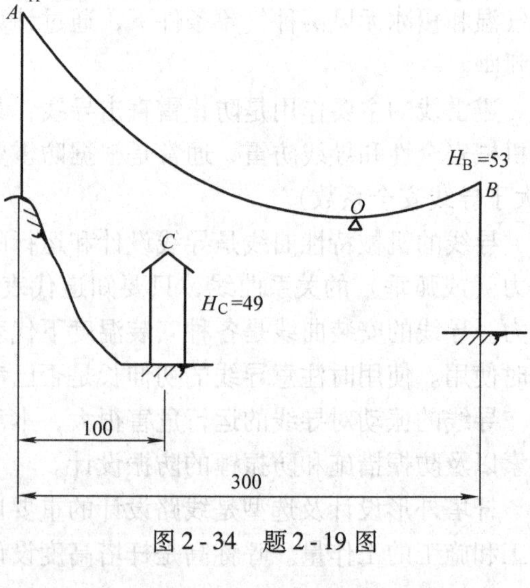

图 2-34 题 2-19 图

2-20 已知某耐张段代表档距 $l_D=400\text{m}$，导线为 LGJ—120/20 型，通过第Ⅱ类气象区，且已知大风气象条件时导线应力为 $\sigma_m=130.5\text{N/mm}^2$。试求最高气温时的导线应力。

2-21 设导线为 LGJ—120/20 型，通过第Ⅱ类气象区，安全系数 $K=2.5$，年平均运行应力 $\sigma_{cp}=0.25\sigma_p$，试进行临界档距的计算和判别。该线路中有一耐张段各档档距分别为 250m、320m、310m、300m 和 290m，试求该耐张段在最高气温时的导线应力。

2-22　导线振动的类型有几种？微风振动形成的主要原因是什么？

2-23　影响线路振动的因素有哪些？

2-24　防止和减弱导线振动的影响有哪几种方法？

2-25　防振锤安装在什么地方消振效果比较好？

2-26　某架空输电线路中，有一耐张段各档档距分别为 310m、370m、380m 和 320m，导线为 LGJ—95/20 型，导线直径为 13.87m，自重比载 $g_1 = 35.187 \times 10^{-3} N/m \cdot mm^2$，已知导线最高气温时应力为 $70.61 N/mm^2$，最低气温时的应力为 $96.39 N/mm^2$。试选择防振锤型号和安装距离，并统计该耐张段所需防振锤个数。

2-27　杆塔是怎样分类的？各类杆塔的受力特点是什么？

2-28　确定杆塔头部尺寸的基本要求有哪些？

2-29　荷载怎样分类？

2-30　线路路径选择的原则是什么？

2-31　线路路径选择的步骤是什么？

2-32　山区路径选择技术要求是什么？

2-33　通过特殊地带的路径选择要求是什么？

2-34　通过严重覆冰地区路径选择要求是什么？

2-35　定位方法共有几种？

2-36　什么是杆塔的定位高度？如何确定？

2-37　什么是定位模板，是如何制作的？

2-38　什么是线路的平断面图？图中主要反映了哪些内容？

第 3 章 架空配电线路施工

【本章学习目标】

1）掌握导线的架设过程。

2）熟悉架空配电线路各环节施工安装工艺。

3）了解架空线路的施工准备和验收工作，了解架空绝缘导线及其施工过程。

3.1 架空线路施工的工艺流程

架空线路施工一般可分为准备工作、施工安装和启动验收三个阶段。

3.1.1 准备工作

1. 现场调查

施工前对线路沿线进行现场调查非常重要。

（1）沿线自然条件的调查

1）沿线各桩位的地形、地貌、地质及地下水的调查，对各桩位能否利用机械化施工，设计选定的杆（塔）位是否适合施工。

2）了解沿线气候情况，有无雨季积水、洪水和山洪等情况，对运输及施工有无影响。

（2）沿线交叉跨越及障碍物的调查

1）了解沿线被跨越河流的情况。

2）了解沿线被跨越公路和铁路的情况。

3）了解沿线被跨越电力线和通信线的情况。

4）了解沿线被跨越房屋、树木及其他障碍物的情况。

（3）运输道路和桥梁情况的调查

1）了解沿线各桩位运输道路、距离等情况。

2）了解沿线河流、桥梁及码头等情况。

此外还需了解施工队驻地、职工生活设施、材料站、仓库、地方性材料及劳动力等情况。

2. 复测分坑

根据设计提供的杆塔明细表和线路平断面图对设计终勘定线、转角、高差及杆（塔）位进行复测。在此基础上，按基础施工图进行分坑测量。分坑时要定出主桩和辅助桩，在地面上标出挖坑范围，并严格核对基础根开尺寸。

3. 备料加工

送电线路的设备主要有导线、避雷线、杆塔、绝缘子和金具等，物资部门应根据技术部门编制的设备和材料清单进行订货，明确质量要求、交货期限和到货地点。

送电线路材料有部分要自行安排加工或委托地方加工的，如基础钢筋、地脚螺栓、铁塔、混凝土电杆及铁件（如横担、抱箍）等。这个工作要根据工期提前进行，确保施工需要。

3.1.2　施工安装

1. 基础施工及接地埋设

按设计提供的杆塔明细表、杆塔基础配置表、杆塔基础施工图及复测分坑放样的位置进行基坑开挖和基础施工。由于杆塔基础的形式很多，所以施工方法和顺序各不相同，但基础都是隐蔽工程，必须严格按质量标准进行验收，并做好记录。

接地装置一般随基础工程同时埋设，或基础工程结束后随即埋设接地装置。接地装置的埋设分接地体及接地线的施工安装。

2. 杆塔组立

杆塔组立包括排杆、组杆及立杆。立杆工程一般包括立杆和立塔两部分。立杆一般采用汽车吊等机具，可使立杆既快又安全，在缺少机械化吊杆机具的地方，也可用人力和一些必要的工具立杆。立塔可采用整立方式，也可采用分解组立的方式。杆塔组立后就可将接地装置引出线与杆塔相连接。

3. 架线及附件安装

架线包括导地线的展放、紧线及附件安装等内容。放线前要清理通道，处理交叉跨越等工作，放线时可采用拖地放线，也可采用张力放线，然后进行紧线、附件安装等作业。在110kV及以下的线路上常采用拖地放线法，220kV及以上线路常采用张力放线法。

3.1.3　启动验收

1. 质量总检

这是施工单位在完工后进行的一道严格的自我检查。工程处根据施工结尾和项目验收情况向公司申请竣工验收，同时提供全部质量检查记录，公司组织有关部门人员作统一的、全面的质量检查。

2. 启动试验

在质量总检中存在的问题全部处理后，进行绝缘测量及线路常数测试。在经批准的启动委员会领导下，进行送电72h。

3. 投产送电

线路经72h试运行良好就可以投产送电。投产前必须移交全部工程记录、竣工图。

3.2　复测分坑

3.2.1　复测

一般来讲，线路从设计到施工，总有一段时间间隔，为了防止原设计勘察所钉的桩位因故发生外力移位或失桩的情况，在施工前要对全线所钉的桩位进行复测。线路复测的工作内容包括：按设计断面图核对现场桩位是否与设计图相符；校核直线与转角度；校核杆（塔）位高差和档距，补钉丢失的杆位桩，补充施工用辅助方向桩；校核交叉跨越位置和标高；校核风偏影响点；对杆（塔）位进行全面校核，包括基础保护范围，拉线基础基面与杆位基础的高差；特殊地形应测量塔位断面，最终确认杆位是否可行，为分坑提供资料。

3.2.2 分坑

分坑是根据定位的中心桩位和规定的挖坑尺寸，在地面上标出挖坑的范围。分坑的工作内容包括：以杆（塔）位桩为基准，确定杆塔基础坑及拉线坑中心位置；按设计配置的基础底板尺寸和坑深，考虑不同土质的边坡与操作宽度，对每个基坑进行地面放样；校核基础的保护范围。

3.3 施工安装

3.3.1 杆塔基础施工

1. 基础的形式及其选择

钢筋混凝土电杆（也称水泥杆）的基础包括底盘、卡盘及拉盘等。在土质情况不太好的地区或杆（塔）身较高时，应该采用底盘和卡盘，对于土壤情况比较好的地区以及12m以下的电杆，通常不用底盘和卡盘；若立在岩石或土质坚硬地区，可以直接埋入基坑而不设底盘和卡盘，也可用条石代替，用块石砌筑底盘以及垒石稳固杆（塔）基。在特殊环境中，如泥塘、沼泽地及沙丘等，要进行石方水泥加固处理。铁塔基础一般为钢筋混凝土基础（现浇、预制）、金属基础或爆扩灌注式基础。铁塔基础由于塔形种类较多、底面积较大，必须根据施工现场地形、地质条件和设计基础施工方案进行施工。钢筋混凝土电杆基础的装设情况，如3-1所示。

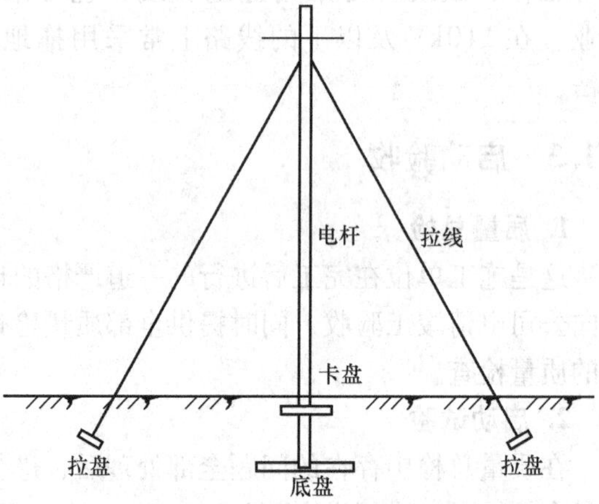

图3-1 钢筋混凝土电杆的基础装设

2. 挖坑

除桩式基础及岩石基础外，钢筋混凝土电杆基础、现浇混凝土基础和装配式基础，在安装前都要进行基坑的开挖。由于篇幅所限下面仅对钢筋混凝土电杆的基坑开挖做一介绍。

杆坑有圆形和长方形，圆形坑适用于不装设卡盘和底盘的电杆。长方形坑主要适用于需要安装底盘、卡盘和拉盘的转角杆塔、直线杆塔、耐张杆塔及终端杆塔。对于用人力和抱杆工具等立杆的，应开挖成带有马道（或叫马槽）的基坑，马道不宜太短，以利于立杆。

确定坑位，画好坑口线，即可按规定的深度用人工或挖坑机挖掘，电杆坑位应位于设计的线路中心线上，当挖至一定深度坑内出水时，应在坑内的一角挖一小坑集水，然后用水桶或排水机械将水排出。对于圆形坑的挖掘，当电杆埋深在1.8m及以下时，一次即可挖成圆坑；深度大于1.8m时，可采用阶梯形，或上部挖较大的方形以便立足，再继续挖中央圆坑，如图3-2所示。挖坑时底部直径必须大于杆根径200mm以上，以便矫正。长方形坑的剖面形状应为阶梯状，坑深在1.8m以上者，采用三阶坑；坑深在1.6m以下者，采用二阶坑。杆坑的形式如图3-3所示。

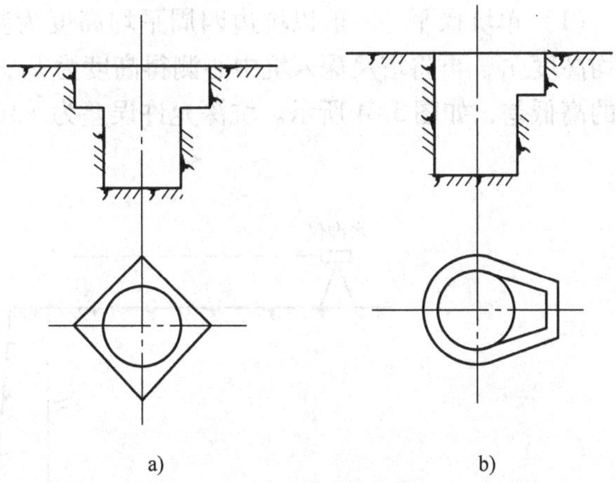

图3-2　圆形阶梯坑

图3-3中，$L≈1.2h$；$b≈$底盘边长+(0.2~0.4) m；$d≈0.2h$；$e≈0.3h$；$g≈0.4h$（三阶坑）、$0.7h$（二阶坑）；$c≈0.35h$（三阶坑）、$0.7h$（二阶坑）。

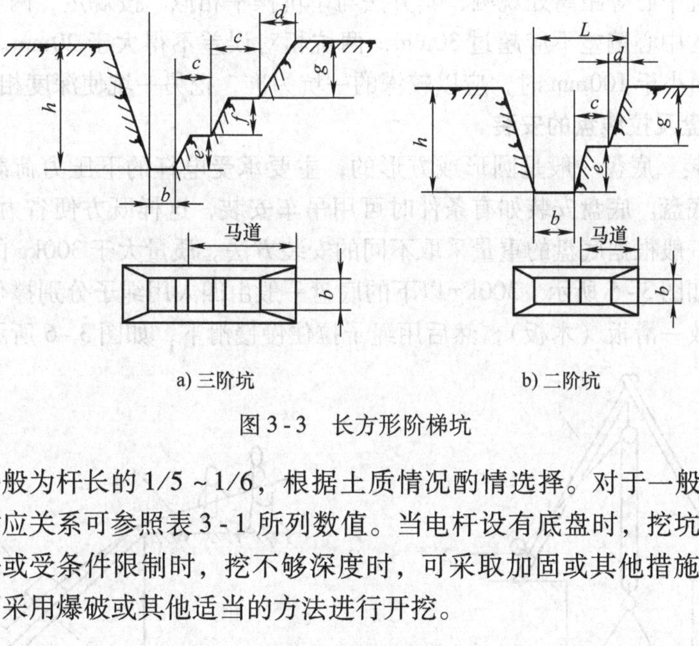

图3-3　长方形阶梯坑

电杆埋深一般为杆长的1/5~1/6，根据土质情况酌情选择。对于一般中等土壤，杆长与埋设深度的对应关系可参照表3-1所列数值。当电杆设有底盘时，挖坑深度应加底盘厚度。当土质不好或受条件限制时，挖不够深度时，可采取加固或其他措施，以保证杆身稳固。遇有石坑可采用爆破或其他适当的方法进行开挖。

表3-1　电杆埋设深度　（单位：m）

杆高	8.0	9.0	10.0	11.0	12.0	13.0	15.0	18.0
埋深	1.5	1.6	1.7	1.8	1.9	2.0	2.30	2.7

拉线坑应开挖在标定拉线桩位处，其中心线及深度均应符合设计要求。在拉线引入侧应开挖斜槽，以使拉线舒展伸直，而不影响拉线受力。

3. 基坑操平

基础开挖的过程一般较粗糙，深度和位置的误差一般不满足要求，所以在安装和浇注前对基坑按设计深度整平。

（1）单坑操平　一般以坑边四周平均高度为基准，用水准尺及塔尺先测得坑边地面的平均高度 h_1，再将塔尺深入坑中心测得高度为 h_2，则坑深 $H = h_2 - h_1$。同时用塔尺测坑四角处的高低差，如图 3-4 所示。坑深允许误差为 +100mm、-50mm，施工另有规定者除外。

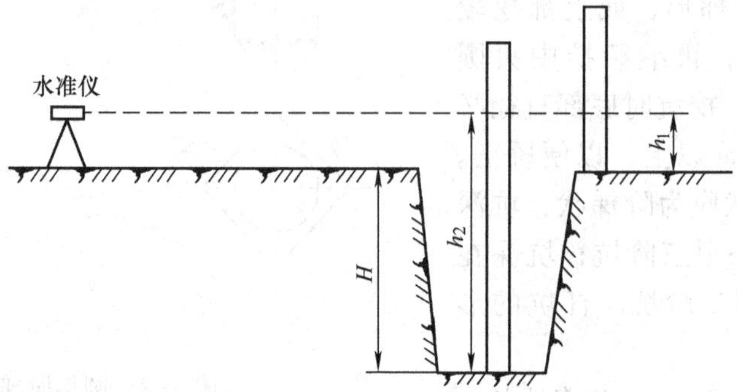

图 3-4　单坑操平

（2）双杆基坑操平　坑深标准一般以中心桩处的地面为准，两坑高度用水准仪观测。水准仪宜在距两坑中心等距离处观测，其方法与单坑操平相似。按规定，两坑除满足设计坑深误差外，根开的中心偏差不应超过 30mm，两坑相对误差不得大于 20mm。当两坑的相对误差大于 20mm 而小于 100mm 时，应以较深的一坑为准，挖另一坑使深度相同。

4. 底盘、卡盘及拉线盘的安装

（1）底盘安装　底盘一般是圆形或方形的，主要承受电杆的下压力荷载。基坑检验合格后，即可安装底盘。底盘安装如有条件时可用吊车安装，这样既方便省力，又比较安全。在没有条件时，一般根据底盘的重量采取不同的安装方法。质量大于 300kg 的底盘一般采用人字扒杆吊装，如图 3-5 所示。300kg 以下的底盘一般由四人用绳子分别撑住四角，送至坑下；也可在坑内放一滑板（木板），然后用绳子拉住慢慢滑下，如图 3-6 所示。

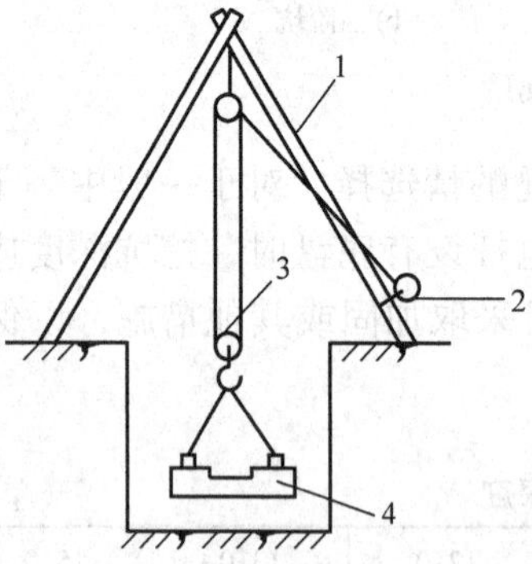

图 3-5　人字扒杆吊入法安装底盘

1—人字扒杆　2—牵引绞磨　3—滑轮组　4—底盘

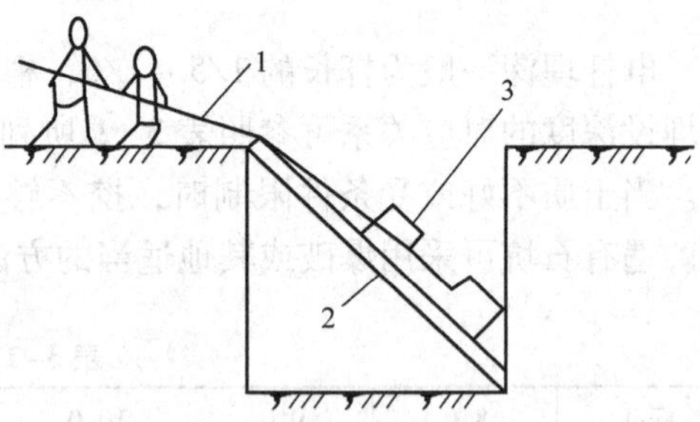

图 3-6　滑杆法安装底盘

1—人力缓松　2—滑杆　3—底盘

底盘安装后其圆槽面应与电杆轴线垂直，其安装允许偏差，应使电杆组立后满足电杆允许偏差的规定。

（2）拉线盘的安装　拉线盘是一块长方形的钢筋混凝土盘，中部设有一个吊环，吊环与拉线金具连接，以承受拉线的拉力，是拉线的锚固部分。拉线盘的安装方法同底盘。

底盘、拉线盘放入坑内后，需对安装位置进行精细调整，找正底盘、拉线盘的中心，然后回填土夯实至基础表面。

拉线盘安装时应符合下列规定：

1）拉线盘的埋设深度和方向应符合设计要求。

2）拉线棒与拉线盘应垂直，连接处应采用双螺母，其外露地面部分的长度应为500～700mm。

3）拉线坑应有斜坡，回填土时应将土块打碎后夯实。

4）拉线坑宜设防沉层。

（3）卡盘的安装　卡盘是紧贴于杆身的混凝土长条，采用圆钢或圆钢与扁钢焊成U形抱箍与电杆卡接，以承受电杆的横向力，增加电杆的抗倾覆力，防止电杆倾倒。

安装时应符合下列规定：

1）安装前将卡盘设置处以下的土壤分层回填夯实。

2）安装位置、方向和深度应符合设计要求，深度允许偏差为±50mm，当设计无要求时，上平面距地面不应小于500mm。

3）与电杆连接应紧密。一般情况下，直线杆塔的卡盘方向沿线路左右交叉埋设，承力杆埋于张力侧并与线路方向垂直，如大于10°的转角杆塔，卡盘安装于电杆分角线内侧，对于终端杆塔，卡盘安装于线路侧并与线路方向垂直。安装时卡盘紧贴电杆本身将U形抱箍用螺母拧紧固定。

3.3.2 杆塔组立

以钢筋混凝土电杆为例来讲述杆塔组立的步骤。

1. 排杆焊接

配电线路的电杆一般在杆长15m以下，在跨越、高差较大、运输困难的特殊情况下，可采用ϕ300mm/6m+6m，ϕ300mm/6m+9m等需焊接的电杆，因此，必须将钢筋混凝土电杆分别运到便于立杆的对应杆坑处，在地面预先排正垫平。

电杆各段在对接处有预先埋制好的并和整个杆内钢筋连为一体的对焊钢圈，通常要求电焊，无条件时也可用气焊，焊接前应打磨焊接面。

2. 杆塔的组装

杆塔组装就是按照设计的杆形或塔形，将横担、金具及绝缘子等安装在钢筋混凝土电杆或组装好的铁塔上。铁塔组装还包括铁塔本身由散件组装成塔架的过程。组装的顺序是一般先安装导线横担和拉线抱箍，再安装避雷线横担，最后安装叉梁抱箍、叉梁、脚钉（或爬梯）、拉线和绝缘子串等。

（1）钢筋混凝土电杆的组装　电杆的组装有两种方式：一种是立杆前组装，另一种是立杆后组装。前一种多用于杆型复杂、组装件多的电杆或双杆，除悬式绝缘子外全部装好，减少了登杆作业，安全且进度快，具体尺寸和操作都容易掌握。但是，由于杆头安装了金具、横担等，增加了杆的重量，给立杆带来了不便，因此，这种组装方法适用于机械立杆。后一种组装方式多用于杆型简单、组装件少的电杆，全部登杆作业，进度慢、安全性差，且劳动强度大，多用于人工立杆。无论哪种方法、安装要求都是相同的。

由于篇幅所限，在此只介绍配电线路常用的立杆前组装的方法。这种组装方法主要是用螺栓将横担、抱箍固定在电杆上，且把绝缘子安装在横担或其他金具上。

1）横担的组装。横担组装时，应牢固装设，并与电杆保持垂直，当电杆起立后，使横担处于水平位置。如果是两根以上的横担，各横担应保持平行。

直线杆塔的横担应装在受电侧，转角杆塔、终端杆塔、分支杆杆塔以及张力不平衡处的横担，均应装在张力的反方向侧。高压线路横担宜装设撑铁。横担组装应平整，端部上、下和左、右扭斜不得大于25mm。

组装横担的螺栓应通过各部件的中心线，螺栓应与构件面垂直。螺栓穿入方向：顺线路者从电源侧穿入，横线路者面向受电侧由左向右穿入，垂直地面者由下向上穿入。螺母紧好后，露出的螺杆不应少于两个螺距。

2）绝缘子和金具的安装。在施工现场为了保证线路安全，安装前必须对金具和绝缘子进行外观检查，具体要求参见有关规程。针式绝缘子应与横担垂直，顶部的导线槽应顺线路方向，在铁横担上使用针式绝缘子时，应有弹簧垫圈或使用双螺母以防松脱。瓷横担绝缘子在铁横担上安装时应加装橡胶垫片，防止因摩擦造成瓷横担绝缘子表面损伤；铁横担端部应上翘5°～10°，防止导线滑脱。使用悬式绝缘子时，一般只将绝缘子串组装好，待电杆起吊、杆顶离地面时，再将绝缘子串和放线滑车挂在横担上，以防绝缘子被碰破。悬式绝缘子串应能活动，其上的销子一律向下穿。图3-7示出了10kV直线杆塔杆顶组装图，图中，1为钢筋混凝土电杆；2为角铁横担；3、5为针式绝缘子抱箍；4为抱铁。图3-8为耐张杆塔杆顶组装图，图3-8b也适于30°～45°的转角。图3-8a所示耐张杆塔的主要部件见表3-2，图3-8b所示耐张杆塔的主要部件见表3-3。

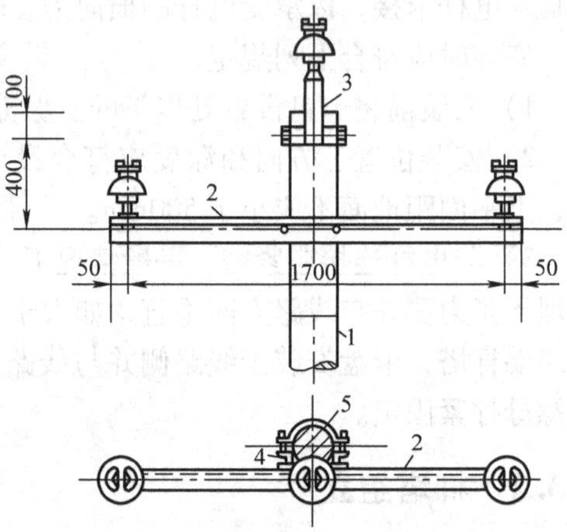

图3-7 直线杆塔杆顶组装图

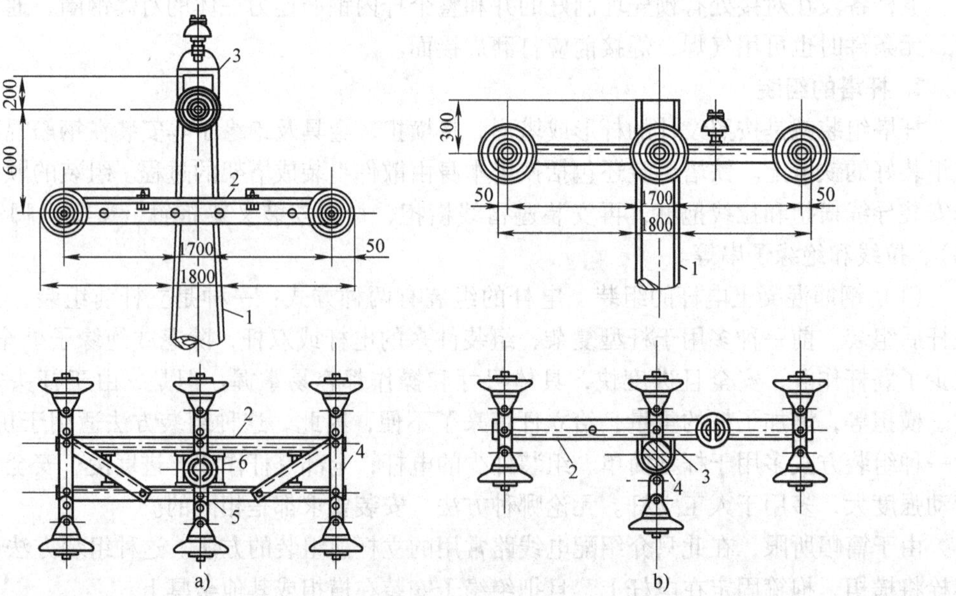

图3-8 耐张杆塔杆顶组装图

表3-2 图3-8a所示耐张杆塔主要部件

序号	名称	单位	数量
1	钢筋混凝土电杆	根	1
2	角铁横担	副	2
3	立铁	块	2
4	连铁	块	2
5	横铁	块	1
6	抱箍	副	2

表3-3 图3-8b所示耐张杆塔主要部件

序号	名称	单位	数量
1	钢筋混凝土电杆	根	1
2	角铁横担	副	1
3	抱铁	块	1
4	抱箍	副	1

（2）铁塔的组装　铁塔的组装一般分两步，先是用螺栓将钢结构的散件按照图样装配成整塔或半成品塔，由于塔身较重，因此组装的方式是由立塔的方式决定的；然后再把横担、金具及绝缘子安装上去，其中悬式绝缘子安装好后要用绳子和塔架扎紧，以免立塔时碰坏或脱落。

1）整体组装。就是在地面上按照线路方向或起吊方向，将塔身全部构件拼装成整体塔架，然后再进行起立吊装。一般用于总重较小的铁塔。

2）分段组装。把铁塔从高度上分成几段，先在地面上把各段组装好，塔脚直接安装在基础上，然后用吊装设备把各段按顺序一一吊起，在空中将各段连接起来，组成整塔，组装和立塔是同时进行的。一般常用于较高较重的铁塔。

3）分片组装。分片组装是将各段再分成相应的（即前与后或左与右）两片来进行组装，另外两个面的斜材、水平材分别带在相应的主材上。一般常用于高而重的铁塔。

3. 立杆

立杆的程序包括清理杆坑、立杆、找正、回填土夯实及整杆清理现场等几个工序。立杆的方法很多，总体上可以分为机械立杆、人工立杆和抱杆半机械立杆三种。机械立杆方法简单，安全省力，一般有条件的地方均应采用，是目前常用的立杆方法。人工立杆方法较复杂，安全性差，但在山区、沼泽地等吊车不能行走或停留的地方，人工立杆又显得尤为重要。在无吊车条件时且人工立杆又不能胜任时，往往采用抱杆半机械立杆，抱杆半机械立杆方法较复杂，但安全性强且省力，适用于任何场所和杆型，但近些年已很少采用。

（1）人工立杆　人工立杆大都是采用叉杆立杆，其工具简单，不受地形限制，单双杆都可采用。一般适用于9m及以下配电线路拔稍杆及由于施工现场地形条件限制不具备其他机械设备施工条件时使用，如图3-9所示。具体操作方法如下。

1）杆根对准坑口滑板，滑板的作用是防止杆根触及杆坑壁造成塌方，用撬棍移动电杆，使杆身与马槽方向一致，将电杆根部移进坑口，使杆根顶住滑板。

2）用抬杆抬起电杆头，用顶板顶住杆身，防止电杆滚落，在杆头用活扣栓三根调整绳，分开牵拉，两条在杆抬起方向，另一条在杆反向，向前的两根调整绳在杆起立过程中帮助杆起立，并且调整起立方向，防止杆左右偏移，后向的调整绳在杆基本起立完成时，防止杆向前倾倒。

3）借助顶板支撑电杆重量，将杆身抬起，交替移动顶板，使杆头逐渐抬高，每抬高一次，顶板向杆根移动一次，同时杆根逐渐滑入坑内。

4）杆身起立至一定高度，撤去顶板，换上叉杆，叉杆一般根据杆高准备2~3副，顶柱应使用专用立杆顶柱，边支撑边移动，严禁用铁锹及桩柱代替叉杆及顶柱。

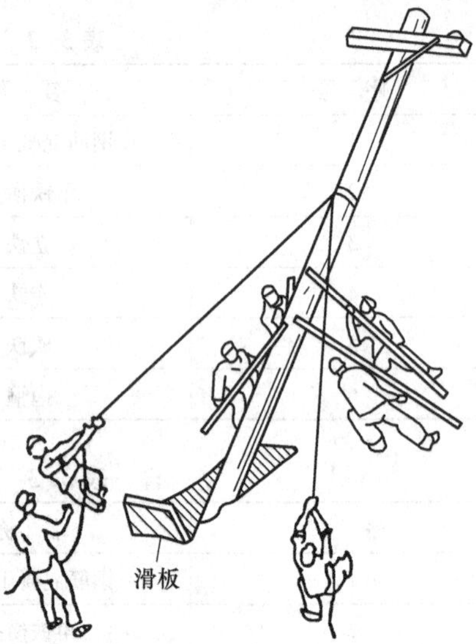

图3-9 人工立杆

5）当杆起至80°左右时，撤去滑板，用绳索牵拉，使杆起立，通过调整绳使杆直立。

6）电杆直立后，应用绳索、木杠将电杆杆根调整至设计杆位中心，杆身根据杆型进行垂直或预偏调整，使电杆与线路中心线重合、杆身垂直、横担与线路方向垂直。直线杆塔的横向位移不应大于50mm，倾斜不应大于梢径的1/2；转角杆塔和终端杆塔的横向位移不应大于50mm，应向张力的反向侧（即拉线侧）倾斜，倾斜距离约等于电杆的梢径。

7）分层回填夯实电杆基础，回填土直径不得大于30mm，严禁用建筑垃圾等物体回填，每150mm应夯实一次，设300mm防沉台，严禁在杆基尚未牢固时上杆拆除调整绳。

（2）机械立杆　机械立杆一般用汽车吊，15m以上的杆应用汽车液压吊。机械立杆适用于大重量杆及铁塔，作业地点开阔，适于机械作业的地点，如图3-10所示。具体操作方法如下。

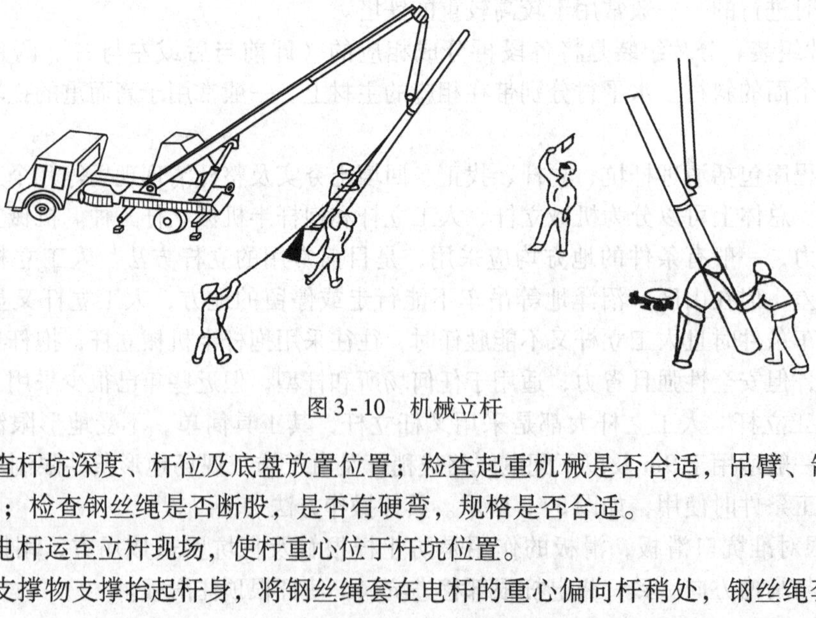

图3-10 机械立杆

1）检查杆坑深度、杆位及底盘放置位置；检查起重机械是否合适，吊臂、制动系统是否正常工作；检查钢丝绳是否断股，是否有硬弯，规格是否合适。

2）将电杆运至立杆现场，使杆重心位于杆坑位置。

3）用支撑物支撑抬起杆身，将钢丝绳套在电杆的重心偏向杆稍处，钢丝绳套外部应套麻布，防止损伤杆身。

4）将绳套放入吊钩，一人指挥吊车起吊，两人扶住杆身，防止电杆起吊时左右晃动，对准杆坑，将电杆缓缓放入杆坑。在吊杆时，吊车起吊臂下严禁站人，除指挥人员及杆扶持人员外，其他人员应撤离杆塔高度 1.2 倍距离外，防止人员砸伤事故。立杆时基坑内严禁站人，在杆起立至 0.8m 时，应对杆进行一次冲击试验，对受力点做全面的检查，确定无问题后，再继续起吊，起吊应缓慢。

5）操作吊车，使杆根位于合适位置，将杆直立，校验杆偏差。

6）将卡盘固定，回填夯实，设置杆防沉层。

7）放松吊钩，拆除杆上钢丝绳。

（3）抱杆半机械立杆　抱杆半机械立杆与机械立杆只是起吊方法不同，其他程序方法基本相同。抱杆半机械立杆的方法很多，大都采用人字抱杆，安全可靠，只是在抱杆的选取上要使材质和直径合理，安全系数要适当大一点，否则抱杆重量过大，给移动带来不便。固定式人字抱杆适用于 15m 及以下的混凝土电杆，其吊装方法及布置如图 3-11 所示，其他同机械立杆。

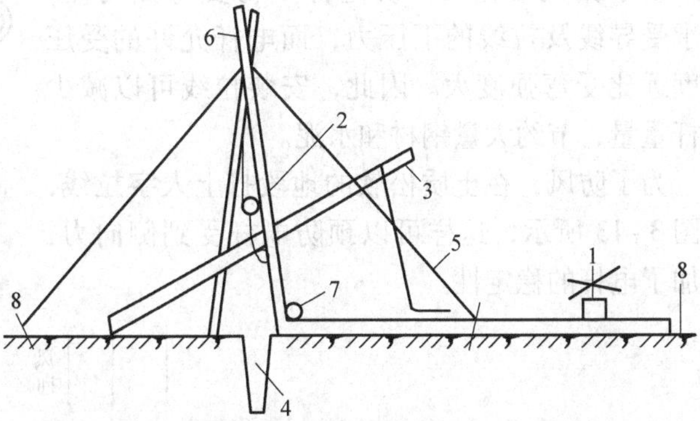

图 3-11　抱杆半机械立杆法
1—绞磨　2—滑轮组　3—电杆　4—杆坑　5—钢丝拉绳
6—固定抱杆　7—引导滑轮　8—钢钎

（4）钢管杆的组立。钢管杆因重量太大，一般采用吊车吊装。钢管杆安装之前，要根据杆塔结构形式、重量、高度及施工环境条件，选择既安全又合理的杆塔安装施工方案，确保杆塔在起立过程中的稳定性。

在配电网施工中，由于所用钢管杆杆身轻，高度小，一般选用全高 10m（与 12m 钢筋混凝土电杆配合使用）、12m（与 15m 钢筋混凝土电杆配合使用）和 18m（大的跨越杆型及四回线路杆）三种杆型。

1）组立要求：钢管杆整体组立时与钢筋混凝土电杆吊装组立大致相同。

2）首先要根据杆塔重量、高度选择合适吨位的吊车，起吊前需将杆塔在地面上垫平，并作好防腐层保护。

3）按图样组装横担、爬梯及电缆支架等附件，然后选择钢管杆重心至杆顶之间合适的吊点起吊。并在杆体下部加捆引导绳索，分成两支，用以杆体起吊后调节位置。

起吊用的钢丝绳外表必须进行软包装。对于重量较大、塔身较高的杆塔需经认真核算后方能整体起吊，以防整体弯曲变形。起吊过程要缓慢，不可升降太快。

插接式杆塔采用整体组立时，插接部位需用双钩或手板葫芦连接牢靠，防止松动。

4）吊立后，应用调整绳调整横担的方向。对于直线杆塔，应使横担垂直线路方向，对于转角杆塔，按照设计图样选择与线路的夹角，用撬棍调整杆根放置在塔脚螺钉上，拧紧塔脚螺钉。

5）接地安装，将基础接地扁钢与钢管杆接地点相连接。测量钢管杆的接地电阻，其值宜小于4Ω，最大不得超过10Ω。

6）直线钢管杆组立后，可立即浇筑保护帽，耐张杆塔及终端杆塔应在紧线后浇筑保护帽。

3.3.3 拉线施工

拉线在架空线路中占有很重要的地位，一般由上把、拉线（中把）、下把（拉线棒）及拉线盘等几部分组成。

1. 拉线的作用

拉线可与导线、避雷线水平方向作用力相平衡，图3-12所示为终端杆塔和转角杆塔的受力情况。由于拉线的作用，使电杆不再受弯曲力矩，只承受导线及拉线的下压力，而电杆允许的受压强度远比受弯强度大。因此，安装拉线可以减少电杆重量，节约大量钢材和水泥。

为了防风，在土质松软的地段打上人字拉线，如图3-13所示，这样可以预防电杆受到侧向力，增加了电杆的稳定性。

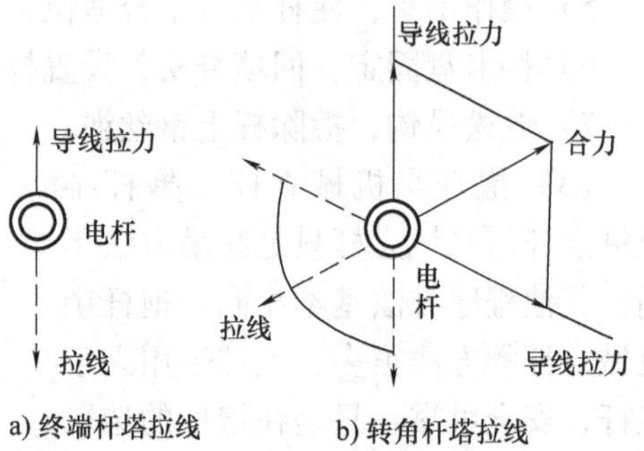

图3-12 拉线的作用

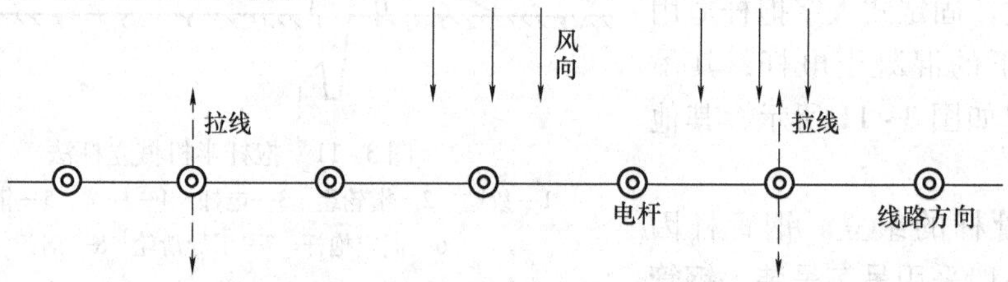

图3-13 人字拉线

如图3-14所示，在主要跨越段加上拉线，就可以提高线路的可靠性，防止因断线引起倒杆（如在A处断线），使电杆倒在被跨越物上。

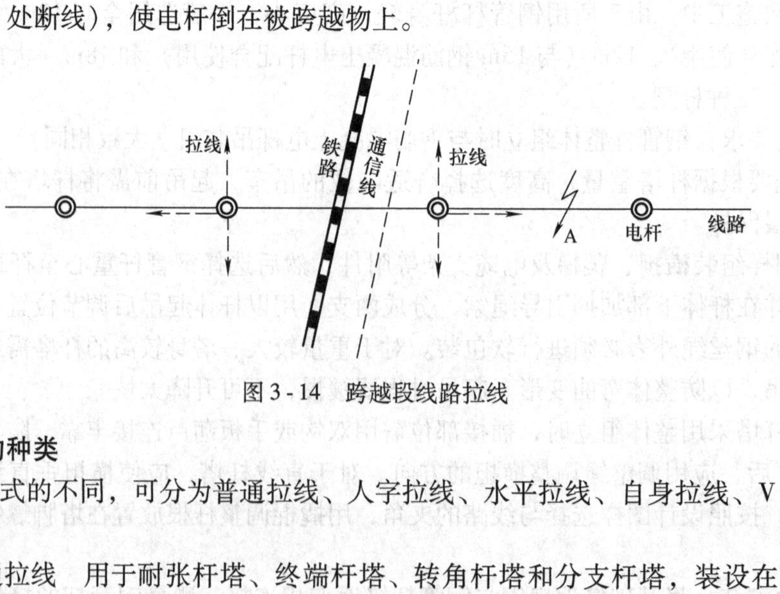

图3-14 跨越段线路拉线

2. 拉线的种类

按拉线形式的不同，可分为普通拉线、人字拉线、水平拉线、自身拉线、V形拉线及X形拉线等。

（1）普通拉线　用于耐张杆塔、终端杆塔、转角杆塔和分支杆塔，装设在电杆受力的反面，用以平衡电杆所受导线的单向拉力，如图3-15所示。对于耐张杆塔则在电杆顺线路方向前后设拉线，以承受两侧导线的拉力。

（2）人字拉线　用于交叉跨越和耐张段较长的线路上，以便使线路抵抗横线路方向上的风力，因此，有时也叫做风雨拉线或防风拉线，每侧与普通拉线一样，如图3-16所示。

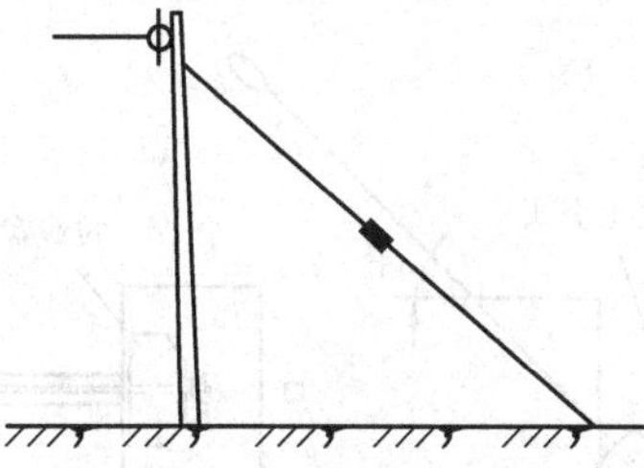

图3-15　普通拉线

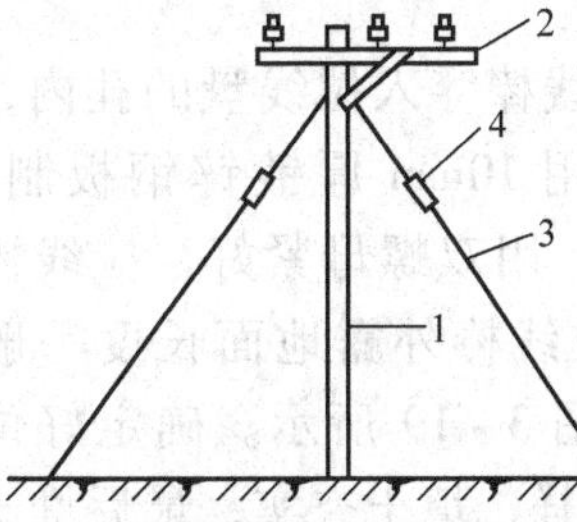

图3-16　人字拉线立面图

1—电杆　2—横担　3—拉线　4—拉线绝缘子

（3）水平拉线　当杆塔离道路太近而不能就地装设拉线时，则需在道路的另一侧立一基拉线桩。水平拉线应保持一定的高度，以确保交通安全，如图3-17所示。图中拉线与路面中心的垂直距离 h_1 应不小于6m，对地面高度 h_2 应不小于4.5m，拉线桩的埋深 h_3 为其全长的1/6。

（4）自身拉线　因地形限制不能装设拉线时，可以采用自身拉线。自身拉线就是在电杆中部加一拉线横担，在其上下加装拉线，以防电杆弯曲，如图3-18所示。

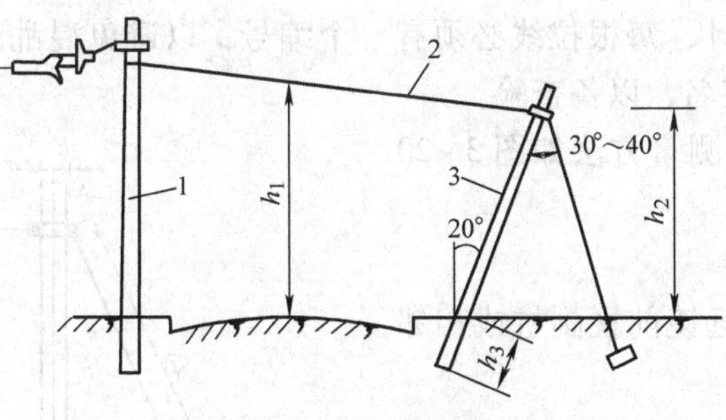

图3-17　水平拉线

1—电杆　2—拉线　3—拉线桩

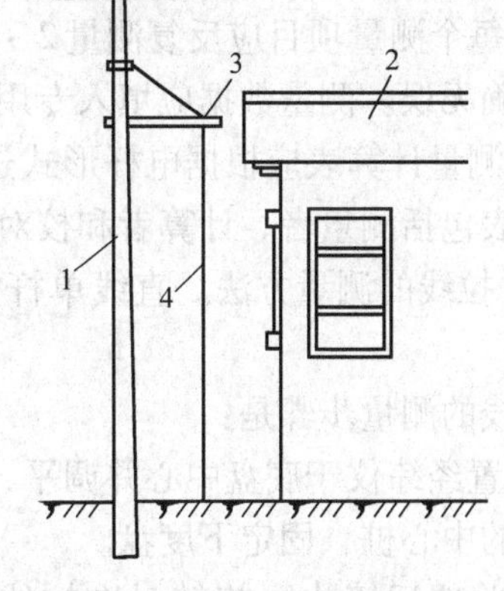

图3-18　自身拉线

1—电杆　2—房屋　3—拉线横担　4—拉线

（5）V形拉线　当电杆较高、横担较多且为多回线路时，常在拉线力的合力点上、下两处各装设一条拉线，其下部合为一条，构成V形。

（6）X形拉线　用于双杆受力较大的电杆，也叫做交叉拉线。

3. 拉线的制作安装

拉线的制作安装一般分为埋设拉线盘及下把、拉线长度的测量与计算、拉线的制作、拉线的上把固定、拉线的下把固定与调节、拉线组装及拉线绝缘子的安装等几个工序。

（1）埋设拉线盘及下把

1）清理拉线抗并复核坑深尺寸及位置是否正确，没有挖好拉线坑下把马道的要挖好马道，下把马道一般宽150mm即可，与地面角度一般为45°，或根据拉线的形式而定。

2）水平拉线要将拉线桩立好，并与地面成70°角，要保证拉线盘中心、拉线桩和电杆三点在一条直线上。

3）将下把拉线棒穿入拉线盘的孔内，垫好厚垫片（一般用10mm厚镀锌钢板制作，200mm×200mm），用双螺母紧好，拉线棒与拉线盘应垂直，拉线棒外露地面长度一般为500～700mm，如图3-19所示。确定好位置后，与电杆埋土一样，填土夯实，最后堆土高度为300mm。拉线棒在制作时已将心形环套入了端部的固定环内。

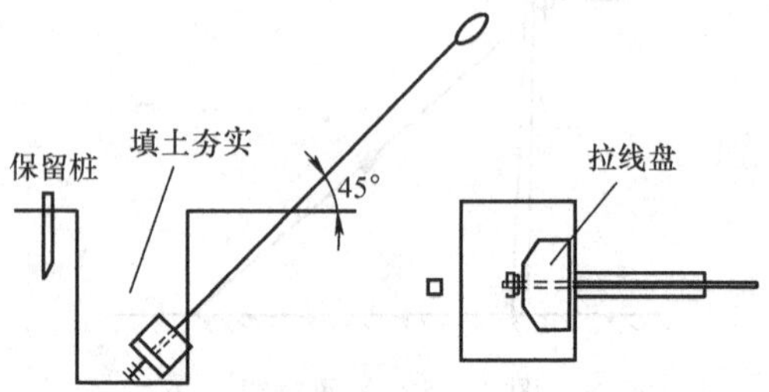

图3-19　埋设拉线盘及下把

（2）拉线长度的测量与计算　永久拉线（简称拉线）在制作前必须实地测量及计算后才可下料。拉线长度误差应控制在±50mm内，应准确测量、正确计算并精心制作（剪、弯及压等）。

1）拉线长度的测量要求。由于地形及构件的加工、安装等因素，各电杆的每根拉线长度都必须在电杆组立前实地准确测量后确定。

① 拉线棒位置的正确与否是保证拉线长度准确的关键因素，因此拉线测量前应复核拉线棒位置。

② 使用钢直尺时必须拉紧，测量水平距离时必须拉平。

③ 每个测量项目应反复测量2～3次（读数精确至mm），然后求其平均值，确保测量数据的准确无误。测量数据应填入专用的测量计算表中。

④ 测量计算表应根据电杆形式进行设计，每根拉线必须有一个编号，以避免混乱。测量计算表包括测量者、计算者和校对者的签名，以备查验。

2）拉线的测量方法。直线单杆拉线的测量方法如图3-20所示。

拉线的测量步骤是：

① 置经纬仪于底盘中心并调平，将望远镜前视副桩或相邻近电杆的中心桩，固定下度盘。

② 将望远镜水平旋转对准拉线棒，在拉线棒顶端处立塔尺，用经纬仪观测出高度差Δh。

③ 用钢直尺直接测量图3-20中的C值或通过测量高度差及水平距离后计算C值。

④ 用钢直尺直接测量电杆断面中心至拉线挂线孔中心的水平距离E和拉线挂线孔中心至杆根的垂直高度H（**需要注意的是：E是常数，H可能有变化。由于预应力钢筋混凝土电杆张拉后，杆段长度会有所变化，因此同一种杆形的不同基电杆，其H值会有所差别**）。

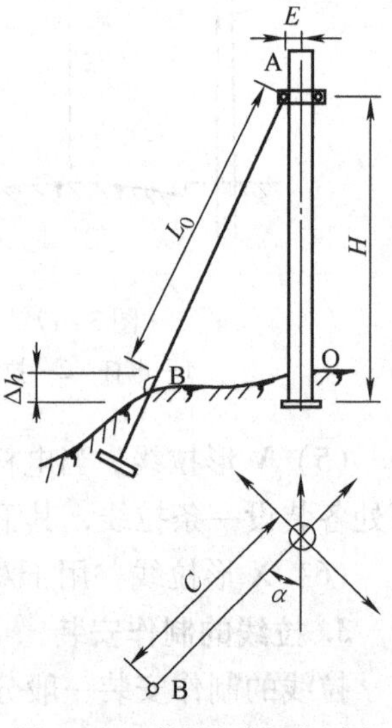

图3-20　拉线测量示意图

⑤ 测量拉线上、下把连接金具的有效长度，即在拉线中占有的长度。

3）拉线长度的计算思路。不管拉线有多少条，挂点位置怎样变化，都可以把拉线视为三角形的斜边，把拉线挂线孔与拉线棒顶的垂直高度差及相应的水平距离视做三角形的两个直角边，这样就可以利用勾股定理计算出拉线的长度了，用 L_0 表示，如图 3-20 中 A、B 两点间的拉线长度。

① 拉线下料长度用 L_x 表示。当拉线上、下把用压接管连接时，应在 L_0 的基础上减去上、下把压接管的有效长度；用楔形线夹连接时，除应减去上、下把楔形线夹的有效长度外，还应加上拉线回头的预留长度。

② 拉线制作长度用 L_z 表示。用压接管连接时，应在 L_0 的基础上减去连接件及上、下把的长度，划上印记，两印记之间为制作长度；用楔形线夹连接时，则应在拉线上、下端弯弧处划上印记，两印记之间即为拉线的制作长度。

在拉线测量计算表上应同时标明拉线的计算长度 L_0、下料长度 L_x 和制作长度 L_z，以使制作后复检。

4）拉线长度的计算程序。

① 计算拉线抱箍挂线孔中心 A 至拉线棒顶端 B 的垂直距离 H_1，有

$$H_1 = H + \Delta h$$

式中，Δh 为拉线盘圆槽底平面与拉线棒顶端间的高度差（mm），当拉线盘圆槽较高时取"+"，较低时取"-"号；H 为拉线抱箍挂线孔中心至拉线盘圆槽底面的垂直高度（mm）。

② 计算拉线抱箍挂线孔 A 至拉线棒顶端 B 的水平距离 S，有

$$S = C - E$$

式中，C 为电杆中心至拉线棒顶端的水平距离（mm）；E 为拉线抱箍挂线孔中心至电杆中心的水平距离（mm）。

③ 拉线的计算长度 L_0，有

$$L_0 = \sqrt{H_1^2 + S^2}$$

④ 拉线的制作长度 L_z 为

$$L_z = L_0 - L_{1.up} - L_{1.d}$$

当拉线上、下把为楔形线夹或 UT 型夹连接时，上式中 $L_{1.up}$、$L_{1.d}$ 分别为拉线弯弧处至拉线挂线孔、拉线弯弧处至拉线棒顶端的长度。

⑤ 拉线上、下把为楔形线夹连接时，则拉线的下料长度 L_{x1} 为

$$L_{x1} = L_0 - L_{1.up} - L_{1.d} + L_{h.up} + L_{h.d} \qquad (3-1)$$

式中，$L_{h.up}$、$L_{h.d}$ 为拉线弯弧处至拉线上、下尾端的回头长度，经验值为：$L_{h.up} = 500$mm，$L_{h.d} = 600$mm。

⑥ 当拉线上、下把均为可调式的压按管连接时，则拉线下料长度为

$$L_{x2} = L_0 - 2L_{2.up}$$

式中，$L_{2.up}$ 为上把线夹及连接金具的有效长度，应根据实际的 NLY 型线夹测量确定。

当拉线上把为不可调式的 NU 型或 NE 型楔形线夹连接，下把为可调式的 NUT 型楔形线夹连接时，拉线下料长度 L_{x1} 按式（3-1）计算。此时式（3-1）中的 $L_{1.up}$ 为拉线抱箍挂线孔至拉线上端弯弧顶点的长度，$L_{1.d}$ 为拉线棒顶至拉线下端弯弧顶点的长度，其经验取值见表 3-4。

表3-4 楔形线夹的 $L_{1.up}$、$L_{1.d}$ 经验取值

上把线夹型号	$L_{1.up}$/m	下把线夹型号	$L_{1.d}$/m
NE—1	0.052	NUT—1	0.220
NE—2	0.052	NUT—2	0.27933
NE—33	0.120		

（3）拉线的制作

1）拉线的材料。拉线常用钢绞线制作，有时也用直径为4mm镀锌铁线（也称8#线）制作。钢绞线的截面积不得小于$25mm^2$，镀锌铁线不得少于3股，拉线下把应比拉线上把多两股，每股受力都应均匀。

2）拉线金具。主要包括紧固金具、调整金具和连接金具三类。紧固金具有线夹式和压接式两种；调整金具有花篮螺栓及可调式楔形线夹等；连接金具有U形挂环、挂板及连板等。

3）拉线制作前的准备工作。

① 检查钢绞线的股数、直径及镀锌层等，不得有缺股、松股、交叉、折叠、硬弯、断股及锈蚀等缺陷。

② 检查拉线线夹及连接金具等是否符合设计要求。拉线金具不得有裂纹、砂眼、气孔、锌皮脱落及锈蚀等缺陷。

③ 应逐基逐根做好拉线长度的计算，并编写包括下料长度、制作长度等内容的拉线长度表，作为拉线制作的依据。

拉线制作有缠绕法和金具组合法，现在常用金具组合法，下面介绍两种用金具组合法制作拉线。

4）当拉线连接金具采用楔形线夹时，拉线的制作方法如下。

① 根据拉线的下料长度选一平坦地面，用同一钢直尺量好基准线，然后将钢绞线沿基准线摆平、拉直（用紧线器收紧），用钢直尺测量出割线位置及回弯点位置（用制作长度控制）并标记划印，然后用20#镀锌铁线将其端部绑牢后割断。下料后的拉线应及时挂上标签，注明桩号、安装位置及下料长度。

② 钢绞线由楔形线夹出口端穿入，线夹的凸肚必须在断头侧，严禁断头侧在凸肚的对侧。

③ 测量拉线回弯点，利用回弯器或直接用手将钢绞线弯成心形的弧形。拉线回弯点必须位于弯弧的顶点，拉线的弯曲部分不应有明显的松股。然后修整拉线，使弯曲形状与线夹舌板弧形面相吻合。

④ 塞上舌板，连同钢绞线一同推出线夹槽。在线夹出口处垫以硬木板，用小锤敲打，使舌板和钢绞线与线夹槽紧密贴合。

⑤ 同组拉线使用两个线夹时，其线夹的尾线端方向应统一。

⑥ 拉线的尾线与本线并拢后用14#镀锌铁线绑扎两道。第一道应靠近线夹出口处，第二道应距拉线尾线末端20mm。每道绑扎长度为40~60mm。绑扎线表面及拉线尾端应先刷红丹，然后再刷灰漆防锈。制作好的拉线应盘成捆，并用铁线绑好，挂上标签，分基堆好。

5）当拉线连接金具采用压接式时，拉线的制作方法如下。

① 将钢绞线连接部位的表面、连接管内壁用有机溶剂清洗干净后，把钢绞线端头穿至压接管的锚固端管底。

② 压接方式可采用液压或爆压等方法。当采用液压时，顺序是由压接管管底处向管口进行，压模的重叠部分应为5～8mm。

③ 压接后的连接管应符合下列要求。

a）使用精度不低于0.1mm的游标卡尺测量压接后的尺寸。对压后呈正六边形的液压管，压缩后两平行边间的尺寸必须为液压管原外径的0.866倍，其允许误差为+0.3mm和－0.2mm。

b）应锉平并用砂布磨光毛刺及表面烧伤处。

c）爆压管爆后出现裂纹或穿孔必须割断重接。

d）连接管因压接而发生弯曲时，其弯曲度应不大于2%，若大于2%时允许校正，压接后或压弯校正后的连接管不得有裂纹或明显的锤痕，若出现裂纹则必须割去重压。

e）压接后的连接管表面应涂防锈漆。

（4）拉线的上把固定　拉线的上把固定是指拉线与电杆上的拉线板及抱箍的紧固。固定方式是将线夹直接与拉线板或抱箍连接，也有用连接金具组装后进行安装的。这种固定方式的优点是零件转动灵活，常用的拉线上把固定方式如图3-21a所示。

（5）拉线的下把固定与调节　拉线的下把固定是指将拉线下把紧固后经调节金具连接到拉线盘上。当调节金具采用UT型线夹时，其U形螺栓直接与拉线盘的圆钢环相连接；当采用花篮螺栓时，常选用可以直接与圆钢环连接的一种，以减少连接金具。常用的拉线下把紧固方式如图3-21b所示。

紧固拉线的金具对钢绞线应有足够的握着强度，其握着强度应不小于被紧固钢绞线计算拉断力的90%。

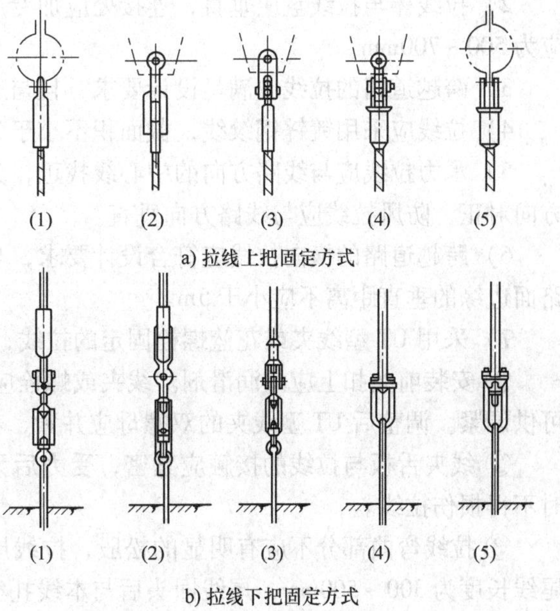

a) 拉线上把固定方式

b) 拉线下把固定方式

图3-21　拉线的固定方式

（6）拉线组装　常用的拉线组装方式有压接式和线夹式。拉线组装图如图3-22所示。

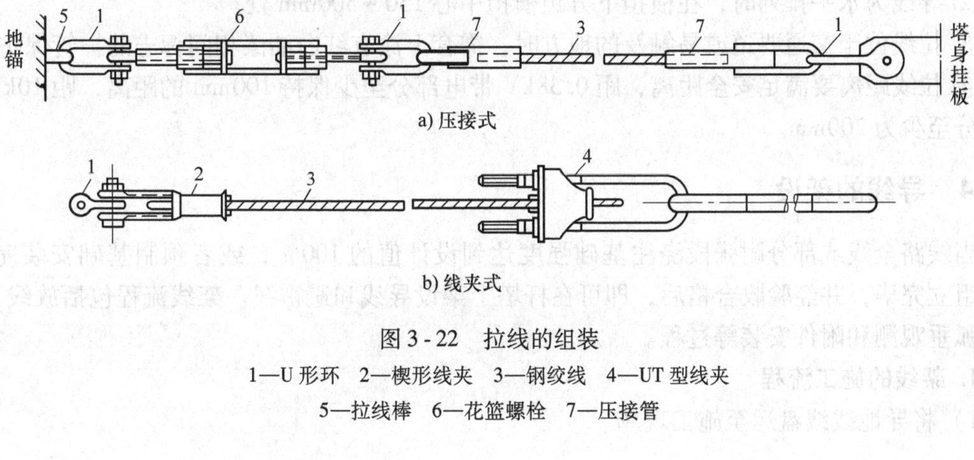

a) 压接式

b) 线夹式

图3-22　拉线的组装

1—U形环　2—楔形线夹　3—钢绞线　4—UT型线夹

5—拉线棒　6—花篮螺栓　7—压接管

（7）拉线绝缘子的安装　混凝土电杆的拉线一般不装设拉线绝缘子，若拉线从导线之间穿过，则拉线中间应装设拉线绝缘子。在断线的情况下，拉线绝缘子距地面应不小于2.5m。拉线绝缘子的安装如图3-23所示。在安装位置按规定尺寸将拉线剪断，然后将拉线的两端头分别从拉线绝缘子的两孔穿过约1.2m，各自折回与拉线合并后，采用自缠法将两端缠牢。

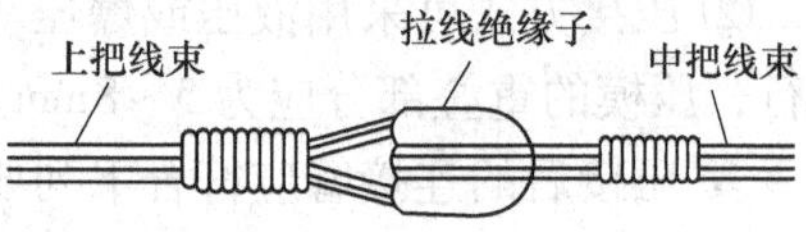

图3-23　拉线绝缘子的安装

（8）安装规定

1）安装后拉线棒和拉线与地平面夹角宜为45°，不得大于60°，10kV及以下架空线路偏差不应大于3°。

2）拉线棒与拉线盘应垂直，连接处应加专用垫并采用双螺母，其外露地面部分的长度应为500~700mm。

3）跨越道路的拉线应满足设计要求，且与通车道路边缘的垂直距离不应小于5m。

4）拉线应采用镀锌钢绞线，截面积不小于25mm²，应有防撞措施。

5）承力拉线应与线路方向的中心线找正，分角拉线（用于转角杆塔）应与线路分角线方向对正，防风拉线应与线路方向垂直。

6）跨越道路的横向拉线应符合设计要求，与通车路面中心的垂直距离不应小于6m，与路面边缘的垂直距离不应小于5m。

7）采用UT型线夹或花篮螺栓固定的拉线，安装时应符合下列要求。

① 安装前丝扣上应涂润滑剂。线夹或螺栓应露扣，其长度不应小于螺杆丝扣的1/2，且可供调紧。调整后UT型线夹的双螺母应并紧，花篮螺栓应封固。

② 线夹舌板与拉线的接触应紧密，受力后无滑动现象，线夹的凸肚应在尾线侧，安装时不得损伤拉线。

③ 拉线弯曲部分不应有明显的松股，拉线尾端与拉线主线应可靠固定，线夹处露出的尾线长度为300~500mm，尾线回头后与本线扎牢。

④ 当同一组拉线使用双线夹并采用连板时，其尾线端的方向应统一。

8）拉线固定与电杆上的位置应符合下列规定。

① 导线为三角形排列时，在横担上方距横担中心150~300mm处。

② 导线为水平排列时，在横担下方距横担中心150~300mm处。

③ 拉线位于交通要道或易触及的地方时，需套上涂有红白油漆相间标志的护管保护。

④ 拉线距离要满足安全距离，距0.38kV带电部分至少保持100mm的距离，距10kV带电部分至少为200mm。

3.3.4　导线的架设

当线路全线或部分耐张段浇注基础强度达到设计值的100%，或者预制基础安装完成，杆塔组立完毕，并经验收合格后，即可在杆塔上架设导线和避雷线。架线流程包括放线、紧线、弧垂观测和附件安装等过程。

1. 架线的施工流程

1）将导地线线盘运至施工现场。

2）从起点直接将导地线或用牵引绳，按次序穿过耐张段各基杆（塔）上的滑轮。

3）将导地线用耐张线夹固定到耐张段一端的终端杆塔、耐张杆塔或转角杆塔上。

4）用牵引设备以合适的弧垂把另一端用耐张线夹固定到终端杆塔、耐张杆塔或转角杆塔上。

5）用悬垂线夹把导线固定到直线杆塔的悬式绝缘子下端，或者把导线绑扎到针式绝缘子及蝴蝶式绝缘子上，并安装相应的附件。

6）导地线的中间连接。

2. 放线

放线一般从始端开始，在耐张段放线，距离较短时可放到转角杆塔或分支杆塔。

（1）放线前需完成的工作

1）放线之前应认真做完杆塔的消除缺陷工作，对影响强度记录在案的缺陷，必须完成消除缺陷才能进行架线施工，设专人对于已组立的杆塔做完整性检查，有丢失的补齐。

2）在每基经过的杆塔上安装放线滑车，对于需要临时加固的杆塔做临时拉线。

3）安装接地线，所有设计有接地线的杆塔在架线前必须安装完成，并经过验收达到合格标准。

4）凡是放线经过的各种障碍物，如交通道路、电力线路、通信线路及特殊的管道要进行跨越架的搭设，在搭设跨越架时需与被跨物的主管单位取得联系，获得批准，并保证与被跨物的安全距离。

5）按照施工组织设计所制定的架线要求设置线盘。平整场地，清除障碍物。设置各侧紧线施工时的临时地锚。

6）做好放线的组织工作，确保放线工作的顺利进行和人身、设备的安全，细致安排工作，对各岗位应指定专人负责，并将工作任务交代明确。

7）检查通信装置的效果，放线时的通信极其重要，各重要侧要准备备用的对讲机，以防个别损坏。

（2）跨越架搭设　常用的跨越架有三种，一种是单面跨越架，跨越低压配电线路、通信线路及光缆线路常采用这种形式；二是双面跨越架，双面跨越架主要用在跨越较宽的公路、铁路、多回通信线路以及电压等级较高的输电线路等；三是桁架式跨越架，这种跨越架适用在较高的电气化铁路上。跨越架示意图如图3-24所示。

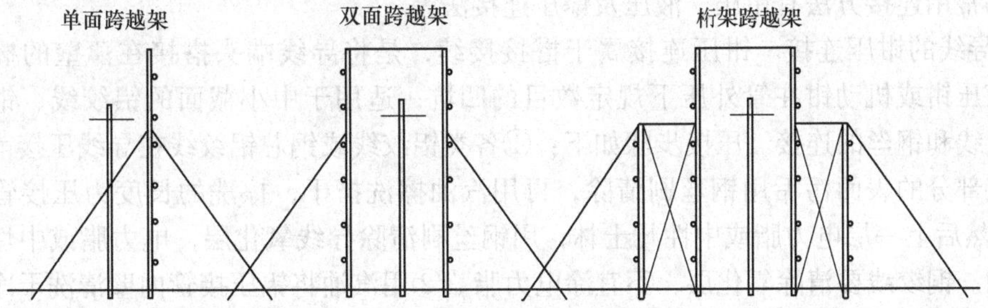

图3-24　跨越架示意图

（3）导地线的展放　在架空送电线路施工中，常用的放线方法有两种，即普通拖地放线法和张力放线法。

1）拖地放线。在110kV及以下的线路上常采用拖地放线，这种方法不需要购置昂贵的张力放线机，但对于地面走廊内的农作物损伤较大，易磨损导线，需要使用很多人力，地面拖线的放线方法一般是采用人力或机械牵引。拖地放线示意图如图3-25所示。

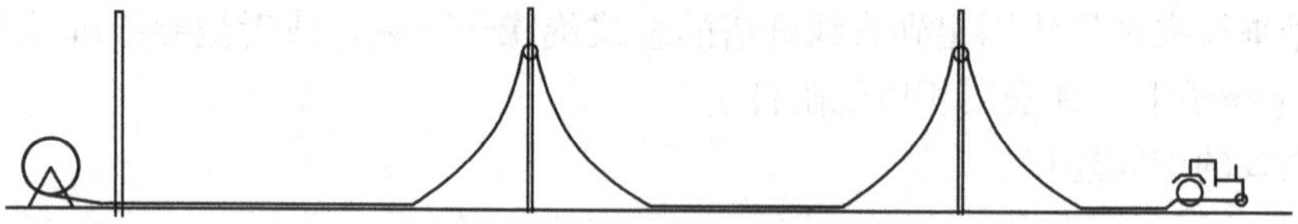

图3-25 拖地放线示意图

其放线过程是从线盘的起点采用人力或机械牵引导地线前进，在经过杆塔时停车，由人工穿过导地线滑车后，继续牵引前进，直至到达终点。

拖地放线的注意事项：①在导线经过的各个关键点，如路口、跨越架、河流、果园及易损伤导线的岩石棱角处设专人持通信工具看守，以防发生意外。②放线经过的路径较长，各相关班组要明确通信信号，保持畅通，并设专人指挥。③对磨损导线的地点，可用较柔软的物品保护导线不受损伤。④在过滑车时要注意监视导线的接头，防止导线挂住滑车而倒杆。⑤用机械牵引放线时，驾驶人员要注意信号，防止发生断线和倒杆的危险。

2）张力放线。220kV及以上线路常采用张力放线法。张力放线法是导地线通过牵引绳，不经过地面的摩擦，从空中放至耐张段的另一侧。方法是两端通过牵张机械对经过线路的导线施加一定张力，使导线悬空经过走廊放线。其优点是使用人工较少，导地线的磨损较少，对导线的损伤小，电晕损耗小，不会对农作物造成损伤，但设备价格较高。在配电网线路一般不使用张力放线。

3. 导地线的连接

在架空线路的施工过程中，由于线盘的长度小于耐张段的长度，或出现了规程中规定的必须重接的情况，导地线必须进行接续工作。

（1）导线的连接要求　对于在线档中间的接头，要求其既能承受导线的拉力，又能很好的传导电流，接触电阻宜小；对另一种跳线接头，因其不承受拉力，只要求接触良好，能很好地传导电流即可。

（2）导线的连接方法　在架空线路施工中，导地线的连接方法有多种。高压配电线路导地线的常用连接方法有钳压、液压及爆压连接法等。

1）导线的钳压连接。钳压连接属于搭接接续，是将导线端头搭接在薄壁的椭圆形管内，以液压钳或机动钳在管外压下规定数目的凹坑，适用于中小截面的铝绞线、钢芯铝绞线、铜绞线和钢丝的连接。压接步骤如下：①各类铝绞线或钢芯铝绞线在导线压接前，应将导线连接部分的表面污垢用钢丝刷清除，再用汽油擦洗揩干，擦洗的长度为压接管长度的1.2倍，然后上一层电力脂或中性凡士林，用钢丝刷清除导线氧化层，电力脂或中性凡士林不应清除。铜绞线要清除氧化层，不宜涂电力脂。②用汽油将铝压接管内壁清洗干净。③将净化后的导线从两端塞入已净化的连接管中，两端露出30～50mm。④在压接前应检查连接管是否与导线为同一规格，连接管有无裂纹毛刺，是否平直，其弯曲度不得超过1%；钢模是否与导线为同一规格，两端塞入导线的方向是否正确，如钢芯铝绞线应特别注意有无衬垫，衬垫和导线的露出长度是否符合要求。导线的塞入方向应从管上缺印记的一侧插入，从另一端有印记的一侧露出，如图3-26所示。⑤检查无误后，即可放进钢模内，自第一模开始按次序顺序钳压，铝绞线和铜绞线的连接管压接顺序是从管端开始，依次向另一端上下交错钳压，如图3-27所示。钢芯铝绞线连接管应从中间开始，依次先向一端上下交错钳压，再从中间向另一端顺序上下交错钳压，导线端头处连压两道，如图3-28所示。⑥压接模数及凹槽深度和各部尺寸，应符合表3-5~表3-7的要求，压接后尺寸的允许误差是铝、铜钳接管均为±0.5mm。

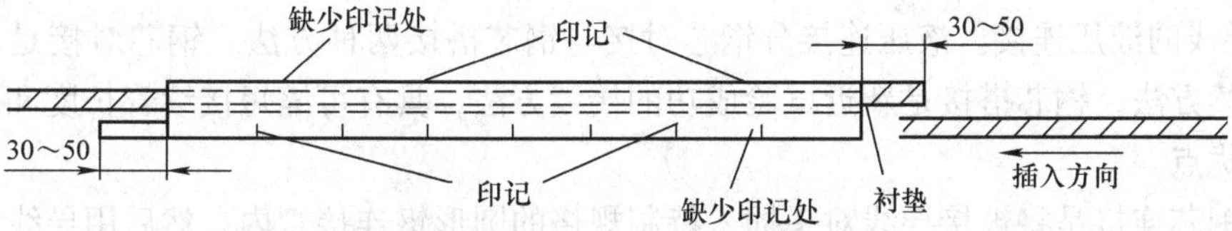

图3-26　钳压管插入示意图

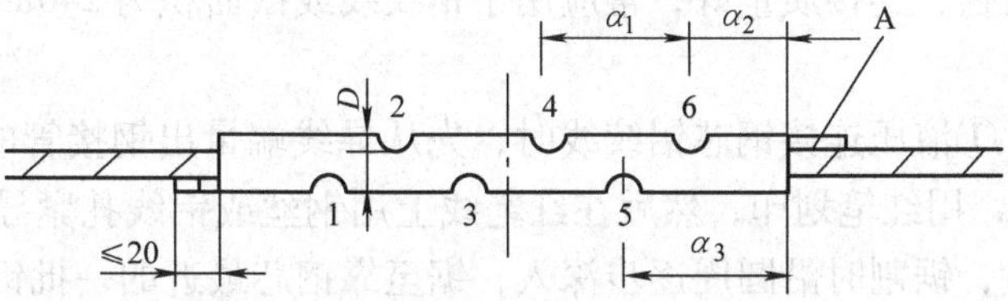

图3-27　铝绞线、铜绞线压接示意图

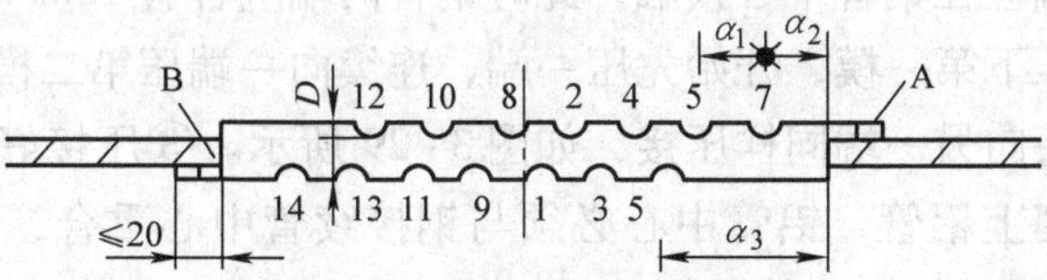

图3-28　钢芯铝绞线压接示意图

表3-5　钳压式压接管的压接模数

截面积/mm^2	16~35	50~70	95	120~150	185
铜芯铝绞线	6	8	10	10	10
钢芯铝绞线	14	16	20	24	26

表3-6　钳压式压接管的压接间距　（单位：m）

截面积/mm^2	50	70	95	120	150	185
α_1	40	44	48	52	56	
	38	46	54	62	64	
α_2	25	28	32	33	34	
	48	54	62	68	70	
α_3	45	54	52	59	62	
	106	124	142	160	166	

表3-7 钳压式压接管的压坑深度 （单位：m）

截面积/mm^2	50	70	95	120	150	185
铜绞线	17.5	20.5	24	27.5	31.5	35.5
铝绞线	16.5	19.5	23	26	30	33.5
钢芯铝绞线	20.5	25	29	33	36	39

2）导线的液压连接。液压连接分钢芯对接与钢芯搭接两种方法。钢芯对接是众所周知的习惯接续方法，钢芯搭接是新近试验成功的接续方法，具有可缩短接续管长度和减小压缩工作量的优点。

对接钢芯连接是将被接导线对头插入特制规格的圆形钢连接管内，然后用导线压接机及其钢模按照规定的压接顺序，将导线和连接管压接成一体，然后再套入铝接管，继续压接，这种方法连接速度较快，连接质量好，常应用于钢绞线或截面积为240mm^2及以上的钢芯铝绞线的连接。

压接步骤如下：①液压连接钢芯铝绞线时，先从导线端量出钢接管的一半长度加10mm处（预留压延长度），用红笔划印，然后在红笔线上用钢丝或铝线扎紧导线，齐红线后用钢锯锯去所有铝质线股，锯割时沿圆周逐步深入，锯至靠钢芯最近的一批铝股时，只能锯到此批铝股的一半深度，再用手将此批铝股折断，以防钢锯损伤钢芯。②套入铝接续管，再将钢芯插入钢接续管，两端应在钢管中心接触，此时钢管两端应各有10mm空隙，放入液压机钢模内，先在钢管中心压下第一模，开始先压一端，连续向一端压第二模、第三模，压完一端以后，再从中间第一模向另一端同样压接，如图3-29所示。③压接好钢接续管后，将导线压接部分清洗净化，套上铝管，铝管中心必须与钢接续管中心重合，这时在铝管外进行液压，铝管与钢管重叠部分不压，压接顺序是由重叠处两端各让出10mm处开始压第一模，分别向两端进行，压完一端再压另一端，如图3-30所示。

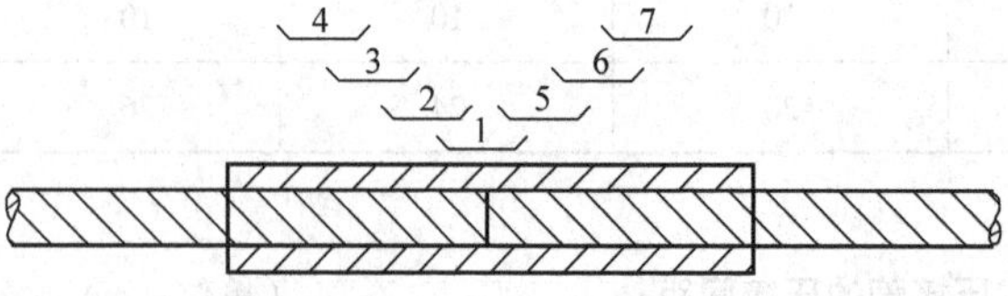

图3-29 钢线压接顺序

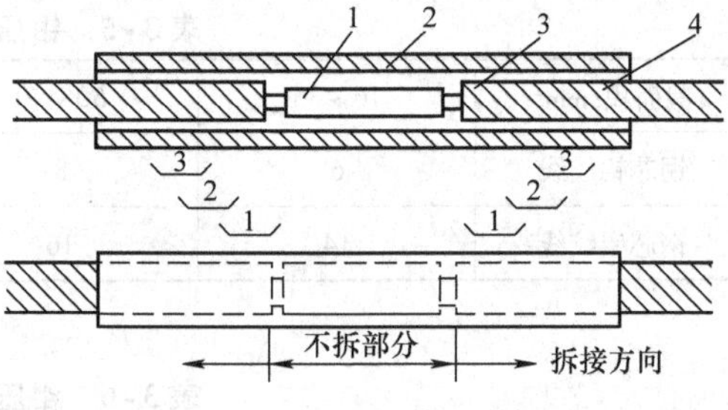

图3-30 线压接示意图

1—钢管 2—铝管 3—钢芯 4—导线

钢芯搭接液压接续时，先将钢芯端头搭接于薄壁无缝钢管中，搭接时钢芯必须散股，搭接后填充两根单股钢丝，然后进行液压，其压缩方法与常规液压方法相同。

3）爆压连接。爆压连接是在连接管内装上定量炸药，在其爆炸瞬间所产生的高压气体作用下，将其产生塑性变形，将导线连接起来，由于这种方法对环境影响较大，一般不再使用。

4. 紧线

放线工作的下一道工序是紧线，紧线是把导地线按设计的弧垂固定在耐张段两端的终端杆塔、耐张杆塔或转角杆塔上。

（1）紧线方法　紧线方法通常有单线法、二线法和三线法三种，如图3-31所示。施工时可根据具体情况采用。

1）单线法。即一线一紧的方法。当导线截面积较小而耐张段不大时，可采用人力或畜力做牵引动力。其施工简单，但施工进度慢，紧线时间长。

2）二线法。即同时紧两根线。

3）三线法。即一次同时紧三根线。

二线法和三线法的优点是施工进度快，但所需工具多，准备时间长，效果并不理想，所以使用较少。

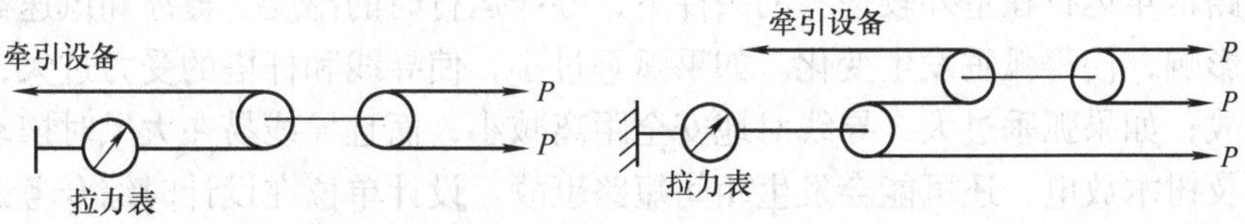

图3-31　紧线方法

（2）紧线前需完成的工作

1）两端的杆塔安装临时拉线，已安装的要重新检查调整，以防杆塔受力后侧倾或倒杆。

2）全面检查导地线的情况，防止将不合格的导地线安装到线路上。

3）在耐张段内清除障碍物，检查有无可能挂住导线的树枝、构筑物等。

4）检查紧线通信设备的运行情况，在跨越线和各路口设专人看守，保持通信畅通。

5）设专人持通信工具监护导线的接头过滑车的过程。

6）弧垂观测板已安装完成，观测人员已准备就绪。

7）牵引设备和所用的紧线工具及所需的金具已准备完毕。

（3）紧线操作　架空配电线路没有分裂导线，采用单线法紧线。紧线的次序为先架空地线，后紧导线，先紧中间线，后紧两边线。

架空配电线路一般从耐张段的两端进行挂线和紧线的作业。下面介绍紧线的操作步骤，如图3-32所示。

1）在挂线的一端，施工人员在无张力的情况下在导线和地线上安装耐张线夹、保护金具及绝缘子串，并固定到杆塔上。

2）紧线端把导地线用卡线器连接到牵引钢丝绳上，并连接到绞磨上紧线。

3）导地线拉紧到设计弧垂时，让操作人员在挂线点处做标记，并放松导地线至地面。

4）地面操作人员在导地线上量出金具串及绝缘子串的长度，扣除后切断，安装耐张线夹及保护金具，连接金具串及绝缘子串。

5）牵引机械再次牵引带有金具串及绝缘子串的导地线至杆塔上挂线点处，由杆塔上施工人员通过螺栓固定到杆塔上。

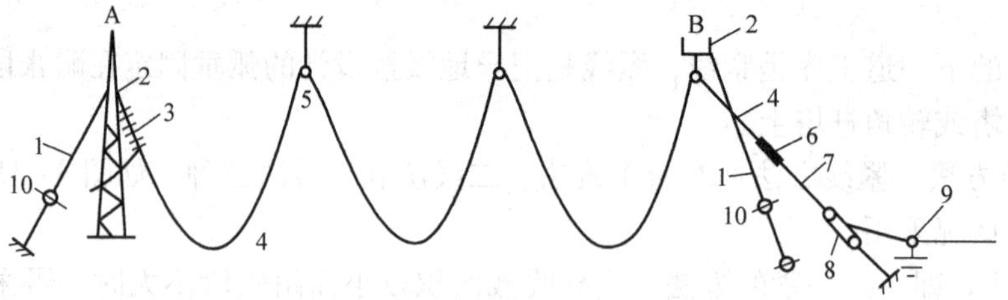

图 3-32 拖地放线紧线

1—临时拉线 2—耐张杆塔横担 3—耐张绝缘子串 4—导线 5—放线滑车
6—卡线器 7—紧线牵引绳 8—复滑车组 9—转向滑车 10—手板葫芦

5. 弧垂观测

架空线路常年运行在室外较恶劣的条件下，导线运行时的温度、覆冰和风速都会对导线的张力造成影响，使得弧垂发生变化。如果弧垂过小，使导线和杆塔的受力过大，易引起断线或倒杆事故；如果弧垂过大，导线对地安全距离减小，而且导线易在大风时摆动，可能对临近的建筑及树木放电，还可能会发生相间短路事故。设计单位在设计时综合考虑了当地气候条件对线路各元件的影响，施工图中给定了当地相应环境各种温度下代表档距的弧垂。施工时要按照设计给定的弧垂紧线施工，才能保证在各种条件下线路的安全运行。

（1）代表档距的计算 在计算观测档弧垂时，是用观测档档距与代表档距相比较运用函数计算而来的。施工平断面图上每个耐张段都标有代表档距，如果计算弧垂时耐张段内的各档档距都没有变化，就可以按照图中标明的代表档距来计算观测档弧垂，如果实际施工过程中，一些档距会因为某些原因而调整，这就会使得代表档距发生变化，如果还用原来的代表档距计算弧垂，其结果是不准确的，需要重新计算代表档距。

（2）弧垂观测档的选择 线路通常由若干个耐张段构成，每个耐张段由一个或多个档组成，在连续档中并不需要对每个档都进行弧垂观测，而是选择一档或几档，由于每档的档距、高差不尽相同，合理地选择观测档不仅能提高观测的精度，还可以方便施工。紧线施工前，施工单位需根据平断面图中的技术数据和现场实际情况选择弧垂观测档。

选择弧垂观测档一般遵循以下几个原则：

1）对于档数少于 6 档的连续档，取居中的档为观测档，目的是减小滑车阻力对弧垂的影响。对于 6 ~ 12 档的较长连续档，把耐张段均分成两段，每小段的中间取一个观测档。

2）超过 12 档的在中间和两端选三个观测档。

3）选取导线悬点高差较小的档，这样可以减小高差对弧垂精度的影响。

4）选取连续档中档距较大的档作为观测档，可提高弧垂观测的精度。

5）观测档的数量可以适当增加。

（3）观测档弧垂的计算 观测档弧垂的计算分为有高差计算和无高差计算，施工弧垂验收时允许有 0.5% 的误差，当导线悬点高差大于等于观测档档距的 15% 时，要按有高差计算，当导线悬点高差小于观测档档距的 15% 时，按无高差计算，这样方可满足工程的精度要求。

悬点等高的弧垂计算公式为

$$f = f_{\mathrm{d}}\left(\frac{l}{l_{\mathrm{d}}}\right)^2 \tag{3-2}$$

式中，f是观测档弧垂（m）；f_d是代表档距的弧垂（m）；l是观测档档距（m）；l_d是代表档档距（m）。

悬点不等高的的计算公式为

$$f = f_d\left(\frac{l}{l_d}\right)\left[1 + \frac{h^2}{2l^2}\right] \tag{3-3}$$

式中，h是悬点高差（m）；其他参数含义同式（3-1）。

例3-1 某10kV配电线路中，某耐张段代表档距为60m，在温度为20℃时，代表档距弧垂为0.922m，观测档档距为70m，观测档档距高差为6m，试计算该温度时的观测档弧垂。

解： 悬点高差h为6m，6/70=0.086小于0.15，采用悬点等高的计算方法。

$$f = f_d\left(\frac{l}{l_d}\right)^2 = 0.922 \times \left(\frac{70}{60}\right)^2 \text{m} = 1.26\text{m}$$

（4）弧垂观测方法的选择 架空线路的弧垂观测方法因电压、地形、施工方法及气象条件的不同而有很多种方法，主要有等长法、异长法、角度法和平视法等。在实际的操作中为了施工方便，不受档距和高差的测量误差引起的影响，减小计算的工作量，一般首先采用等长法或异长法。在施工现场条件受限时，可采用角度法，由于配电线路的档距和高差都较小，最常采用的方法就是等长法，本节主要介绍较简单的等长法和异长法，其他的方法由于不经常使用，不作一一介绍。

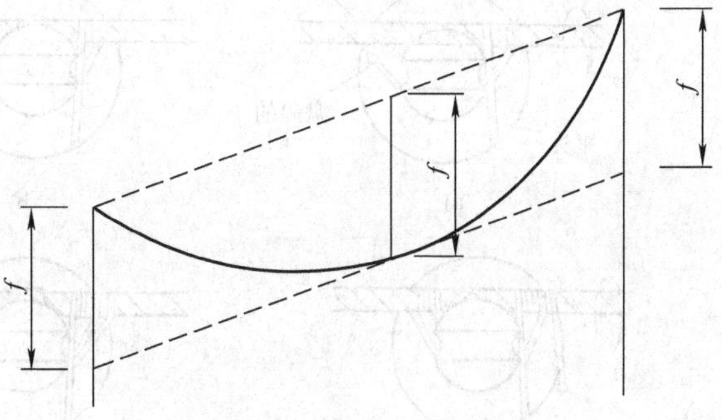

图3-33 弧垂观测的等长法

1）等长法。等长法也称为平行四边形法，是最简单常用的方法，其原理图如图3-33所示。

等长法观测弧垂的步骤如下：按观测档弧垂的计算方法计算出观测档弧垂；在观测档两侧杆塔的滑车中导线的位置，向下量取和观测档弧垂相等的铅垂距离，并装设弧垂观测板；调整紧线牵引车的拉力，使导线与两观测板的连线相切，固定导线；重复以上步骤完成其他相导线的弧垂观测。

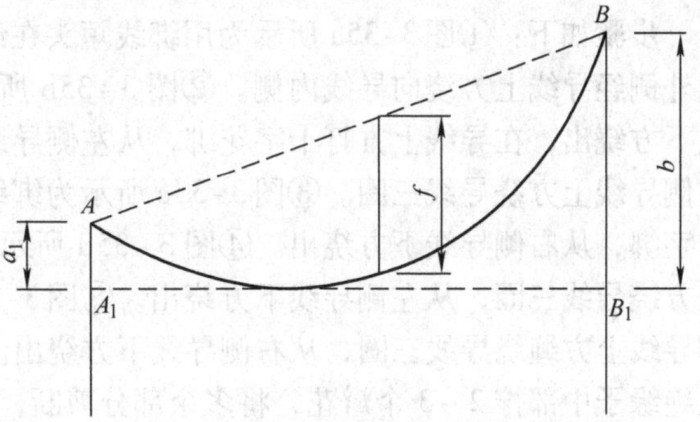

图3-34 弧垂观测的异长法

2）异长法。异长法由于在观测档两端杆塔上的悬点下降距离不等而得名，适合观测悬点高差较大的观测档，观测原理如图3-34所示，图中下面的虚线为架空线的一条切线。

从两端悬点向下量取的距离分别为a和b，它们和弧垂的关系为

$$\sqrt{a} + \sqrt{b} = 2\sqrt{f}$$

由上式得

$$b = (2\sqrt{f} - \sqrt{a})^2 \tag{3-4}$$

当取定合理的 a 值后，利用上式可以很方便地求出 b 值。

异长法安装弧垂观测板的距离与等长法不同，但观测和紧线的步骤与等长法是相同的。

例 3-2　某观测档的弧垂计算值为 3.5m，取 $a=2$m，在用异长法观测弧垂时，求 b 的值。

解：
$$b = (2\sqrt{f} - \sqrt{a})^2 = (2\times\sqrt{3.5} - \sqrt{2})^2\text{m} = 5.42\text{m}$$

6. 附件安装

附件安装是架线工作的最后工序，根据其设计的不同，主要工作包括针式绝缘子的绑扎、悬垂线夹的安装、防振锤的安装及跳线安装等。

紧线完成后，导地线的两端固定到了耐张段两端的杆塔上，但在耐张段内的直线杆塔上，导地线是通过放线滑车悬挂在杆塔上的，需要人工用工具、设备把滑车上的导线固定在绝缘子上。对于针式绝缘子或直立瓷横担绝缘子，导线应安装在其顶槽内；对于水平瓷横担绝缘子，导线应安装在其端部的边槽上；采用绝缘子串悬挂导线时，必须使用悬垂线夹。

（1）导线在针式绝缘子上的固定

1）针式绝缘子颈扎方法如图 3-35 所示。

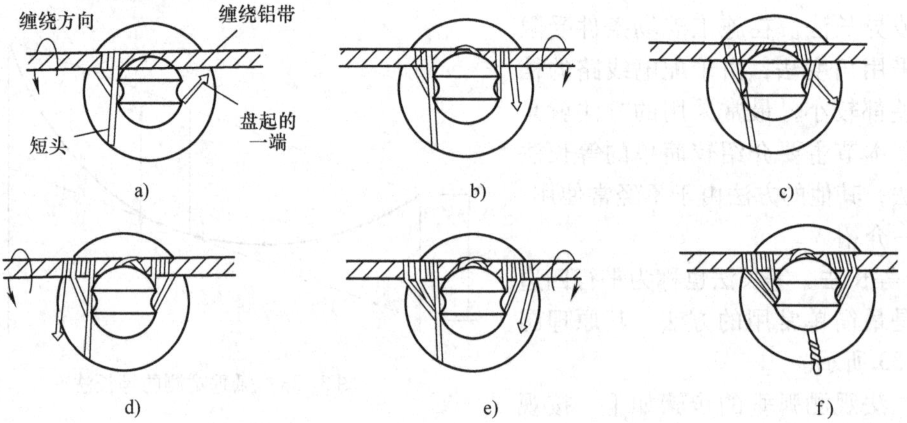

图 3-35　针式绝缘子的颈扎法

步骤如下：①图 3-35a 所示为用绑线短头在绝缘子左侧导线上缠绕三圈，其方向是自导线外侧经导线上方绕向导线内侧。②图 3-35b 所示为绑线长头在绝缘子顶槽内侧从右侧导线下方绕出，在导线上方打十字花绑，从左侧导线下方绕出，绑线长头在绝缘子顶槽内侧从右侧导线上方绕导线三圈。③图 3-35c 所示为绑线长头在绝缘子顶槽内侧从左侧导线上方绕十字绑，从右侧导线下方绕出。④图 3-35d 所示为绑线长头在绝缘子顶槽内侧从左侧导线上方绕导线三圈，从左侧导线下方绕出。⑤图 3-35e 所示为绑线长头在绝缘子顶槽内侧从右侧导线上方缠绕导线三圈，从右侧导线下方绕出。⑥图 3-35f 所示为将绑线长头与绑线短头在绝缘子中部拧 2~3 个辫花，将多余部分剪断，然后压平。

2）针式绝缘子顶绑方法如图 3-36 所示。

步骤如下：①图 3-36a 所示为用绑线短头在绝缘子左侧导线上缠绕三圈，其方向是自导线外侧经导线下方向上绕导线三圈，自导线下方绕出。②图 3-36b 所示为绑线长头在绝缘子顶槽内侧继续绕绝缘子一圈半后，在导线下方穿出，在绝缘子顶部打十字。③图 3-36c 所示为绑线长头在绝缘子顶槽内侧继续绕绝缘子半圈后，从导线的下方绕出，在导线上缠绕三

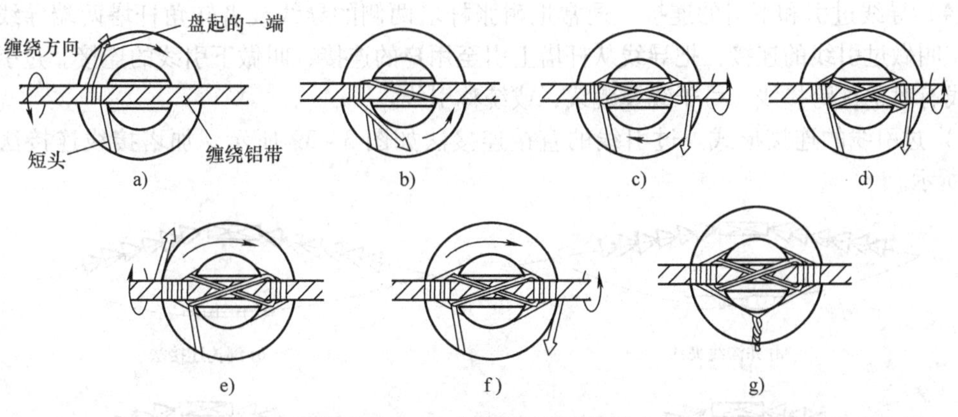

图3-36 针式绝缘子的顶绑法

圈。④图3-36d所示为绑线长头从导线下方绕出，在绝缘子顶槽内侧继续绕绝缘子半圈后，从导线的下方绕出，在导线上交叉绑十字。⑤图3-36e所示为绑线长头在绝缘子顶槽内侧继续绕绝缘子半圈后，从导线左侧的下方绕出，在导线左侧上缠绕三圈。⑥图3-36f所示为绑线长头在绝缘子顶槽内侧继续绕绝缘子半圈后，从导线左侧的下方绕出，在导线左侧上缠绕三圈。⑦图3-36g所示为将绑线长头与绑线短头在绝缘子中部拧2~3个辫花，将多余的部分剪掉，然后压平。

（2）导线与悬垂线夹的连接 一般采用手板葫芦起吊导线，把放线滑车取下，在绝缘子的正下方导线上做标记，从标记的位置向两个方向缠绕铝包带，铝包带缠绕要紧密，两边长出悬垂线夹1~2cm，并回缠至线夹内压住。将打开的线夹套在已缠绕的铝包带中心，并用螺栓连接好绝缘子，用悬垂线夹的U形螺钉及压盖压好导线，完成导线与线夹的固定。

（3）防振锤的安装 根据设计的不同，有些线路需要安装防振锤，直线杆塔从悬垂线夹中心向两边量取距离 l（由设计给出）至防振锤的中心，如图3-37所示。耐张杆塔由耐张线夹螺栓中心向两边量取安装距离 l，如图3-38所示。导线固定处缠绕1~2层铝包带，露出15~30mm，拧紧螺钉，必需加装弹簧垫，安装误差应小于30mm。防振锤安装后应在导线下方同一垂直面内，夹板缺口的方向两边相线向内，中相线向右。

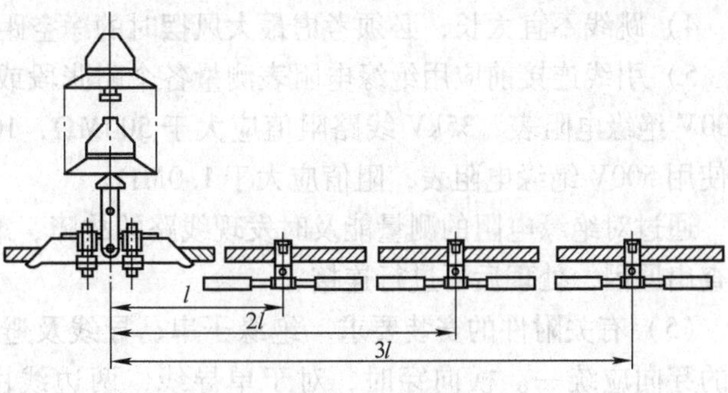

图3-37 直线杆塔防振锤的安装

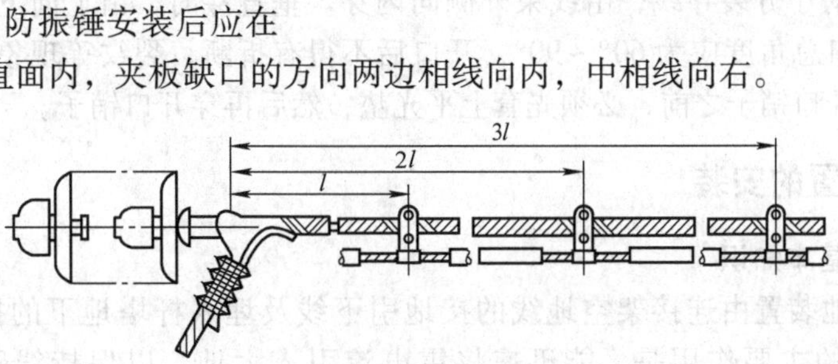

图3-38 耐张杆塔防振锤的安装

（4）导线过引和下引的连接　通常把耐张杆塔两侧的导线或者转角杆塔两端导线连接起来，叫做过引线的连接；把导线从杆塔上引至用户的连接，叫做下引线的连接。过引线或下引线有时也称跨接线、弓子线及跳线，或统称引线。

1）过引线的连接形式。过引线的直接连接法如图 3 - 39 所示，加塔接线连接法如图 3 - 40所示。

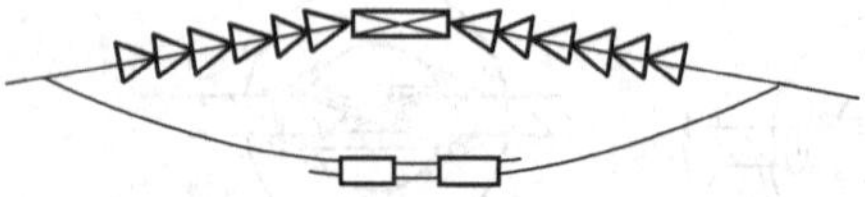
a) 并沟线夹法

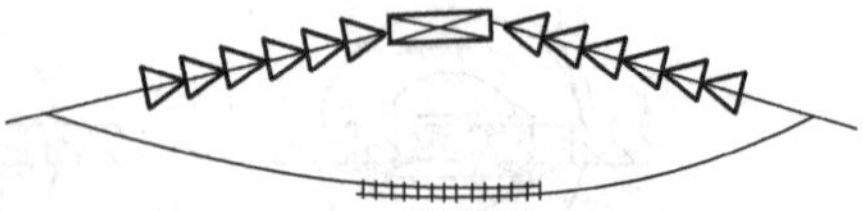
c) 绑扎连接法

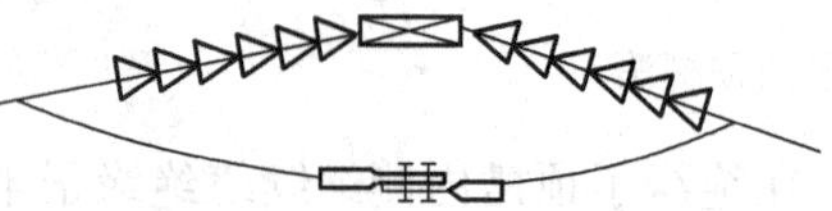
b) 压接线鼻子法

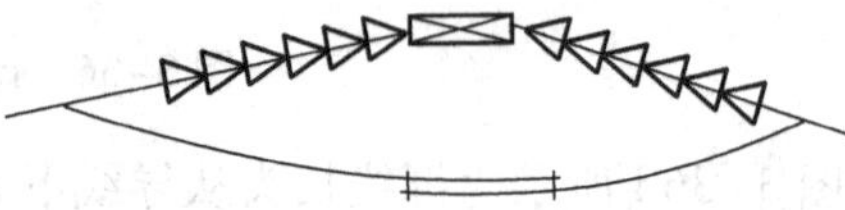
d) 钳压管连接法

图 3 - 39　过引线的直接连接法

2）引线连接遵守的原则。不同金属导线的连接应有可靠的过渡装置，一般使用和导线规格对应的铜铝并沟线夹，线夹数量一般不少于两个。同种金属导线可采用同质并沟线夹连接、钳压管连接、线鼻子连接及绑扎法连接等。

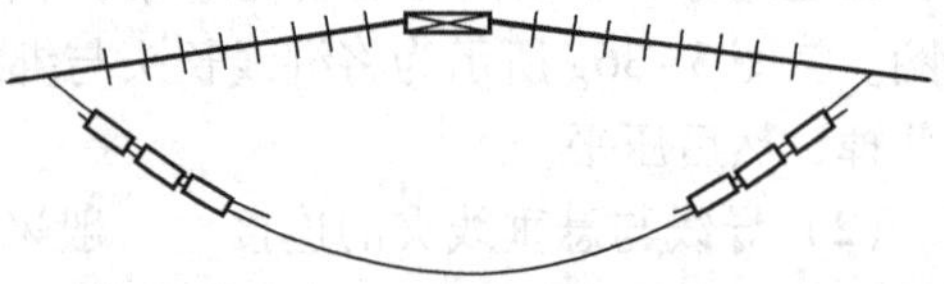
图 3 - 40　过引线加塔接线连接法

3）跳线应成近似悬链自然下垂状，其对杆塔、拉线及相线的净空距离应满足规程规定。

4）跳线不宜太长，必须考虑最大风摆时的净空距离。

5）引线连接前应用绝缘电阻表测量各个耐张段或用户线路的绝缘电阻。高压线路使用 2500V 绝缘电阻表，35kV 线路阻值应大于 500MΩ，10kV 线路阻值应大于 300MΩ。低压线路使用 500V 绝缘电阻表，阻值应大于 1. 0MΩ。

通过对绝缘电阻的测量能及时发现线路的故障、准确掌握故障点，对于不合格的线路段应查出原因，处理后再进行连接。

（5）有关附件的安装要求　绝缘子串、导线及避雷线上各种金属螺栓、穿钉及弹簧销子的穿向应统一。横向穿时，对于单导线，两边线由线路外侧向内穿，中线由左向右穿（面向受电侧）；对于分裂导线，由线束外侧向内穿。垂直穿时，由上向下穿。开口销子必须对称开口，开口总角度应为 60° ~ 90°，开口后不得有折断、裂纹等现象，不得用线材代替开口销子。穿开口销子之前，必须先套上平光垫，然后再穿开口销子。

3. 3. 5　接地装置的安装

1. 接地装置基本知识

架空线路接地装置由连接架空地线的接地引下线及埋入杆塔地下的接地体（极）所组成。接地装置的主要作用是，能迅速将雷电流引入大地，以保持线路有一定的耐雷水平。

接地体是指与土壤直接接触的金属体或金属导体组，可分为自然接地体和人工接地体。凡与大地有可靠接触的金属导体，除另有规定外，均可作为自然接地体。自然接地体的接地电阻符合要求时，可不再敷设人工接地体，但发电厂和变电所的接地必须要有人工接地体。接地线是指需要接地的部分用金属导体与人工接地体相连接的部分，是将接地电流传至大地的途径。

接地体根据土壤的电阻率不同，一般分为以下几种：

① 放射性接地体。采用一至数条接地带敷设在接地槽中，一般应用在土壤电阻率较小的地区。

② 环状接地体。是用扁钢绕杆塔构成的环状接地体。

③ 混合接地体。是由扁钢和钢管组成的接地体。

2. 接地引线的安装

1）钢筋混凝土电杆，通常都用其主筋作为接地引线，有的钢筋混凝土电杆在制作时为了安装方便，将上下端的接地端引出或加长，然后将上端用钢制并沟线夹将其与架空地线或中性线连接，减少了用电焊或气焊将主筋用同径的圆钢焊接加长的作业。

下端通常是在引线上焊接一块长300mm、厚4mm且开两个ϕ16mm圆孔的镀锌扁钢，焊接处要涂沥青漆防腐。然后与接地体引来的接地线螺栓连接，接地线通常也应用镀锌扁钢引来，连接点连接方法同上，螺栓必须有平垫、弹簧垫。

2）预应力钢筋混凝土电杆不允许用主筋接地，一般沿杆身另挂一根接地引线，为了便于用双沟线夹和避雷线连接，一般使用ϕ16mm镀锌圆钢或50mm^{2}及以上的镀锌钢绞线，沿杆身每隔1.5m用抱箍卡子加以固定。下端采用镀锌圆钢时做法同1）；采用钢绞线时，由接地体引来的接地线应用ϕ16mm镀锌圆钢，与钢绞线用并沟线夹可靠连接。

3）铁塔本身可作为接地导体，上端可用螺栓连接短接镀锌钢绞线，然后再与避雷线并沟线夹连接；下端可直接与接地线螺栓连接。

3. 接地体的安装

1）在杆塔四周3~5m的地面上挖深0.8m、宽0.4~0.5m（以能进行安装宜）的环形地沟。

2）将2500~3000mm的镀锌圆钢垂直打入沟内，上留100mm焊接接地线，打入根数一般为3~5根，间隔应大于或等于5m。其根数以实测接地电阻为准，接地电阻大于规定值时，应增加根数。

3）用ϕ（12~16）mm的镀锌圆钢或5mm×40mm的镀锌扁钢，通过电焊将环形沟内的接地极焊接起来，并引至杆塔接地引线处，所有焊点应涂沥青漆防腐。

4）接地极引至杆塔出地坪2.0m处用竹套管或镀锌角钢保护，并用两个抱箍将其与杆塔固定，然后用黑、白漆间隔50mm涂刷分段。

4. 接地极接地电阻的要求

接地极安装好后未与杆塔接地引线连接前，应测试其接地电阻，防雷接地电阻值应小于10Ω；中性线接地的接地电阻值应小于4Ω；重复接地电阻值为10Ω。接地电阻达不到要求时可增补接地极或换土。

3.3.6 10kV 架空绝缘线路及施工

随着城市建筑的增加，绿化空间的扩张，配网线路空中走廊逐渐被占据；化工企业的发展，使空气中的酸碱成份增高，严重腐蚀着架空线路，这使配电网的可靠性面临新的困难。国际上发达国家从 20 世纪 60 年代后期逐渐开始使用架空绝缘线，许多国家架空配电线路已基本实现绝缘化，近年来大规模城乡电网的改造，使越来越多的城市配电网高、低压线路大量采用架空绝缘线。

1. 绝缘导线的特点

（1）绝缘导线的优点　架空绝缘导线与普通的架空裸导线相比，具有性价比高，可有效解决配电线路空中走廊问题，降低外力破坏，减少树木、鸟类、积雪及金属飘带等外部原因引起的架空配电线路故障，价格比地埋电缆便宜很多。

（2）绝缘导线的缺点

1）绝缘导线的架设方式与裸导线的架设方式基本相同，其外层包裹绝缘层，承受风压及覆冰影响较重。

2）绝缘配电线路由于全线绝缘，在线路停电后无法在工作区域两侧验电、挂接地线，因此，绝缘配电线路的耐张段长度不宜大于 1km，当耐张段长度在 800～1000m 时，可在中间加装验电接地环，如图 3-41 所示。在联络开关两侧，分支杆塔、耐张杆塔接头处有可能反送电的分支点导线上设置验电接地环，验电接地环应加装绝缘罩。

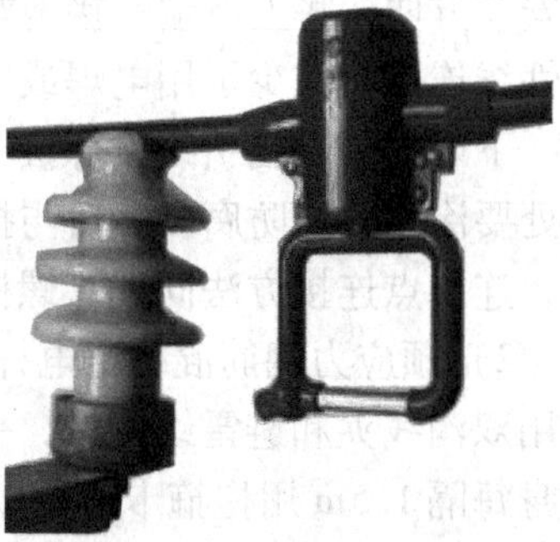

图 3-41　验电接地环

3）架空绝缘线路因雷电过电压造成闪络时，瞬间电弧电流很大但时间很短（约几微秒至几毫秒），会在架空绝缘导线绝缘层上形成击穿孔，不会烧断导线。但是，当雷电过电压闪络，特别是在两相或三相（不一定是在同一电杆上）之间闪络时会形成金属性短路通道，将引起数千安工频续流，使电弧能量骤增。此时，由于架空绝缘导线绝缘层阻碍电弧在其表面滑移，高温弧根被固定在绝缘层的击穿点而在断路器动作之前烧断导线。而对于裸导线，电弧在电磁力的作用下，高温弧根沿导线表面滑移，并在工频续流烧断导线或损坏绝缘子之前引起断路器动作，切断电弧。由此可见，裸导线的断线故障率明显低于架空绝缘导线。因此，中压绝缘导线还需考虑采取防止雷击断线的措施，最常见的 10kV 架空绝缘导线的防雷措施有加装防雷支柱绝缘子、加装带间隙的氧化锌避雷器以及加装直联氧化锌避雷器。

另外，10kV 架空绝缘线与裸导线相比，不仅只是裸导线上包裹绝缘层，而且在实际应用中明显不同于裸导线，与裸导线相比，10kV 架空绝缘线具有载流量少，外径大，线间距小以及与物体距离小的特点。

2. 10kV 架空绝缘导线的施工

中低压架空绝缘线路一般采用单芯绝缘导线分相式架设方式，它的架设方式与裸导线的架设方法基本相同。

（1）杆塔、基础、金具、绝缘子的施工　架空绝缘线路基础、电杆及拉线等的型号选择一般按照设计配置，开挖土方、杆塔组立及金具组装大致与裸导线施工相同。

（2）绝缘导线放线施工

1）放线时应将绝缘导线放在塑料滑轮或套有橡胶护套的铝滑轮中，滑轮直径不应小于绝缘导线外径的12倍。

2）放线时，绝缘导线不得放在地面、杆塔、横担、瓷瓶或其他物体上拖拉，防止绝缘层损伤。

3）应采用合适的网套牵引绝缘导线。

（3）紧线施工　架空绝缘导线紧线时不宜过牵引，应使用网套或面接触的卡线器，并在绝缘导线上缠绕塑料或橡皮包带，防止卡伤绝缘层。集束线紧线时，应将整个线束夹持，不得只咬住其中的部分线。

用钢绞线支撑的集束线，在挂线施工中应先将钢绞线紧好，然后用能在钢绞线滑走的托架将线托起进行挂线施工，挂线可由紧线段的中间向两侧进行。为施工方便可在两端将绝缘导线紧起，但牵引力不要超过破坏拉力的1/5。

绝缘导线的弧垂观测与架空裸导线相同，导线架设后塑性伸长率对弧垂的影响，宜采用减少弧垂法补偿，弧垂减少的百分数为：铝或铝合金芯绝缘线为20%；铜芯绝缘线为7%～8%。

如导线采用松弛张力放线，安全系数取值较大时，代表档距60m及以下的耐张段不考虑初伸长，代表档距60m以上的JKLYJ型绝缘铝绞线按0.9%补偿。

（4）10kV绝缘导线的连接

1）10kV绝缘导线的连接不允许缠绕，应采用专用的线夹和接续管连接，线夹和接续管的型号与导线规格相匹配；不同金属、不同规格和不同绞向的绝缘导线严禁在档距内连接。

2）在一个档距内，每根导线不应超过一个承力接头，接头距导线固定点的距离不应小于0.5m。

3）10kV绝缘导线连接后，必须进行绝缘处理和屏蔽处理，绝缘导线的全部端头和接头都要进行绝缘护封，不得有导线及接头裸露的现象，防止进水。

4）压缩连接接头的电阻不应大于等长导线电阻的1.2倍，机械连接接头的电阻不应大于等长导线的电阻的2.5倍，档距内压缩连接接头的机械强度不应小于导体计算拉断力的90%；导线接头应紧密、牢靠及造型美观，不应有重叠、弯曲及裂纹及凹凸。

（5）非承力接头的连接和绝缘处理

1）非承力接头包括跳线、T接时的接续线夹（含穿刺型接续线夹）和导线与设备连接的接线端子。

2）接头的裸露部分须进行绝缘处理，安装专用绝缘护罩。

3）绝缘护罩不得磨损、划伤，安装位置不得颠倒，有引出线的要一律向下，需紧固的部位应牢固严密，两端口需绑扎的必须用绝缘自粘带绑扎两层以上。

（6）绝缘子的固定

1）直线杆塔采用针式或棒式绝缘子，用顶绑方式固定，使用直径不小于2.5mm的单股塑料铜线绑扎。绝缘线与绝缘子接触部分应用绝缘自粘带缠绕，缠绕长度应超过绑扎部位或与绝缘子接触部位两侧各30mm。

2）耐张杆塔及终端杆塔采用悬式绝缘子串和耐张线夹固定，绝缘导线在耐张线夹上的安装有两种形式：剥皮安装与不剥皮安装。剥皮安装在多雷区采用，剥皮安装时应在裸露带电部位加装绝缘护罩后包覆绝缘带。绝缘导线在线夹上固定时需加装绝缘衬垫，没有绝缘衬垫的耐张线夹内的绝缘导线宜剥去绝缘层，其长度和线夹等长，误差不大于5mm，将线芯缠绕铝包带固定，线夹及绝缘子安装专用绝缘护罩。

（7）引流线调整　10kV绝缘线路每相过引线、引下线与邻相的过引线、引下线及低压绝缘导线之间的净空距离不应小于200mm；与拉线、电杆或构架间的净空距离不应小于200mm。

本章小结

本章介绍了架空配电线路的施工，主要有架空线路的施工程序、基础施工、杆塔组立、拉线制作与安装、裸导线架设、接地装置安装以及10kV架空绝缘导线及其安装等内容。通过本章的学习，可以使学生对架空配电线路各环节施工工艺有初步了解。

架空线路施工一般可分为准备工作、施工安装和启动验收三个阶段。

基础是指杆塔埋于地下部分的结构及铁塔立于地面时位于地下支撑部分的结构。其作用是使杆塔在运行中不下沉、不倾斜和不变形。钢筋混凝土电杆的基础包括底盘、卡盘、拉盘等，应根据当地土壤特性和运行经验决定是否采用。施工操作主要有挖坑，基坑操平，底盘、拉盘及卡盘安装等。

杆塔组立包括排杆、组杆和立杆。杆塔的组装有两种方式，一种是立杆前组装，另一种是立杆后组装，钢筋混凝土电杆的组装主要包括横担的组装、绝缘子和金具的安装等；铁塔的组装包括整体组装、分段组装和分片组装。立杆工程一般包括立杆和立塔两部分，立杆一般采用汽车吊装、叉杆立杆及固定人字抱杆起吊等方法；立塔可采用整立方式，也可采用分解组立的方式。

拉线一般由上把、拉线、下把（拉线棒）及拉线盘等几部分组成。制作方法有缠绕法和金具组合法两种，目前常用金具组合法。拉线的安装一般是先埋好拉线盘和下把（拉线棒），再把拉线的上、下把固定在电杆上，然后做好拉线、上把与绝缘子的连接，最后收紧拉线。

导线架设包括导地线的展放、紧线和附件安装等内容，是架空线路施工的重要工序之一，也是整个线路施工中技术性最强的一个工序。放线前要清理通道，处理交叉跨越等工作；放线时在110kV及以下的线路上常采用拖地放线，220kV及以上线路常常采用张力放线法；导线连接的方法有多种，现在最常用的方法是钳压法和液压法。紧线通常有单线法、双线法和三线法三种，施工时可根据具体情况采用；选择弧垂观测档要遵循选择原则，弧垂观测常采用等长法和异长法两种。附件安装是架空线路施工的最后工序，主要工作包括针式绝缘子的绑扎、悬垂线夹的安装、防振锤的安装及跳线的安装等。

接地装置一般随基础工程同时埋设，或基础工程结束后随即埋设接地装置，杆塔组立后就可将接地装置引出线与杆塔相连接。分为接地体及接地线的施工安装。

绝缘导线与裸导线的优缺点比较。10kV架空绝缘线路杆塔、基础、金具及绝缘子的施工大致与裸导线施工相同，其他项目施工有自己的特点和要求。

习题与思考题

3-1　基础的形式有哪些？如何使用？如何安装？

3-2　简述钢筋混凝土电杆的组立过程。

3-3　配电线路常用的立杆方法有哪些？

3-4　简述拉线的制作过程。

3-5　简述导线架设的步骤。

3-6　配电线路导线常用的连接方法有哪些？

3-7　导线紧线的方法有哪些？

3-8　弧垂观测档如何选取？

3-9　弧垂观测方法有哪些？

3-10　导线如何固定在针式绝缘子上？

3-11　10kV架空绝缘导线的施工工艺与裸导线有何不同？

第4章 架空线路的运行与维护

【本章学习目标】

1）掌握架空线路的巡视类型和周期；掌握架空线路运行过程中发生的各种故障以及各种故障发生的机理。

2）熟悉运行管理过程中的状态检修、缺陷管理及事故管理等预防故障发生和防止事故扩大的措施；熟悉架空配电线路的各种危害及防护措施；熟悉架空线路的维护项目和周期。

3）了解架空线路的运行标准以及定期巡视、夜间巡视、特殊巡视、故障巡视、登杆（塔）巡视和监察巡视的内容；了解设备的状态检修以及线路维护工作的主要内容。

4.1 架空线路的运行

4.1.1 架空线路的运行标准

1）杆塔位移与倾斜的允许范围：杆塔偏离线路中心线的距离不应大于0.1mm；对于木杆与混凝土杆倾斜度（包括挠度），直线杆塔、转角杆塔不应大于杆长的15‰，转角杆塔不应向内侧倾斜，终端杆塔不应向导线侧倾斜，向拉线侧倾斜应小于200mm；50m以下铁塔倾斜度不应大于10‰，50m及以上铁塔倾斜度不应大于5‰。

2）混凝土杆不应有严重裂缝和流铁锈水等现象，保护层不应脱落、酥松和钢筋外露，不宜有纵向裂缝，横向裂缝不宜超过1/3周长，且裂缝宽度不宜大于0.5mm。混凝土基础不应有裂缝、酥松和钢筋外露。

3）横担与金具应无严重锈蚀、变形和腐朽。铁横担及金具锈蚀不应起皮和出现严重麻点，锈蚀表面积不宜超过1/2。

4）横担上下倾斜、左右偏歪不应大于横担长度的2%。

5）导线通过的最大负荷电流不应超过其长期允许电流。

6）导线、地线接头无变色和严重腐蚀，连接线夹螺栓应紧固；导线、地线应无断股；7股线的任一股导线损伤深度不得超过该股导线直径的1/2；19股以上的导线某一处的损伤不得超过3股。

7）导线弓子线、引下线与电杆构件、拉线、电杆间的净空距离：1~10kV不应小于0.2m，1kV以下不应小于0.1m。每相导线弓子线、引下线对邻相导体、过引线、引下线的净空距离：1~10kV不应小于0.3m，1kV以下不应小于0.15m。高压（1~10kV）引下线与低压（1kV以下）线间的距离，不应小于0.2m。

8）三相导线弧垂应力要求一致，误差不得超过设计值的-5%~+10%，一般档距导线弧垂相差不应超过50mm。

9）绝缘子应根据地区污秽等级和规定的泄漏比距来选择其型号，验算表面尺寸。绝缘子、瓷横担应无裂缝，釉面剥落面积不应大于100mm^2，瓷横担线槽外端头釉面剥落面积不

应大于 $200mm^2$，铁脚无弯曲，铁件无严重锈蚀。

10）拉线应无断股、松弛和严重锈蚀。水平拉线对通车路面中心的垂直距离不应小于 6m。拉线棒应无严重锈蚀、变形、损伤及上拔等现象。拉线基础应牢固，周围土壤无凸起、淤陷及缺土等现象。

11）接户线的绝缘层应完整，无剥落和开裂等现象，导线不应松弛，每根导线接头不应多于一个，且需用同一型号导线相连接。接户线的支持构架应牢固，无严重锈蚀和腐朽。导线、接户线的限距及交叉跨越距离应符合规程规定。

4.1.2　架空线路的巡视检查

架空线路的巡视是指巡线人员较为系统和有序地查看线路设备，是线路设备管理工作的重要环节和内容，是运行工作中最基本的工作。巡视是为了及时掌握线路及设备的运行状况，包括沿线的环境状况；及时发现并消除线路缺陷，预防事故发生；通过巡视可提供翔实的线路设备检修内容。

1. 巡视种类和周期

按巡视的性质和方法不同，线路巡视一般可分为定期巡视、夜间巡视、特殊巡视、故障巡视、登杆（塔）巡视和监察巡视。

（1）定期巡视　定期巡视也称正常巡视，其目的是为了全面掌握线路各部件的运行情况及沿线的环境情况，根据岗位责任制，每条线路都必须设专人负责，按规定的周期巡视线路。定期巡视可由一个人进行，但巡视中不得攀登杆塔及带电设备，并应与带电设备保持足够的安全距离。

定期巡视周期为：公网及专线每月一次，其他线路每季至少一次。

（2）夜间巡视　夜间巡视能有效地发现白天巡视中不能发现的线路缺陷，如电晕现象，绝缘子污秽严重而发生表面闪络前的局部火花放电现象，以及因导线连接器接触不良在线路负荷电流较大时使导线温度升高而导致导线连接器烧红现象等。

夜间巡视周期为：公网及专线每半年一次，其他线路每年一次。

（3）特殊巡视　特殊巡视是在气候有较大变化（如大风、大雪、大雾、暴风、冰雹及粘雪等）、发生自然灾害（如地震、河水泛滥、山洪暴发及火灾等）、线路过负荷及其他特殊情况（如开挖、修路及建房等）出现之后，对线路全线、线路某几段或某些部件进行的巡视检查，查明线路在经过上述情况之后有无异常现象和部件损坏变形等情况，以便及时采取必要的补救措施。

特殊巡视的周期不做规定，根据实际情况随时进行。

（4）故障巡视　故障巡视是为了及时查明线路发生故障的地点和原因，以便排除。无论线路断路器重合与否，均应在故障跳闸或发现接地后立即进行巡视，以便及时消除故障，恢复线路供电。

（5）登杆（塔）巡视　登杆（塔）巡视是为了弥补地面巡视的不足，全面准确掌握杆塔情况。较高的杆塔上各部件在地面检查时若有看不清或发生疑问时，可在保持足够的带电安全距离情况下登杆（塔）进行观察。如绝缘子顶部有无多雷击闪络痕迹、裂缝，开口销、弹簧销及螺母等是否缺少，导线和线夹结合处是否烧伤等现象，均需登杆（塔）检查。这种巡视可根据需要进行，但登杆（塔）巡视必须有专人进行监护，以防发生触电事故。

（6）监察性巡视　运行部门领导和线路专门负责的技术人员进行，也可由专门负责的巡线人员互相交叉进行。目的在于了解线路和沿线情况，检查专门负责人员巡线工作质量，并提高其工作水平。巡线可在春季、秋季安全检查及高峰负荷时进行，可全面巡视，也可抽巡。

监察性巡视周期为每年至少一次。

2. 巡视内容

（1）杆塔　杆塔是否倾斜；铁塔结构有无弯曲变形、锈蚀；螺栓有无松动；混凝土杆塔有无裂缝、酥松、钢筋外露，焊接处有无开裂、锈蚀；基础有无损坏、下沉或上拔，周围土壤有无挖掘或沉陷，寒冷地区电杆有无冻鼓现象；杆塔位置是否合适，有无被车撞的可能，保护设施是否完好，标志是否清晰；杆塔有无被水淹、水冲的可能，防洪设施有无损坏、坍塌；杆塔标志（杆号、相位警告牌等）是否齐全、明显；杆塔周围有无杂草和蔓藤类植物附生，有无危及安全的鸟巢、风筝及杂物。

（2）横担和金具　铁横担有无锈蚀、歪斜及变形；金具有无锈蚀、变形；螺栓是否紧固、有无缺帽；开口销有无锈蚀、断裂及脱落。

（3）绝缘子　瓷件有无脏污、损伤、裂缝和闪络痕迹；铁脚、铁帽有无锈蚀、松动及弯曲。

（4）导线　有无断股、损伤及烧伤痕迹，在化工、沿海等地区的导线有无腐蚀现象；三相弧垂是否平衡，有无过紧、过松现象；接头是否良好，有无过热现象（如接头变色等），连接线夹弹簧垫是否齐全，螺母是否紧固；过（跳）引线有无损伤、断股及歪扭，与杆塔及其他引线间距离是否符合规定；导线上有无抛扔物；绝缘子上固定导线用的绑线有无松弛或开断现象。

（5）防雷设施　避雷器有无裂纹、损伤及闪络痕迹，表面是否脏污；避雷器的固定是否牢固；引线连接是否良好，与邻相和杆塔的距离是否符合规定；各部件是否锈蚀，接地端焊接处有无开裂、脱落。

（6）接地装置　接地引线有无丢失、断股及损伤；接头接触是否良好，线夹螺栓有无松动、锈蚀；接地引下线的保护管有无破损、丢失，固定是否牢固；接地体有无外露、严重腐蚀，在埋设范围内有无土方工程。

（7）拉线　有无锈蚀、松弛、断股和张力分配不均等现象；水平拉线对地距离是否符合要求；拉线绝缘子是否损坏或缺少；拉线是否妨碍交通或被车碰撞；拉线棒（底把）、抱箍等金具有无变形、锈蚀；拉线基础周围土壤有无凸起、沉陷及缺土等现象；顶（撑）杆、拉线柱和保护桩等有无损坏、开裂及腐朽等现象。

（8）进户线　线间距离和对地、对建筑物等交跨距离是否符合规定；绝缘层是否老化、损坏；接点接触是否良好，有无电化腐蚀现象；支持物是否牢固，有无锈蚀、损坏现象等；弧垂是否合适，有无混线、烧伤现象；绝缘子有无破损、脱落。

（9）沿线情况　查看线路上有无断落悬挂的树枝、风筝及金属物等；防护地带内有无堆放的杂草、木材及易燃易爆物等；在防护区内有无土建施工、开渠挖沟、平整土地及植树造林等；导线对公路、河流、房屋、弱电线路以及其他电力线路的交叉跨越距离是否符合要求；查明沿线江河泛滥、山洪和泥石流等异常现象；有无违反《电力设施保护条例》的建筑物；查明线路附近的爆破工程有无爆破申请手续，其安全措施是否妥当。

4.1.3 架空线路的运行管理

1. 缺陷管理

架空线路的缺陷主要是由于产品质量、施工质量、外界条件及意外灾害等原因引起的，它是指配电线路及其设备中各部件的性能指标的运行值与规定值出现的偏差超过了允许范围。缺陷管理的目的是为了掌握设备存在的问题，以便按轻、重、缓、急消除缺陷，提高线路正常运行水平，保障线路安全运行；再则，对缺陷进行全面分析总结以便掌握其变化规律，为大修、更新改造提供依据。

（1）缺陷分类

1）一般缺陷。短期不会危及设备安全运行，不会影响线路在较长期限内安全经济运行，如个别螺钉松动、三相导线弧垂不平衡度超过标准及直线杆塔绝缘子偏移超过规定值等。这些缺陷可以列入年、季检修计划或在日常维护工作中消除。

2）重大缺陷。缺陷比较严重，设备可以在一定时期内继续运行，但应在短期内消除，且消除前应加强监视。如杆塔倾斜度大于等于1%、导线同一处受伤但强度损失不超过总拉断力的5%且受伤处截面积不超过导电部分截面积的7%等。

3）紧急缺陷。缺陷已使设备不能继续安全运行，随时可能导致事故的发生，必须尽快消除或采取安全技术措施临时处理。否则，会发生事故或危及人身安全。如导线截面积损失超过导电部分截面积的12.5%，绝缘子有明显闪络痕迹和局部火花放电现象等。

（2）缺陷管理的方法　各配电运行单位应根据管理的具体情况制定出切实可行的缺陷管理细则。

1）制订缺陷标准。运行单位应根据自己的地理环境、自然条件及设备质量等情况，制订出杆塔基础、导地线、绝缘子、金具及拉线等每部分的一般缺陷、重大缺陷和紧急缺陷标准，标准应尽可能详细，尽量做好量化，便于运行人员现场判断。

2）缺陷管理细则，是指缺陷信息的传递、反馈、消除及验收等组织管理细则。

一般缺陷一经发现，若缺陷消除既不用停电也不用登高，而且工作没有危险性，如拉线螺母松动，则应随即消除。重大缺陷一经发现应当先向单位汇报，单位应立即组织人员到现场进行鉴定，确认后安排消除缺陷的时间。紧急缺陷发现后，配电线路专门负责人应现场确定处理方案或采取临时安全措施，然后迅速安排进行处理。

巡线员在巡视中发现缺陷，应将缺陷详情登记在巡线手册上。重大缺陷和紧急缺陷要立即向班组长汇报，班组长要立即向工区配电线路专门负责人汇报。巡线完成后要将缺陷逐条登记在缺陷单上，一式两份，一份班组留存，一份报配电线路专门负责人。缺陷处理完毕后配电线路专门负责人将缺陷单填写完整后返还给班组，班组做好记录，缺陷单传递形成闭环。

2. 设备标志

配电线路及设备应有明显标志。线路、配电变压器的名称和杆（塔）号及台区号依次编排喷写或悬挂标志牌，在面向道路一侧醒目位置或设在巡视易见的一侧，且同一条线路应设在一侧。

设备标志一般包括以下几点：

1）配电线路的名称和编号。

2）对容易攀登的带电部位、变压器台等（配电站、箱式变压器）部位应设警示标志。

3）断路器的调度名称和编号。

4）每条线路的变电站出口杆塔、分支杆塔及转角杆塔应设黄、绿、红三色的相色标志。

3. 事故管理

（1）事故管理的主要任务

1）事故发生后应尽快查出事故发生的地点和原因，消除事故源，防止扩大事故，减少不必要的损失。

2）对事故点要采取隔离措施，采取措施防止行人接近事故导线和设备，避免发生人身事故。

3）事故处理时应尽量缩小事故停电范围和减少事故损失。这就要求抢修人员保持清醒的头脑，清楚网络运行方式，隔离事故和处理事故应停最近的一级保护。

4）对已停电的用户应尽快恢复送电。事故的发生会不可避免地给人民生活和国家财产带来影响和损失，电作为特殊商品，这个问题表现得尤为突出。在最短的时间内把事故处理好，恢复供电就成为事故处理的主要任务，因此，我们要在保证安全的情况下争分夺秒进行抢修，严守服务承诺。

（2）查明原因　配电系统发生以下故障，必须迅速查明原因，并及时处理。

1）断路器跳闸（不论重合是否成功）或熔断器断开（熔丝熔断）。

2）发生永久性接地或频繁接地。

3）变压器一、二次侧熔丝熔断。

4）线路发生倒杆、断线，发生火灾、触电伤亡等意外事件。

5）用户处无电或电压异常。

（3）送电条件

1）线路上的断路器跳闸或熔断器断开时，必须详细检查线路和有关设备，确认无问题后，方可恢复送电。

2）中性点不直接接地系统发生永久性接地故障时，可用柱上开关或其他设备分段选出故障段。

3）变压器一、二次侧熔丝熔断时的送电条件：

① 一次侧熔丝熔断时，必须详细检查高压设备和变压器，无问题后方可送电。

② 二次侧熔丝熔断时，首先查明熔断器接触是否良好，然后检查低压线路，无问题后方可送电。

③ 低压侧送电后，应立即测量负荷电流，判明设备是否运行正常。

4）线路变压器、带油设备发生冒油、冒烟及外壳过热现象时，应断开电源并待冷却后处理，送电条件同上。

（4）一般反事故措施

1）设备事故。对于设备事故，除密切监视设备运行中的动态变化外，还要重视装置性违章，提高施工、检修工艺质量等。

2）外力破坏事故。对于外力破坏事故，除巡视中加强重点、薄弱部位的检查外，还要做好宣传教育工作，并取得当地政府的支持和其他单位的配合，依法维护供电企业的合法权益。

3）自然影响事故。对于自然影响事故，主要是做好季节性的各项预防工作，做到防患于未然，避免事故的发生。

（5）事故分析　事故巡查人员应将事故现场状况和经过做好记录，并收集引起事故的一切部件，加以妥善保管。运行单位应及时组织有关人员进行调查，并结合事故现场状况，收集引起事故的一切部件进行分析，查明原因，制订防止类似事故再次发生的对策，并按有关规定提出事故报告。对待事故要做到“四不放过”，即事故原因不清楚不放过，事故责任者和应受到教育者没受到教育不放过，没有防范措施不放过，事故责任者没有受到处罚不放过。

（6）降低线路跳闸率和事故率的措施

1）提高线路的绝缘水平和机械强度。

2）线路走廊一定要符合要求。

3）改进线路杆（塔）型。

4）在线路进出线、母线支持绝缘子上安装塑料管、塑料带等，以增大闪络距离。

5）加装线路自动重合闸或重合式熔断器，以减少瞬时故障的跳闸停电。

6）改进变压器台架设计。

4. 其他管理

（1）资料管理　运行部门应具备配电网络运行方式的图样或图板，线路平面图及杆（塔）位图，变压器台区电流、电压测量及高压线路负荷测量记录，缺陷记录，巡视手册，事故障碍记录，交跨物、接地电阻测量等记录，变压器、断路器及其他附属设备卡片，绝缘工具试验记录，检修记录以及工作日志等主要技术资料；应有 DL/T 5220—2005《10kV 及以下架空配电线路设计技术规程》，DL/T 601—1996《架空绝缘配电线路设计技术规程》，GB 50150—2006《电气装置安装工程电气设备交接试验标准》，DL/T 602—1996《架空绝缘配电线路施工及验收规程》，GB 50173—1992《电气装置安装工程 35kV 及以下架空电力线路施工及验收规范》，DL/T 596—2005《电力设备预防性试验规程》以及 DL/T 741—2001《架空送电线路运行规程》等。

（2）验收管理　对材料、基础、杆塔、架线、设备及附属设备、接地做分项检查；工程验收检查一般按三个程序进行，即隐蔽工程验收、中间验收及竣工验收。

1）隐蔽工程验收。对竣工后无法检查的各种杆塔基础坑深、地基处理情况、导线连接情况及接地极的埋设情况等隐蔽工程进行检查，同时要求完整合格的施工记录。

2）中间验收。对基础、杆塔及架线工程完成一个项目后进行的中间验收检查。如对接地电阻进行现场实测，杆塔及拉线部分包括钢筋混凝土电杆焊接后起立前的弯曲度及焊口焊接质量等。

3）竣工验收。竣工验收除检查隐蔽工程验收、中间验收项目外，还要检查中间验收有关问题的处理情况，各项记录是否正确、齐全，障碍物处理情况以及是否有遗留未完的项目。

4.1.4　架空线路故障及其发生机理

架空线路长期暴露于自然环境中，受自然环境和人为各种客观因素的影响，常常会出现各种故障，以下根据线路运行过程中发生故障的类型，按专业分析了故障发生的机理。

架空线路常见故障原因可分为设计施工原因、设备原因、运行维护原因、外力因素、自然因素和用户影响。

1. 设计施工原因

设计施工原因是由于规划设计不周和施工安装原因造成的故障停电，包括以下两项。

（1）规划、设计不周　是指配电网、配电网设备及其辅助设施由于规划、设计不当造成的故障停电。

（2）施工安装原因　是指配电网设备由于施工安装质量不良或工艺不过关等原因造成的故障停电。

2. 设备原因

设备原因是指设备本身元件的质量问题造成的故障停电，包括以下两项。

（1）产品质量不良　是指设备本身的结构设计、制造工艺及部件材料选择等不合格造成设备投运后的故障停电。

（2）设备老化　是指设备临近或超出服役期以及长期在非正常运行条件下运行等原因造成的故障停电。

3. 电气性故障

（1）单相接地　线路上的某一点对地绝缘性能丧失，致使该相的电流由此点流入大地，叫做单相接地。单相接地故障在电气故障中发生的几率较多，它的危害主要是使三相平衡系统遭到破坏，非故障相的电压升高到原来的$\sqrt{3}$倍，可能造成非故障相绝缘的破坏。造成单相接地的因素很多，如一相导线断线落地、树枝碰及导线、跳线因距离不够对杆塔放电以及设备的某相绝缘击穿等。

（2）两相短路　线路的任意两相之间直接放电，使通过导线的电流比正常时增大许多倍，并在放电点形成强烈的电弧，烧坏导线，造成供电中断，这种现象称为两相短路。形成两相短路的原因有外力破坏、雷击及混线等。

（3）三相短路　在线路的同一地点三相间直接放电的现象称为三相短路。三相短路是线路上最严重的电气故障，但其发生的机会极少。造成三相短路的原因有线路带地线合闸、线路倒杆等。

（4）断相　断线不接地，通常又称断相运行，即送电端三相有电，受电端一相无电流，三相电动机无法正常运转。造成断相运行的原因有熔断器熔丝一相熔断、耐张杆塔的一相跳线接头接触不良或烧断等。高压线路断相运行时，当变压器为Yyn0接线时，低压线路上的电压表现为正常相电压，故障相电压为零；当变压器为Dyn0接线时，低压线路上其中一相电压正常，另两相电压约为0.8倍的相电压。

4. 运行维护原因

运行维护原因是指设备维护或运行管理不当造成的故障停电，包括以下三类。

（1）检修试验质量原因　是指未按相关规程或规定的要求进行设备检修、调整试验，导致运行设施故障而引起的停电。

（2）运行管理原因　是指设备运行管理的规程不当或未按规程要求开展运行管理工作造成供电设施故障而引起的停电，包括误操作、反事故措施落实不力及树线矛盾等情况。

（3）责任原因不清　是指无法查明原因的故障停电。

5. 外力因素

外力因素是指由于人为破坏、动物因素影响等造成的故障停电，包括以下六类。

（1）交通车辆破坏 是指供电设施受交通车辆破坏而造成的故障停电。

（2）动物因素 是指鸟害、鼠害等动物因素造成的故障停电。

（3）盗窃 是指供电设施及其部件被盗造成的故障停电。

（4）异物短路 是指高空抛物、高空坠物、风筝及空中漂浮的异物等原因造成的故障停电。

（5）外部施工影响 是指非地（市）级供电企业组织和管理的施工由于管理不善（如施工机械碰撞、挖断、与运行设备安全距离不符合规程要求、施工抛物等），造成的供电设施故障停电。

（6）其他外力因素 是指由于火灾、枪击等其他外力因素造成的故障停电。

6. 自然因素

自然因素是指局部小范围的天气因素或大面积的自然灾害造成的故障停电，包括以下五类。

（1）自然灾害 是指台风、地震、海啸及洪水四类大面积的自然灾害造成的故障停电。

（2）气候因素 是指局部小范围的天气因素（如大风、大雾、雷害、覆冰、高温、粘雪及泥石流等）造成的故障停电。

（3）雷害 是指雷击造成的故障停电。

（4）大风大雨 是指大风大雨造成的故障停电。

（5）其他气候因素 是指雷害、大风大雨以外气候因素造成的故障停电。

7. 用户影响

用户影响是由于用户供电设施故障造成其他用户的停电。

4.1.5 架空线路运行分析

运行分析是为了提高配电线路设备的管理水平，不断提高线路安全、经济运行水平，运行单位在正常的情况下每月至少进行一次运行分析会，对线路和设备的运行状况、存在的缺陷和异常运行进行分析。运行分析会可分为四个方面。

1. 缺陷分析

对缺陷发生的原因进行深刻分析，找出问题的根源，并制定防范措施，防范类似事故的重复发生。

2. 运行岗位分析

对工作质量、进度进行分析，督促工作人员按要求保质保量完成。

3. 故障及异常情况分析

分析故障及异常情况产生的原因，要保存好现场的实物，为事故分析和制定措施提供依据，对待事故要做到“四不放过”。

4. 专题分析

对雷害、污闪、鸟害、外力破坏、电杆裂缝、风害及塔材等金具锈蚀问题进行专题分析，找出原因，提出防范措施。

4.1.6 架空线路的防护

为保证线路的安全运行，防止事故的发生，除定期对线路进行巡视检查外，还要采取一些防护措施。

1. 线路过负荷的危害及防护

（1）线路过负荷危害　线路长期过负荷会使导体在热效应作用下导致导线和导体长期保持较高的工作温度，会引起导线弧垂增大，绝缘导线的绝缘加快老化，导线和设备的连接金具、接头接点易发生过热甚至烧损。一旦发生过电流现象，导线易形成过热，使载流能力降低，连接处接触电阻增大，形成进一步过热的恶性循环，从而导致连接处的导线烧损。

（2）采取措施

1）分路法。对大负荷线路进行分路。将大负荷线路进行切改，转移一部分负荷到负荷较小的线路。

2）增大载流量法。更换大截面导线，增大导体的载流量。

2. 雷电对线路的危害及防护

（1）雷电危害

1）由于过电压而形成绝缘子闪络，设备绝缘击穿，配电线路跳闸。

2）雷电的热效应使短路工频续流造成导线烧断、设备烧毁，甚至造成火灾。

（2）配电线路防雷措施

1）加装避雷器。安装合成绝缘体氧化锌避雷器。对架空线路上个别绝缘薄弱点，如转角杆塔、分支杆塔及跨越杆塔等处加装避雷器。

2）提高线路绝缘水平。增大绝缘子比距，采用防污型绝缘子或大爬距绝缘子；加大线间距离；变压器台全防护；降低接地电阻；提高导体连接绝缘强度。

3）剥离绝缘线。如果线路采用绝缘导线，可将其局部剥离，使之局部成为裸导线，从而在出现外过电压时，雷电能在剥离部分滑动，避免将导线固定点某处烧蚀。

4）防雷支柱绝缘子。防雷支柱绝缘子能在雷电过电压超过绝缘堵塞一定数值时，在防雷支柱的引弧棒和钢脚之间引起闪络放电，形成短路通道，接续的工频电弧便在放电间隙处燃烧，以保护导线免于烧伤。防雷支柱绝缘子如图 4-1 所示。

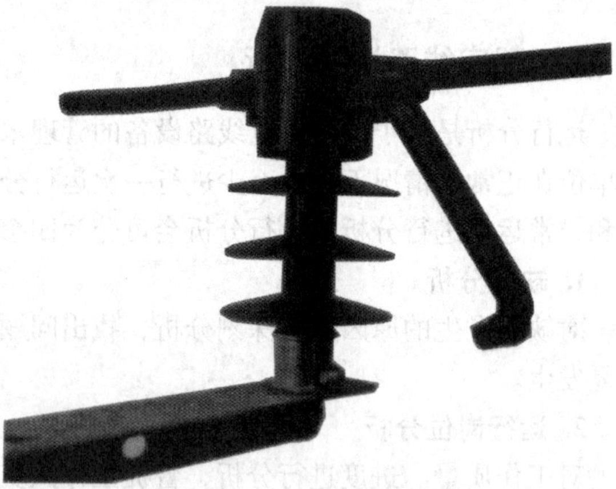

图 4-1　防雷支柱绝缘子

3. 大风对线路的危害及防风措施

一般情况下，在设计架空线路时都按当地最大风力做了验算，采取了适当的防风措施。然而自然界的变化比较大，气象情况仍然存在超过设计条件的可能，或由于在设计时的考虑不周全、日常维护疏忽等原因而发生事故。

（1）大风对配电线路的危害　由于风的影响引起的线路故障主要有两个方面。

1）导线。风力过大致使导线承受过大风压从而产生摆动，加上空气涡流作用就可能使这种摆动成为不同期摆动（各相导线不是同时向一个方向摆动），从而引起导线之间相互碰撞，造成相间短路故障。另外，还可能因为大风把导电物体（如铁线、铁皮及天线等）刮到线路或设备上引起停电事故。

2）杆塔。风力超过了杆塔的机械强度引起杆塔倾斜或歪倒而发生事故。

（2）防风措施

1）加固杆塔。加固杆塔基础和加装拉线补强杆塔。

2）增大导体间的空气间隙。对于耐张转角杆塔的跳线，可适当加装跳线绝缘子串或加长横担，扩大线间距离，防止大风使跳线摆动过大而导致对杆塔放电。

3）调整弧垂。进行导线的弧垂调整，使其在规定的 $-5\% \sim +10\%$ 内。

4）调整拉线。对于杆塔拉线或一基杆塔多条拉线进行调整，使其松紧程度一致，受力均衡。

5）清障、清树。及时清除线路沿线周围的杂物，或采取加固措施，及时砍伐、修剪线路两侧不符合安全距离要求的树木。

4. 洪水对线路的危害及线路防洪

由于架空线路经过平原、丘陵、山谷及河流，在夏季洪汛季节，有可能遭受洪水的袭击而发生事故，因此必须重视线路的防洪工作。

（1）洪水危害　可造成杆塔基础破坏、杆塔倾倒。

（2）防洪措施

1）汛前检查处理。汛前应完成重要防汛设施和防汛指挥系统以及与防汛相关的重要用户的供电线路、设备的巡视检查和缺陷处理。重点检查易被洪水冲刷的电力设施及雷雨大风时可能倒伏到线路上的树木，及时排除隐患，并提前采取防汛加固措施。加固措施有：①杆塔基础周围的土壤如有下沉、松动的情况，应填土夯实，并在杆根处培出一个高出地面30cm的土台。②对于有可能被洪水冲击的杆塔，可根据具体情况增添护堤。③在易被洪水冲刷或浸淹的地带，对杆塔基础进行围桩或增添拉线、支撑杆，以便增强基础的防洪能力。

2）防汛物资准备。配备足够抢修所需的电力设备、材料以及防洪所需物资。

3）建立抢修网络体系。即制定与抗洪抢险有关的供电预案，组建抢险队伍，建立汛期值班制度。

5. 鸟类对线路的危害及线路防鸟害

（1）鸟类对线路的危害　春季鸟类开始在杆塔上筑巢产卵孵化，尤其是乌鸦、喜鹊和麻雀等，经常在横担上、柱上开关操动机构空间筑巢。当鸟类衔着铁线等物往返飞行时，铁线搭在导线间或导线及横担间，易造成相间短路或接地。杆塔上的鸟巢与导线距离过近时，在风、雨等天气里，也易造成故障。此外，鸟类的排泄物也可能会脏污绝缘子而引发故障。

（2）防鸟害措施

1）拆除鸟巢。增加巡视次数，及时拆除鸟巢，尤其是搭在导线上方的、距带电体过近的都要及时拆除。在拆除鸟巢时，应尽量停电进行，如带电进行应严格遵守《电力安全工作规程》规定，要有专人监护，并使用绝缘工具。

2）惊鸟设施。安装惊鸟设施，使鸟类不敢接近线路。常用的办法是在线路上安装有颜色或能发出声响的物品，如在杆塔上悬挂镜子或玻璃片，安装风车或翻板，在横担上安装钢刺，使鸟类不能落脚，在鸟类集中处用爆竹来惊鸟。上述方法若使用时间过长，会使鸟类习以为常而达不到惊鸟效果，因而需要视情况轮换或结合使用。

6. 外力破坏的危害及线路防外力破坏措施

外力破坏是指人们有意、无意而造成的线路故障。许多外力破坏是由于人们疏忽大意或对用电知识了解不够而引起的。

（1）外力破坏危害　汽车撞杆、吊车碰线、风筝挂线、落物砸线及放炮采石等外力破坏使配电线路和设备形成故障，甚至造成事故乃至倒杆、断线严重事故。

（2）防外力破坏措施

1）加强对易发生外力破坏路段的巡视。增加线路附近的建筑场所、起重场所及宜放风筝空地的巡视次数，注意建筑工地中吊车、脚手架等较高设备与线路的安全距离，并与线路周围施工单位签订防外力破坏协议书或发放隐患通知书，注意线路附近放风筝等不安全行为。

2）放置防护设施或标志。杆塔和拉线基础距行车道路较近时，可在杆塔和拉线基础附近埋设护桩，并用油漆刷上红白道。杆塔高度为 1.8m 以下时，不设登杆爬梯或脚钉。在杆塔上和变压器台上悬挂“高压危险，禁止攀登”的警告标志牌。

3）增强护线力度。加强电力设施保护，与公安保卫部门密切联系，组织群众护线网，及时清查盗窃破坏电力设施案件。

4）加强宣传教育。充分利用媒体手段，大力开展《电力法》、《电力设施保护条例》的宣传和教育。

7. 架空线路防覆冰和防冰闪

覆冰一般出现在山区，平地则极少出现，山区地形不同，覆冰的轻重也不同。

（1）架空线路覆冰的类型　按覆冰位置分，架空线路的覆冰有两种类型：一种是导线、架空地线覆冰；另一种是绝缘子串覆冰。因此对应的危害也有两种：一种是导线、架空地线覆冰后发生短路、断线，甚至倒杆；另一种是绝缘子串覆冰闪络或融冰闪络。

（2）覆冰的危害　当导地线覆冰折算厚度超过设计覆冰厚度时，导地线、铁塔荷载增加，造成断线、断串、断联及倒塔事故。导地线覆冰后，在一定的条件下，诱发导线产生一种低频（约为 0.1 ~ 3Hz）、大振幅（约为导线直径的 5 ~ 300 倍）的自激振动，这就是导线舞动。导地线长时间的舞动会造成绝缘子破损，导线断线及杆塔垮倒。覆冰在风或者自重的作用下，自动脱落，导地线张力突然变化，引起导地线的跳跃，在导地线不同步时造成导线与架空地线空气间隙缩小，造成导线与架空地线接地短路。由于悬挂高度的差别，一般架空地线覆冰厚度要大于导线厚度，架空地线弧垂覆冰后远远大于导线弧垂，使架空地线与导线距离逐步缩小，最后造成导线与架空地线接地短路。当绝缘子覆冰后在泄漏电流的作用下，冰雪逐步融化，使绝缘子表面潮湿、泄漏电流增大，依次循环最后造成闪络。

（3）防冰措施

1）防止导地线覆冰。常用的防冰措施有多种。即防冰环、机械除冰、化学涂料防冰、复合导线防冰、低居里磁热线防冰及融冰技术。

目前，国内外电力系统中的融冰技术主要有五种，即短路电流融冰、带负荷融冰、增加负荷融冰、在覆冰线路上附加直流装置融冰及附加电流脉冲。

2）防止绝缘子串融冰闪络。加装大盘径绝缘子，绝缘子串插花，V 形或倒 V 形配置悬垂绝缘子，更换复合绝缘子。

8. 架空线路的防污闪

线路外绝缘污闪事故停电时间长、涉及面广，每次大面积污闪事故都会造成十分严重的影响。我国历史上曾多次发生大面积污闪停电的事故，给国计民生带来了重大损失。因此，线路的防污闪具有非常重要的意义。

（1）污闪形成的原因　由于架空线路周围的大气环境污染，线路绝缘子表面附着许多污秽物质。在雾天、小雨天或天气比较潮湿的情况下，积附在绝缘子表面上的污秽物质呈湿润状态，其中的可溶性盐类被水溶解，形成电解层，在电压的作用下，表面泄漏电流开始从中流过，该电流产生的热量使水分蒸发，引起电阻局部改变。由于绝缘子表面污秽分布不均，电流密度较大的部位首先干燥，形成的部分干燥带又使泄露电流减少，此时该部分的电压会急剧升高，电位差增大，产生局部的火花放电，形成很小的电弧。当电流较小时，电弧在交流电流过零时会熄灭，但在湿润污秽层电导率较高时，泄露电流较大，并有大量电弧产生的游离气体存在，在电流过零后，电弧仍可不断延伸和扩大，使绝缘子电极间产生连续放电，以至发展为运行电压下的完全闪络。

（2）污闪的特点

1）污闪一般发生在运行电压下。

2）污闪通常在一段相当长的时间内多次发生，不易为重合闸所消除。

3）污闪与绝缘子表面附着物有关。

4）污闪有季节性特点，气候条件与污闪关系密切。

5）污闪多发生在日出前的短暂时间或日出时刻。

（3）绝缘配置

1）绝缘子的泄露距离。绝缘子外绝缘的泄漏距离是指正常承受运行电压的两极间沿绝缘子外表面轮廓的最短距离，图 4-2 中，a 点至 b 点的距离就是绝缘子的泄漏距离。

外绝缘的泄漏距离与系统额定电压之比称为外绝缘的泄漏比值。

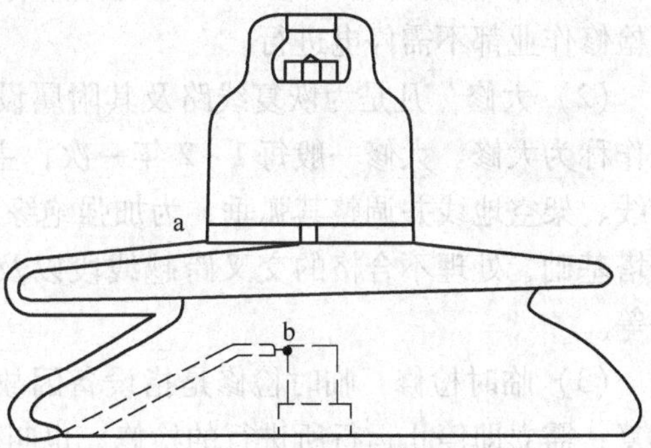

图 4-2　绝缘子的泄露距离

2）绝缘子配置。污秽区闪络的绝缘子爬距要根据线路经过地区的污秽等级来配置。电瓷外绝缘爬距的配置要符合其所处地区污秽等级的要求，同时应考虑大气污染的情况并留有适当的余地。对于重要线路、厂区及矿区，可适当提高外绝缘爬距。配电系统一般都是中性点非直接接地系统，当一相接地时，其他两相允许在线电压下较长时间运行，所以配电线路对绝缘子爬距的配置要求更高。

3）绝缘子形状的选择。绝缘子结构形状与其防护性能关系很大，形状选择不当，即使外绝缘的泄漏比值已达到污区分布图的要求，也有可能发生污闪。

（4）防污闪措施

1）根据污区分布图，合理配置绝缘子的爬距。

2）根据运行经验，选用造型合适的绝缘子。

3）定期清扫绝缘子，加强运行维护。

4）采用防污涂料，改善瓷质绝缘子抗污性能。

5）定期测试，及时更换不良绝缘子。

6）采用合成绝缘子，提高抗污能力。

4.2 架空电力线路的检修与维护

4.2.1 架空线路检修的分类

检修是指根据配电线路及其设备的检修周期或巡视检查中发现的故障或缺陷，对设备或部件进行维修、缺陷消除和处理，以提高线路运行水平。目前实行的是定期检修制度，就是按照预先规定（规程）的时间间隔组织检修，即“到期必修”原则，这是多年来电力系统所实行的检修方法。其优点是可以提前发现设备缺陷，检修人员可按照规程办事，便于组织。缺点是容易造成过度检修，检修成本较高。而正不断发展的以设备状态为基础的维修方法，即状态检修，破除了单纯以时间为基础的设备维护制度，做到“该修必修、修必修好”，提高了检修管理水平。

架空配电线路的检修，按其检修的目的、范围及作用可分为架空配电线路的小修、大修和临时抢修。

（1）小修　凡是为了维持线路及附属设施运行所必需的安全可靠而进行的检修称为小修。通常包括绝缘子定期清扫，并沟线夹紧螺栓，铁塔刷漆，杆塔螺栓紧固，木杆杆根削腐涂油，混凝土杆杆内排水、钢圈除锈，杆塔倾斜扶正以及防护区内伐树砍竹等。大部分的日常检修作业都不需停电进行。

（2）大修　凡是为恢复线路及其附属设备达到原设计的电气或机械性能而进行的检修工作称为大修。大修一般每1~2年一次，主要包括更换或补强杆塔及其部件，更换或补修导线、架空地线并调整其弧垂，为加强绝缘水平而增加或更换绝缘子，改善接地装置，加固杆塔基础，处理不合格的交叉跨越线段以及根据防污等反事故措施要求调整杆塔或拉线位置等。

（3）临时检修　临时检修是指设备因故障自动退出运行或因严重异常，不能等待调度批复，需立即停止运行所进行的检修，也叫做事故抢修。

4.2.2 架空线路检修计划的编制和组织

根据设备检修期限、缺陷记录、运行分析结果和计划进行的工程，以及前一次大修情况等资料，编制大、小修计划。计划内容包括检修时间、项目、工作内容、进度、人员和保证安全、质量、工期、费用及停电时间的主要措施等。

检修工作的组织包括以下几点。

1）准备必要的材料、备品及备件。

2）准备必要的工具、技术人员、技术工人和劳动力，做好技术交底和工程交代，必要时事先作好专业培训。

3）准备必需的试验人员、试验设备及仪器。

4）检修前对设备停运和检修中可能出现的问题作出预测并制定应变措施。

4.2.3　架空线路检修的内容和方法

1. 检修的内容

架空配电线路检修的内容主要包括清扫绝缘子，正杆，更换电杆，电杆加高（加铁帽子），修换横担、绝缘子及拉线，修换有缺陷的导线，调整弧垂，修接户进户线，修变压器台架，变压器试验和更换，修补接地装置（接地线），修剪树木，处理沿线障碍物，处理过热及烧损接点，以及各种开关、避雷器的轮换、试验和更换等。

2. 检修的方法

（1）正杆

1）直线杆塔位移正杆。直线杆塔正杆方法有使用吊车、使用双钩紧线器和悬绑绳索利用人工进行正杆等三种。无论使用哪种方法，都应在正杆的一侧靠近杆根处垂直挖深 1m 左右，避免在正杆过程中杆身承受过大的折断力。现介绍悬绑绳索利用人工进行位移正杆的步骤：①登杆悬绑绳索。其位置在距杆梢 2～3m 处，绳索一般使用 4 根直径不小于 16mm 的棕绳。拉紧绳索，从 4 个相对方向将杆塔予以固定。②摘除固定在杆塔上的导线，使其脱离杆塔，然后登杆人员下杆。③在需要位移的一侧靠近杆根处垂直挖下，直到电杆埋设深度。④拉动绳索，使杆稍倾向需位移的相反方向，杆根则移向需要位移的方向，直至到达正确位置后，再将电杆竖直。整个过程中，与受力绳索相对方向的绳索应予以辅助，防止杆塔因受力失控倾倒。图 4-3 为其示意图。⑤必要时（例如位移距离较大或土质较松软），可在坑口垫用枕木，以便电杆更好地倾斜移动。⑥电杆移到与线路中心线相一致的正确位置后，校正垂直，即可将杆根土方回填夯实，恢复并固定导线。

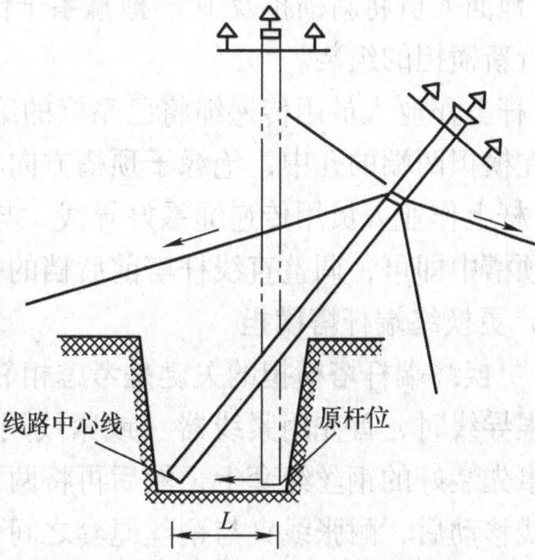

图 4-3　人工直线杆塔位移正杆示意图

2）转角杆塔、终端杆塔的正杆。正杆的方法与直线杆塔基本相同。如果电杆装设了拉线，在正杆过程中要同时调整并重新做好拉线。若转角杆塔、终端杆塔倾斜时导线一并松弛，正杆时可不摘除导线。如果只是电杆倾斜，导线并未松弛，则应先拆除导线，然后正杆。电杆正好后，重装导线时可在悬点补加调节螺栓、U 形环及悬式绝缘子等重新调节导线的松弛度，并检查导线的弧垂是否符合要求。

（2）调整拉线

1）拉线因锈蚀、断股等需要进行修补更换时，必须先将新拉线做好，然后拆除旧拉线；或做好可靠的临时拉线，对杆塔予以固定，然后拆除旧拉线，更换新拉线。

2）重新更换后的拉线，与地锚拉杆连接处若为花篮螺钉，则应用 ϕ4.00mm 镀锌钢丝进行锁护；若为 UT 型调节螺栓，则应戴双螺母，做到紧固牢靠。

3）由于杆塔倾斜而需要调整拉线时，必须先正杆，然后再调整或重做拉线。

（3）调整导线弧垂

1）调整导线弧垂时，其操作人员在耐张杆塔或终端杆塔上利用三角紧线器（也可与双钩紧线器配合使用）调整导线的松紧。若为多档耐张段，卡好紧线器后，即可解开架线杆上导线的扎线，并选择耐张段中部有代表性的档距观察弧垂。若三相导线的弧垂均需调整，则应先同时调整好两个边相，然后调整中相。调整后的三相导线弧垂应一致。

2）在终端杆塔上对导线弧垂进行调整时，应在横担两端导线反方向做好临时拉线，以防止横担受力不均而偏转。

（4）更换直线杆塔横担

1）杆上作业人员将横担两边导线与绝缘子连接的绑线解掉，在杆顶处悬挂两个放线滑轮，用传递绳将导线系住，杆上、地面人员共同配合，把导线上移到放线滑轮中。

2）杆上作业人员把绝缘子与横担连接的螺母卸开，取下绝缘子用传递绳系好后，吊落到地面。

3）在拆卸开横担与电杆连接螺栓前，使用传递绳把旧横担捆牢固，然后杆上作业人员拧开横担与电杆的固定部件，拆除横担。如果其螺栓及螺母锈死，用扳手无法拧开时，可使用钢锯将其锯开。横担脱离电杆后，地面人员用传递绳控制旧横担，使其慢慢降落到地面。

4）地面人员将新横担及U形抱箍系于传递绳上，并起吊到杆上组装的位置，杆上作业人员进行新横担的组装。

5）杆上作业人员用传递绳将已系好的绝缘子吊到杆上，然后把绝缘子从传递绳上解下并安装在横担两端的孔中，绝缘子顶槽方向与导线方向一致。

6）杆上作业人员用传递绳系好导线，与地面人员配合，把放线滑轮中的导线下移到绝缘子的顶槽中即可，调整直线杆塔前后档的弧垂，用绑线将导线与绝缘子绑接牢靠合格。

（5）更换终端杆塔横担

1）更换终端杆塔横担的关键是考虑相邻第一根直线杆塔所承受的不平衡张力。若横担上有三根导线时，首先用紧线器（或紧线用复滑车）将中间的一根导线移到原横担的下方电杆上事先装好的钢丝绳套上，然后再将两边导线也依次移到电杆事先装好的钢丝绳套上。每根导线移动后，耐张线夹与钢丝绳套之间一定要连接牢固，不可以使紧线器长时间承受导线拉力，防止在更换横担的过程中出现紧线器跑嘴的意外情况发生。

2）三根导线移好后就可以更换终端杆塔横担了，更换横担的步骤与更换直线杆塔横担基本相同。更换横担前要认真检查拉线及底把是否良好，更换横担后将导线逐一恢复。运行年久的金属横担锈蚀严重，往往会出现螺栓锈蚀、拆卸不了的情况，因此事先应准备钢锯。

3）安装绝缘子，将钢丝绳套中的导线悬挂在耐张绝缘子上，两边相同步松开紧线器，检查和加固连接跳线。

（6）更换耐张杆塔绝缘子

1）登杆人员登上杆塔，系好安全带，将紧线器的尾线固定在横担上，在导线线夹的前面（以施工者方便施工的位置为宜，一般为 0.3～0.5m）卡好紧线器，如图4-4所示。

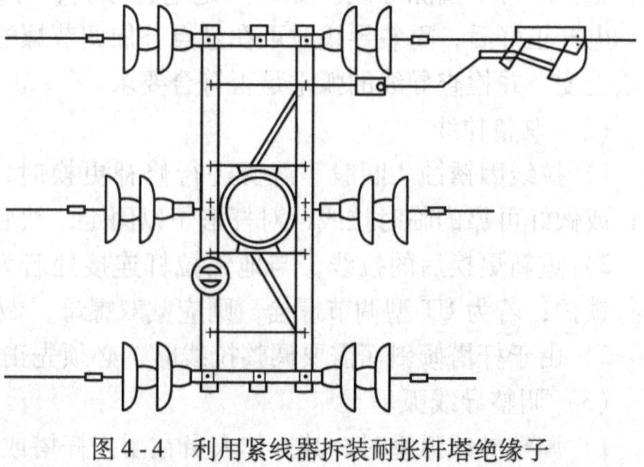

图4-4　利用紧线器拆装耐张杆塔绝缘子

2）收紧紧线器，使耐张杆塔绝缘子串呈松弛状态，拆取绝缘子串与横担连接的金具，如拆取绝缘子与球头挂环之间的销子。

3）用绳索系于绝缘子串前导线上，通过悬挂于横担的滑轮，地面人员拉紧绳索，作为后备措施。

4）此时可更换一片悬式绝缘子，也可更换蝴蝶式绝缘子，还可以同时更换。如更换悬式绝缘子，即可拆旧装新。如更换蝴蝶式绝缘子，就需拆解蝴蝶式绝缘子中部缠绕导线的绑线后，方能更换。

5）在拆卸下旧蝴蝶式绝缘子，安装好新的合格的蝴蝶式绝缘子后，重新绑扎导线。

（7）更换耐张线夹

1）用紧线器先将导线收紧，使其弧垂稍小些。待耐张线夹与绝缘子之间的连接螺栓松动后，卸下该螺栓，再卸下耐张线夹的全部 U 形螺栓，然后检查安装线夹部分的铝包带，缠绕应紧密，应从一端开始向另一端缠绕，其方向必须与导线外层线股缠绕方向一致，缠绕长度为露出线夹两端各 10 ~ 20mm。

2）在装设耐张线夹的 U 形螺栓时，要使耐张线夹的线槽紧贴导线的缠绕铝包带部分，装上全部 U 形螺栓及压板，并稍拧紧。在拧紧过程中，要受力均匀，不要使线夹的压板偏斜和卡碰。所有螺栓拧紧后，再逐个检查并复紧一次。

（8）移线　移线又叫翻线，是更换导线中的一道工序，就是沿着与导线轴向相垂直的方向横向移动导线。

1）各杆上的工作人员要将影响移线的接户线等障碍物临时拆除（移线后恢复）。

2）各杆上人员将工作绳从高压横担上绕过，工作绳的长度应使在地面的工作人员够得着绳两头为宜。

3）地面工作人员将工作绳的一头拴好导线，拴导线时要用琵琶扣（也叫拴马扣），如图 4 - 5 所示。拴好扣后，双手拽工作绳的另一头，杆上人员也同时向上提，将导线提升到高压横担的下方。

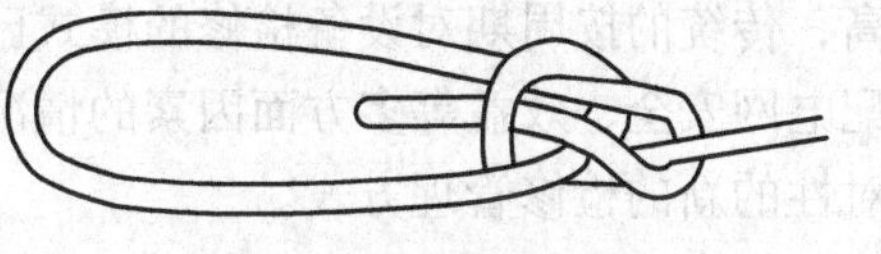

图 4 - 5　琵琶扣的结法

4）截面积超过 TJ—70 型、LJ—185 型及 LGJ—120 型的导线在跨越中压横担端部时，杆上人员要用肩膀抬过，放到横担上部的坐线滑车上。

5）移线的过程中要防止三根导线互相交叉，要防止导线被树枝等障碍物挂住。

6）三根导线都移好后就可以紧线了。

7）在移线段内要跨越有电的电力线、电车滑线及通信线时，应采取停电或搭跨越架等安全措施，不可将导线直接落到被跨越物上。在跨越通车道路时，要派专人持红白信息旗看守路口，防止车辆刮走导线，甚至拽断电杆发生伤人事故。杆上作业人员在转位时，不可脱离安全带保护。

（9）撤线

1）撤线之前要检查导线中间有无接头，尤其是当接头通过滑车时要派专人看守，看守人持红白旗或无线通信工具，防止接头被滑车或其他障碍物卡住。

2）撤线时，首先将各直线杆塔上的绝缘子的绑线拆掉，并将导线移到滑车内。

3）将耐张杆塔上的导线用紧线器（或滑车组）和工作绳缓慢松开并落地。

4）用人力（或机械）拽线，使落地导线向线轴方向拽出一档余线，之后一部分人往线轴上卷绕，另一部分人继续拽线，直至撤线完毕。

5）为防止各交叉跨越档内带电线路可能突然来电或产生感应电，在邻近线轴的第一杆塔上的滑车要做可靠接地，在主要通车路口要派专人看守。

（10）导线的修补

1）导线损伤的缠绕修补法。①将受损伤处的线股处理平整；②应选择与导线同金属的单股线为缠绕材料，其直径不应小于2mm；③沿导线平附一根辅助线股，再用绑线缠绕导线；④缠绕中心应位于损伤最严重处，缠绕应紧密，受损伤部分应全部覆盖，缠绕长度不应小于100mm；⑤缠绕完毕，将绑线与辅助线拧成小辫，压平并紧靠导线。

2）导线损伤的预绞丝修补法。①将受损伤处的线股清洗干净、处理平整；②按照导线的规格选择相应的补修预绞丝；③判断导线损伤的最严重部位，并作出标记；④根据导线损伤的情况，截取补修预绞丝，但其长度不应小于3个节距；⑤一根一根安装补修预绞丝，不得使预绞丝变形，端口应平齐；⑥补修预绞丝的中心应位于损伤最严重处，且与导线接触紧密，损伤处应全部覆盖。

3）导线绝缘层的修补。绝缘层损伤深度在0.5mm及以上时应进行绝缘修补。可用绝缘自粘带缠绕，每圈绝缘自粘带间搭压带宽的1/2，修补后绝缘自粘带的厚度应大于绝缘层损伤深度，且不少于两层。也可用绝缘护罩将绝缘层损伤部位罩好，并将开口部位用绝缘自粘带缠绕封住。

4.2.4 架空线路的状态检修

设备检修是生产管理工作的重要组成部分，对提高设备健康运行水平，保证电网安全、可靠运行具有重要意义。随着城区配电网的快速发展以及用户对供电可靠性要求的逐步提高，传统的按周期对设备检修的模式已经不能适应配电网发展的要求，迫切需要在充分考虑配电网安全、效益等多方面因素的情况下，研究、探索、提高配电设备运行可靠性和检修针对性的新的检修管理方式。

状态检修是企业以安全性、可靠性、环境及成本等因素为基础，通过设备状态评价、风险评估和检修决策等手段开展设备检修工作，达到设备运行安全可靠、检修成本合理的一种检修策略，是解决当前检修工作所面临问题的重要手段。

1. 架空配电线路的状态评价

架空配电线路以条为单元评价，同塔（杆）架设的线路应分别评价。

架空配电线路分为基础、杆塔、导线、绝缘子、金具、拉线、接地装置及通道环境8个部分分别进行状态评价，状态评价的项目和要求见表4-1。

表4-1 架空配电线路状态评价标准

序号	状态量	分类	劣化程度			
			扣2分	扣4分	扣8分	扣10分
1	杆塔基础保护范围内沉陷及取土情况	一般	混凝土杆基础沉陷或被取土50cm以下	混凝土杆基础沉陷或被取土50cm以上		

（续）

序 号	状态量	分 类	劣化程度			
			扣2分	扣4分	扣8分	扣10分
2	杆塔倾斜情况	重要	直线杆塔倾斜超过一个杆头，但不足两个杆头	直线杆塔倾斜超过两个杆头	转角杆塔向内角侧明显倾斜；分支杆塔向分支线侧明显倾斜；终端杆塔向导线侧明显倾斜	
3	混凝土杆裂缝	重要	混凝土杆有明显裂缝、水泥剥落现象	混凝土杆横向严重裂缝、水泥剥落，严重风化		混凝土杆保护层脱落、钢筋外露
4	标识牌、警示牌缺损情况	一般	标识牌、警示牌丢失或应设标志而未设的	标识牌与设备名称不一致的		
5	断股、损伤情况	重要		导线断股、损伤；7股断1股，19股断3股以内		导线断股、损伤：超过7股断1股，19股断3股以上
6	异物悬挂情况	一般	导线有异物悬挂，但不影响安全运行	导线有异物悬挂，影响安全运行		
7	弧垂	重要		弧垂偏差最大值：为+10%(不包括+10%)～+20%、-5%～-10%，相间弧垂偏差最大值：50～100mm（不包括50mm）		弧垂偏差最大值：+20%以上，-10%以下，相间弧垂偏差最大值：10kV为100mm以上
8	交叉跨越距离	重要			各类杆线、树木以及建设的公路、桥梁等对架空配电线路的交叉跨越距离小于规定值	
9	用红外测温仪测量导线接头连接情况	重要		导线接头温度异常，按照DL/T 664—2008规定属一般缺陷	导线接头温度异常，按照DL/T 664—2008规定属严重缺陷	导线接头温度异常，按照DL/T 664—2008规定属紧急缺陷
10	瓷绝缘子损伤情况	一般	瓷件出现轻微破损	瓷件出现严重破损或瓷件表面出现裂缝		
11	针式绝缘子固定情况	一般		针式绝缘子螺母脱落引起针式绝缘子歪斜		
12	金具锈蚀情况	一般	金具严重锈蚀			

（续）

序号	状态量	分类	劣化程度			
			扣2分	扣4分	扣8分	扣10分
13	螺栓丢失情况	一般	一般部位螺栓丢失	重要部位螺栓丢失		
14	接地引下线与接地极连接情况	一般	接地引下线连接松动	接地引下线连接断开		
15	接地电阻值	一般		接地电阻值大于规定值		
16	接地引下线护管情况	一般	接地引下线护管丢失			
17	拉线受力情况	重要		拉线松弛	重要拉线松弛，且无法调整	重要拉线丢失
18	拉线护管缺损情况	一般	拉线护管丢失			
19	通道内树木、建筑情况	一般	超高树木倒向线路侧时不能满足安全距离	线路通道内违章建房		
20	历史缺陷	参考	包括历次缺陷的情况以及消缺情况			

架空配电线路各部分四类状态的划分标准如下：

（1）正常状态

1）重要状态量扣分合计少于8分。

2）所有状态量扣分合计少于12分。

3）各项实验数据正常，运行正常。

4）无重大家族缺陷，或虽有不符合反事故措施要求的家族缺陷，但经检查确认不影响设备的主要性能和安全运行。

（2）注意状态

1）重要状态量扣分合计大于等于8分但少于12分，且单项扣分必须少于8分。

2）所有状态量扣分合计少于24分，且单项扣分少于10分。

3）存在其他一般缺陷。

（3）异常状态

1）重要状态量扣分合计大于等于12分但少于16分，且单项扣分少于10分。

2）所有状态量扣分合计大于等于24分，且有一般状态量扣分达到最大值（10分）。

3）存在其他严重缺陷，包括严重的家族缺陷。

（4）严重状态

1）重要状态量扣分合计大于等于16分，或单项扣分达到最大扣分值（10分）。

2）存在其他危急缺陷。

2. 制订检修策略

以配电设备状态评价结果为基础，参考风险评估结果，考虑配电网发展、技术更新等要求，对设备检修的必要性和紧迫性进行排序，并确定检修内容和方案。

3. 编制检修计划

依据设备检修策略制订包括设备寿命周期内的长期计划、三年滚动计划和年度计划。长期计划应明确检修等级、检修费用预算；三年滚动计划应明确检修等级、费用预算及可靠性指标等内容；年度计划应明确检修内容（含检修等级）、检修工期、实施部门、费用预算及可靠性指标等内容。设备长期检修计划应考虑设备制造厂家的定期维护要求和零部件固有寿命的限制；年度检修计划应统筹安排，充分考虑配电网供电可靠性、用户扩接引及市政规划等年度停电需求，减少重复停电。

4.2.5 架空线路的维护

线路维护是一种较小规模的检修项目，一般是处理和解决一些直接影响线路安全运行的设备缺陷，原则上不包括线路大型检修和线路技术改进工程，只是进行一些小的修理工作，其目的是保证线路安全运行到下一个检修周期。

架空配电线路的维护、检修项目应按照设备的状况及巡视和测试结果确定，其标准项目及周期见表 4-2。

表 4-2 线路维护、检修的标准项目和周期

序 号	项 目	周 期	备 注
1	绝缘子清扫 ① 定期清扫 ② 污秽区清扫	每年一次 每年两次	根据线路的污秽情况，采取防污措施，可适当延长或缩短周期
2	镀锌铁塔紧固螺栓	每 5 年至少一次	新线路投入运行一年后需紧固一次
3	混凝土电杆、木电杆各部紧固螺栓	每 5 年至少一次	新线路投入运行一年后需紧固一次
4	铁塔和混凝土电杆钢圈涂装	每 3 ~ 5 年一次	根据其表层状况决定
5	木杆杆根刷油	每年一次	
6	金属基础防腐处理		根据检查结果决定
7	杆塔倾斜扶正		根据巡视测量结果决定
8	混凝土电杆内排水	每年一次	结冻前进行（不结冻地区不进行）
9	并沟线夹紧固螺栓	每年一次	结合检修进行
10	防护区内伐树砍竹	每年至少一次	根据巡视结果决定
11	巡线道、桥的修补	每年一次	根据巡视结果决定
12	导线限距的测量（松弛度、对地距离、交叉跨越距离）		根据巡视的结果视需要而定，新建线路架设一年后需测量一次
13	标塔接地电阻的测试	每 5 年至少一次	变电所进出口段（1 ~ 2km），每两年一次
14	绝缘子测试	每两年一次	① 根据绝缘子劣化程度，可适当延长或缩短周期 ② 瓷横担和钢化玻璃绝缘子不测试
15	杆塔金属基础接地拉线检查	每 5 年一次	① 抽查数量为总数的 10% ② 根据土壤情况决定
16	接地引下线与接地网的检修	每 3 年至少一次	根据检查巡视结果进行，不得有断开、松脱或严重腐蚀现象

本章小结

本章主要介绍了线路巡视的内容、注意事项，介绍了状态检修这种新的检修管理方式，架空线路常见故障的类型、产生原因以及防止故障发生的措施，运行管理过程中的缺陷管理、事故管理等。通过本章的学习，使学生对架空线路的运行标准、架空线路巡视、架空电力线路常见故障和预防措施、架空线路防护及架空线路检修维护等方面的知识有较深印象。

线路巡视是为了经常掌握线路的运行状况，及时发现设备缺陷和沿线隐患情况，并为线路维修提供资料。线路巡视一般可分为定期巡视、夜间巡视、特殊巡视、故障巡视、登杆（塔）巡视和监察巡视。

架空线路长期暴露于大自然。受大自然和人为各种客观因素的影响，常常会出现各种事故，如雷击事故、风偏事故、覆冰和冰闪事故、鸟害事故以及污闪等事故，本章主要介绍了上述几种事故的危害，为尽量避免和减少事故发生，需要有针对性地制订和采取各种防护措施。

架空线路维护是为了保证线路长期可靠运行，线路的维护、检修项目应按照设备的状况及巡视和测定结果确定。本章主要介绍了线路维护、检修的标准项目和周期，线路检修、维护的主要内容以及状态检修这种新的检修管理方式。

状态检修是企业以安全性、可靠性、环境、成本等因素为基础，通过设备状态评价、风险评估及检修决策等手段开展设备检修工作，达到设备运行安全可靠、检修成本合理的一种检修策略，是解决当前检修工作所面临问题的重要手段。通过状态评价，架空配电线路各部分状态可划分为正常状态、注意状态、异常状态和严重状态四类。

习题与思考题

4-1 架空线路的运行标准有哪些？

4-2 线路巡视的类型有哪些？线路巡视的安全注意事项有哪些？

4-3 雷电对线路有什么危害？线路防雷的措施有哪些？

4-4 大风对线路有什么危害？线路防风的措施有哪些？

4-5 覆冰的危害有哪些？防冰的措施有哪些？

4-6 线路防鸟害的措施有哪些？

4-7 简述线路绝缘子的污闪机理及污闪特点。

4-8 线路防污闪的措施有哪些？

4-9 架空线路分为哪几类检修？

4-10 架空线路的检修有哪些内容？

第 5 章　电力电缆线路

【本章学习目标】

1）掌握电力电缆的基本结构、电力电缆的载流能力、电力电缆导体截面积的选择及校验方法。

2）熟悉电力电缆的分类、电力电缆型号的表示方法；熟悉电力电缆的敷设方式以及运行和维护的有关知识；熟悉电力电缆的敷设施工工艺。

3）了解各种类型电力电缆的特点。

5.1　电力电缆的基本知识

5.1.1　电力电缆的发展

电力电缆线路在电力系统中是用来传输和分配电能的，电缆的出现距今已有 120 多年的历史。1890 年，英国开始安装了 10kV 单相电缆。在 1910 年以后逐步发展使用 20kV 及 35kV 的三芯电缆。美国在 1934 年敷设了第一条 220kV 充油电力电缆。法国于 1952 年和 1960 年先后制成了 380 ~425kV 和 500kV 充油电缆，并于 20 世纪 70 年代初在一些国家投入运行。聚氯乙烯和聚乙烯绝缘电缆是在 20 世纪 50 年代初开始发展的，目前，在中低压领域，电缆的生产技术已日臻成熟。

我国电力电缆的生产是在 20 世纪 30 年代后期开始的，到 1949 年电缆的生产规模还很小，能力还很薄弱。新中国成立后，随着电力工业的迅速发展，电缆工业也迅猛发展。1951 年研制成 6. 6kV 铅包纸绝缘电力电缆，在此基础上，生产了 35kV 及以下粘性浸渍纸绝缘电力电缆的系列产品。1966 年生产了第一条 66kV 充油电缆，同时研制生产了 110kV 充油电缆。1968 年和 1973 年先后研制生产了 220kV 和 330kV 充油电缆，并先后在刘家峡、新安江等水电站投入运行。1983 年研制了 500kV 充油电缆。我国在交联电缆研制和应用领域比发达国家起步晚，1976 ~1983 年试研制生产了 10 ~110kV 交联聚乙烯绝缘电缆，随后，110kV 及以下产品已能成批生产，1998 年开始应用于短距离的 500kV 输电线路。在 1960 年着手研制钢管电缆，但由于某种原因当时未能投入市场，今后我国将发展特高压自容式充油电缆和特高压管道充气电缆。

目前，在大城市的供电、工厂矿山企业内部的供电、一些发电厂的引出线及水下输电线路等，多采用电力电缆线路。随着新材料、新技术的开发和应用，电力电缆制造工艺逐渐简化、质量不断提高，造价逐渐降低以及施工趋于简便，使得电力电缆的应用日益扩大。

5.1.2　电力电缆的使用

随着电缆制造技术的进步，66kV 以下的输配电线路工程都可选用具有允许温度高、载流量大、绝缘性能好及介电常数和介质损耗角小的交联聚乙烯绝缘电缆（简称交联电缆）

来取代传统的油浸渍绝缘电缆（简称纸绝缘电缆）。近年来，也有很多的 110～220kV 输配电线路采用交联电缆取代传统的自容式充油电缆（简称充油电缆）情况。

交联电缆属于干绝缘电缆，不存在浸渍油淌流、油压过高或过低等问题，因此不受线路标高差制约。

充油电缆结构可靠、寿命长，虽然要加设供油装置而增加了运行维护工作，但从安全运行角度看却能以油压值来监视电缆金属护套的完好状态，必要时还能从电缆线路中抽取绝缘油进行交流耐压、介质损耗及色谱分析等试验，据此来判别电缆绝缘的老化程度，如发现超标时可安排时间进行处理，能最大限度地避免因电缆绝缘击穿而引起突发性的停电事故。110kV 以下的充油电缆绝缘结构是采用低损耗绝缘纸（经过脱离子水洗处理的低密度纸），这类绝缘纸的使用温度为 85℃，比普通纸高，ε（介电常数）和 $\tan\delta$（介质损耗角正切值）也有所改善。但其 ε 值仍在 3.3～3.4 之间、$\tan\delta$ 值仍在 0.002～0.003 之间，若用于 220kV 以上的电压等级，则由介质损耗而引起的温升仍然很大。为此，近年开发了比低损耗绝缘纸绝缘特性更优良的纸塑复合绝缘材料，但其制造成本高昂，目前仅用于 500kV 以上的充油电缆和钢管电缆。电缆绝缘材料的使用温度和介质特性见表 5-1。

表 5-1　电缆绝缘材料的使用温度和介质特性

电缆绝缘结构		使用温度/℃	介电常数 ε	介质损耗角正切值 $\tan\delta$
充油电缆和钢管电缆	普通纸绝缘	80	3.7	0.004
	低损耗纸绝缘	85	3.4	0.003
	纸塑复合绝缘电缆	85	2.8	0.001
聚乙烯绝缘电缆		75	2.3	0.001
乙丙橡胶绝缘电缆		80	4.0	0.003
交联聚乙烯绝缘电缆		90	2.3	0.001

钢管充油电缆（简称钢管电缆）的绝缘结构基本上与自容式充油电缆相同，但油压值比自容式充油电缆高，允许最低油压一般为 0.7MPa，正常运行时，油压值一般为 1.2～1.5MPa，因此钢管电缆绝缘击穿电压也稍高于自容式充电电缆。一般认为钢管电缆比充油电缆具有好的抗外力破坏性能。

钢管灌充 SF_6 气体电缆（简称 SF_6 电缆）的结构是用环氧树脂绝缘子做支座，把导体固定在钢管内，然后在钢管内灌充 0.3～0.5MPa 的 SF_6 气体。从结构看，SF_6 电缆是封闭式 SF_6 组合电器的派生产品，已脱离了传统电缆的结构形式，因此，多数 SF_6 电缆由高压电器制造厂家生产。SF_6 电缆的主要特点如下。

1）载流量大，相当于同等截面积的架空线，SF_6 电缆的导体和绝缘子都收纳在钢管内，不受外界污秽物影响、维护工作少。

2）SF_6 气体介电常数约等于 1，在同一等级电压条件下电容量仅为普通纸绝缘充油电缆的 1/10，即使作为长距离超高压线路也无需加设电抗调相设备。

3）介质损耗微小，SF_6 气体散热效果好，因此由介质损耗引起的温升可以忽略不计。

4）制造长度受运输条件制约，一般出厂长度仅为 12～14m，因此现场焊接接头多，而且焊接后要彻底清除残留在管内的杂质。使用 SF_6 电缆工作量大、施工周期长，一般都不作为长距离输电线路用，只作为 100～300m 短距离的 110～500kV 发电厂和变电站内的联络线或进出线用。

5）只有在单回路电缆不能满足所需输送容量时，采用 SF6 电缆才有其经济价值。

运行资料显示，电缆线路的故障除遭受外力破坏以外，绝大多数都是出自电缆接头，因此，对接头施工工艺，特别是 110kV 以上交联电缆接头的要求更为严格。

5.1.3　电力电缆的种类和结构

1. 电力电缆的种类

电力电缆有很多类型，根据电压等级、线芯截面积、导体芯数、截面形状、绝缘材料及结构特点等分为以下几类。

（1）根据电压等级分类　电力电缆可分为低压电力电缆（1kV）、中压电力电缆（3 ~ 35kV）和高压电力电缆（60 ~ 500kV）。低压电力电缆使用最多，一般厂矿企业配电线路都使用。中压电力电缆常用在一些大中型企业的主要供电线路、地区配电网以及在发电厂重要负荷和发电机出线中。高压电力电缆适用于一些不宜采用架空导线的输配电线路以及过江、海底敷设等场合。

（2）根据导体材料分类　可分为铜芯电缆和铝芯电缆两种。

（3）根据导体标称截面积分类　电力电缆的导电线芯是按一定等级的标称截面积制造的，这样既便于制造，也便于施工。我国电力电缆目前的规格是：10 ~ 35kV 电缆的导电部分截面积为 $16mm^2$、$25mm^2$、$35mm^2$、$50mm^2$、$70mm^2$、$95mm^2$、$120mm^2$、$150mm^2$、$185mm^2$、$240mm^2$、$300mm^2$、$400mm^2$、$500mm^2$、$625mm^2$ 和 $800mm^2$，共 15 种，目前 16 ~ $400mm^2$ 之间的 12 种是常用的规格。110kV 及以上电缆的截面积规格为 $100mm^2$、$240mm^2$、$400mm^2$、$600mm^2$、$700mm^2$、$845mm^2$ 和 $920mm^2$，共 7 种，现在已有 $1000mm^2$ 及以上规格。

（4）根据导体芯数分类　电力电缆可分为单芯、二芯、三芯、四芯和五芯电缆，共 5 种。工作电流较大的回路或水下敷设，当技术经济比较合理时，可采用单芯电缆；直流供电回路，宜采用二芯电缆，当需要时可采用单芯电缆；单芯电缆也可在特殊场合使用（如高压电机引出线等）；66kV 及其以上电压等级的充油、充气高压电缆多为单芯。1kV 及以下电源中性点直接接地时，TN—C 方式供电单相回路应采用二芯电缆；TT 方式供电单相回路应采用二芯电缆。三芯电缆主要用于三相交流电网中，在 35kV 及以下的各种电缆线路中得到广泛的应用。四芯电缆多用于低压配电线路、中性点接地的 TT 方式供电回路和 TN—C 方式供电回路（四芯电缆的第四芯截面积通常为主线芯截面积的 40% ~60%）。五芯电缆用于低压配电线路、中性点接地的 TN—S 方式供电回路中。

（5）根据截面形状分类　电力电缆线芯截面分为圆形、半圆形和扇形三种，如图 5 - 1 所示。

a) 圆形　　b) 半圆形　　c) 扇形

图 5 - 1　线芯截面形状

圆形和半圆形线芯用得较少，扇形线芯大量使用于 1～10kV 三芯和四芯电缆。三芯电缆的每个扇形芯成 120°，有的四芯电缆每个芯成 90°，有的四芯电缆中三个主要线芯各为 100°，而第四个芯为 60°，如图 5-2 所示。

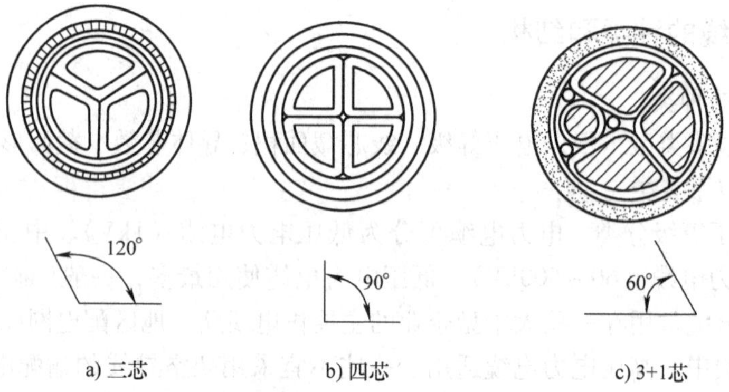

图 5-2　线芯角度图

（6）根据结构特点分类　电力电缆可分为统包型、分相型、钢管型、扁平型及自容型等。

（7）根据绝缘材料分类　电力电缆可分为油浸纸绝缘、塑料绝缘及橡胶绝缘等，此外还有低温电缆和超导电缆。

2. 电力电缆的基本结构

电缆的基本结构由导电线芯、绝缘层、屏蔽层和保护层四部分组成。

（1）导电线芯　导电线芯分铜芯和铝芯两种，用于传输电能，要求具有良好的导电性。根据电缆的不同品种与规格，线芯可以制成实体，也可以制成绞合线芯，绞合线芯系由圆单线和成型单线绞合而成。

（2）绝缘层　用于保证电能沿导电线芯传输，在电气上使导电线芯与外界隔离，必须具有良好的绝缘性能和耐热性能。

（3）屏蔽层　10kV 及以上的电缆一般都有导体屏蔽层和绝缘屏蔽层。导体屏蔽层的作用是消除导体表面的不光滑（多股导线绞合产生的尖端）所引起的导体表面电场强度的增加，使绝缘层和电缆导体有较好的接触。同样，为了使绝缘层和金属护套有较好接触，一般在绝缘层外表面均包有外屏蔽层。油浸纸绝缘电缆的导体屏蔽材料一般用金属化纸带或半导电纸带。绝缘屏蔽层一般采用半导电纸带。塑料绝缘电缆和橡皮绝缘电缆的导体或绝缘屏蔽材料分别为半导电塑料和半导电橡皮。对于无金属护套的塑料绝缘电缆和橡皮绝缘电缆，在绝缘屏蔽层外还包有屏蔽铜带或铜丝。

（4）保护层　保护层分内护层和外护层两部分。电缆在运输、储存、敷设和运行中，保护层对绝缘层起保护密封作用，使其不受外界潮气浸入，不受外界损伤，保持绝缘性能。因此，保护层材料的密封性和防腐性必须良好，并且有一定的机械强度。多芯电缆绝缘线芯间，还需增加填芯和填料，以便将电缆绞制成圆形。

3. 几种常见电力电缆的结构

（1）油浸纸绝缘电力电缆　这种电缆是历史最久、应用最广和最常用的一种电缆。由于其寿命长，耐热、耐电性能稳定，材料资源比较丰富，故在各种电压等级的电缆中都被广泛采用。油浸纸绝缘电力电缆是以纸为主要绝缘，以绝缘浸渍剂充分浸渍制成的。根据浸渍情况和绝缘结构的不同，油浸纸绝缘电力电缆又可分为普通粘性浸渍纸绝缘电缆、滴干绝缘电缆、不滴流浸渍绝缘电缆、油压油浸纸绝缘电缆及气压油浸纸绝缘电缆几种。

1）普通粘性浸渍纸绝缘电缆是一般常用的油浸纸绝缘电缆。电缆的浸渍剂是由低压电缆油和松香混合而成的粘性浸渍剂。根据结构不同，这种电缆又分为统包型、分相铅（铝）包型和分相屏蔽型。统包型电缆的多线芯共用一个金属护套，这种电缆多用于10kV及以下电压等级线路。分相铅（铝）包型电缆的每个绝缘线芯都有金属护套。分相屏蔽型电缆的绝缘线芯分别加屏蔽层，并共用一个金属护套。如图5-3、图5-4和图5-5所示。后两种电缆多用于20～35kV电压等级线路。

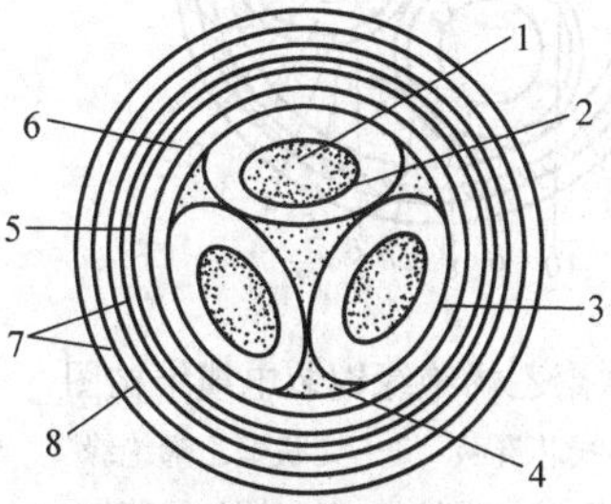

图5-3 三芯统包型电缆结构示意图

1—导体 2—芯绝缘 3—统包绝缘 4—填充材料 5—铅包 6—沥青防腐层 7—沥青黄麻层 8—铠装层线

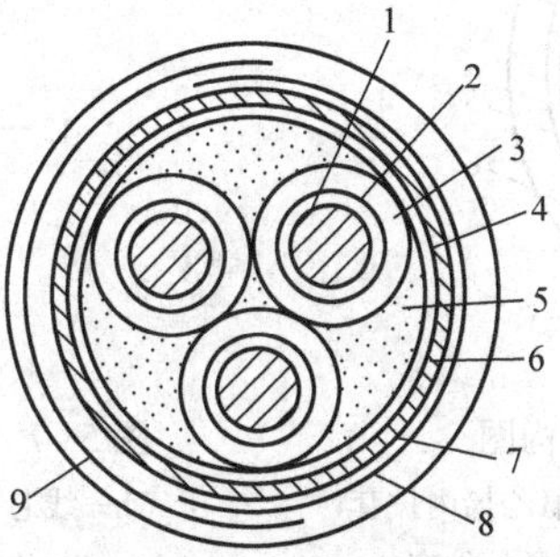

图5-4 分相屏蔽电缆结构示意图

1—线芯 2—线芯屏蔽 3—芯绝缘 4—打孔金属带 5—填充材料 6—扎紧带 7—金属护套 8—铠装 9—外被层

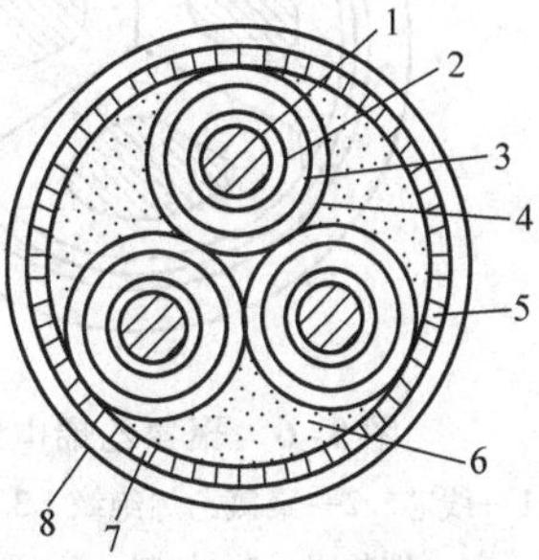

图5-5 分相铅包电缆结构示意图

1—线芯 2—线芯屏蔽 3—芯绝缘 4—外屏蔽层 5—铅护套 6—填充材料 7—铠装 8—外被层

2）滴干绝缘电缆是绝缘层厚度增加的粘性浸渍纸绝缘电缆，浸渍后经过滴出浸渍剂制成。滴干绝缘电缆适用于10kV及以下电压等级和落差较大的场合。

3）不滴流浸渍绝缘电缆的结构、尺寸与滴干绝缘电缆相同，用不滴流浸渍剂浸渍制成。不滴流浸渍电缆适用于电压等级不超过10kV、高落差电缆线路以及热带地区。

4）油压油浸纸绝缘电缆包括自容式充油电缆和钢管充油电缆，适用于35kV以及更高电压等级的电缆线路。自容式充油电缆有单芯和三芯两种结构。钢管充油电缆采用高粘度的电缆油，一般为三芯。

5）气压油浸纸绝缘电缆包括自容式充气电缆和钢管充气电缆。多用于35kV及以上电压等级的电缆线路中。

（2）塑料绝缘电缆 塑料绝缘电缆制造简单，重量轻，终端头和中间接头制作容易，弯曲半径小，敷设简单，维护方便，并具有耐化学腐蚀和一定的耐水性能，适用于高落差和垂直敷设的场合。塑料绝缘电缆有聚氯乙烯绝缘电缆、交联聚乙烯绝缘电缆、聚乙烯绝缘电缆和阻燃聚氯乙烯绝缘电缆。

1）聚氯乙烯绝缘电缆的绝缘层由聚氯乙烯挤包制成。该电缆化学稳定性高，安装工艺简单，材料来源丰富，能适应高落差敷设，敷设维护简单方便。但因其绝缘强度低、耐热性能差、介质损耗大，并且在燃烧时会释放氯气，对人体有害和对设备有严重的腐蚀作用，所以一般只在10kV及以下电压等级线路中应用。其基本结构如图5-6所示。

2）交联聚乙烯绝缘电缆是近几年来发展起来的很有前途的塑料绝缘电缆。这种电缆允许温升高，允许载流量较大，耐热性能好，适用于垂直、高落差和有振动的场所敷设。其介电性能优良，但抗电晕、游离放电性能差。这种电缆接头工艺较严格，但对工艺技术水平要求不高，因此便于推广，是一种比较理想的电缆，多用于6kV及以上乃至110~220kV的电力电缆线路中。其基本结构如图5-7所示。

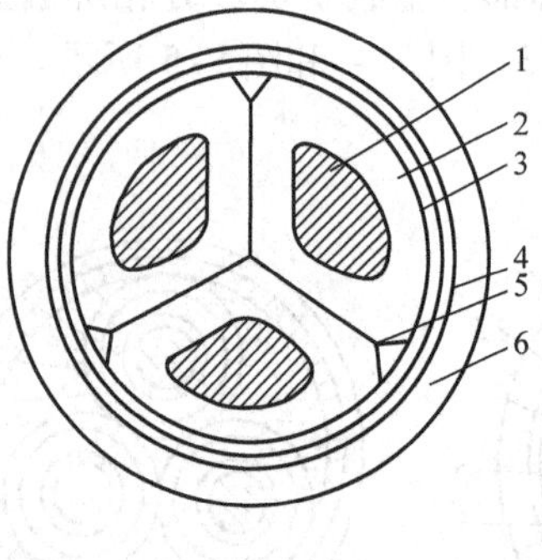

图5-6　聚氯乙烯电缆结构图

1—线芯　2—聚氯乙烯绝缘　3—聚氯乙烯内护套
4—铠装层　5—填料　6—聚氯乙烯外护套

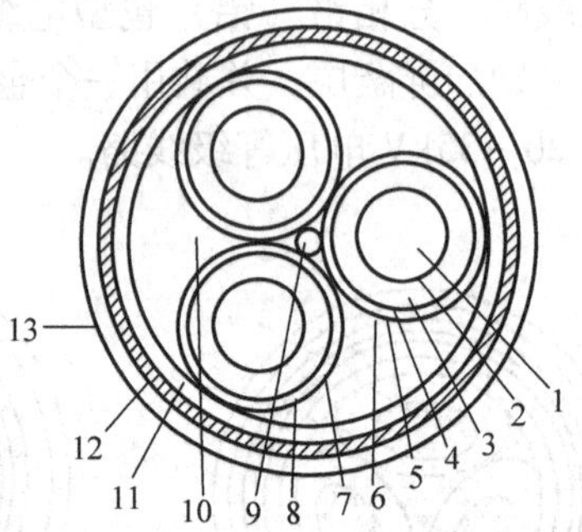

图5-7　交联聚乙烯绝缘铠装电缆结构图

1—线芯　2—线芯屏蔽　3—交联聚乙烯绝缘
4—绝缘屏蔽　5—保护带　6—铜丝屏蔽
7—螺旋铜带　8—塑料带　9—中心填芯　10—填料
11—内护套　12—铠装层　13—外护套

3）聚乙烯绝缘电缆具有优良的介电性能，但抗电晕、游离放电性能差。其工艺性能好，易于加工，耐热性差，受热易变形，易延燃，易发生应力龟裂。

4）阻燃聚氯乙烯绝缘电缆是在聚氯乙烯绝缘中加阻燃剂，即使明火烧烤，其绝缘也不会燃烧。当线路中或接头处发生事故时，电缆不会因局部过热而燃烧，扩大事故范围。该电缆适用于10kV及以下的电缆线路中。

（3）橡皮绝缘电力电缆　其绝缘层为丁苯橡皮或丁基橡皮。该电缆柔软性好，易弯曲，有较好的耐寒性能、电气性能、机械性能和化学稳定性，具有良好的抗水性，对气体、潮气及水的渗透性较好，但耐电晕、臭氧、热及油的性能较差。因此，一般只用在10kV及以下的电力电缆线路中。适合于移动频繁、敷设弯曲半径小的场合，经常用做海底电缆、矿用电缆、船用电缆以及采掘机械、X光机用电缆。其基本结构如图5-8所示。

图5-8　橡皮绝缘电力电缆的结构图

1—线芯　2—线芯屏蔽层　3—橡皮绝缘层
4—半导电屏蔽层　5—铜带屏蔽层
6—填料　7—橡皮带　8—聚氯乙烯外护套

5.1.4　电力电缆的型号

1. 电力电缆的型号表示方法

我国电缆产品的型号由几个大写的汉语拼音字母和阿拉伯数字组成，用字母表示电缆的用途类型、绝缘材料、导体材料、内护层材料及特征。用数字表示铠装层和外被层类型，一般由两位数字组成，第一位数字表示铠装，无数字代表无铠装层；第二位数字表示外被，无数字代表无外被层。表5-2、表5-3给出了电缆型号中各部分字母及数字的含义。

表5-2 电缆型号中各字母的含义

类别、特征		绝缘种类		导体材料		内护层		派生结构	
字母	含义	字母	含义	字母	含义	字母	含义	字母	含义
省略	电力电缆	Z	纸	L	铝芯	Q	铅包	D	不滴流
K	控制电缆	V	聚氯乙烯	T（省略）	铜芯	L	铝包	F	分相金属套
P	信号电缆	X	橡皮绝缘			Y	聚乙烯护套	P	屏蔽
B	绝缘电线	Y	聚乙烯			V	聚氯乙烯护套	CY	充油
Y	移动式软电缆	YJ	交联聚乙烯			H	橡套	Z	直流
H	市内电话电缆	XD	丁基橡皮			HF	非燃性橡套	ZR	阻燃

表5-3 电缆型号中各数字的含义

代　号	铠装层	外被层或外护套
0	无	—
1	联锁钢带	纤维外被
2	双钢带	聚氯乙烯外护套
3	细圆钢丝	聚乙烯外护套
4	粗圆钢丝	
5	皱纹钢带	
6	双铝带或铝合金带	

电缆型号按电缆结构的排列一般以下列次序：绝缘材料、导体材料、内护层和外护层。

2. 电缆产品的规范表示法

一般一条电缆的规格除标明型号外，还应说明电缆的芯数、截面积、工作电压和长度，如ZQ_{21}—3×95—10—300，表示铜芯、纸绝缘、铅包、双钢带铠装、纤维外被层、三芯、截面积为95mm^2、额定电压为10kV和长度为300m的电力电缆。$YJLV_{22}$—3×150—10—400，表示铝芯、交联聚乙烯绝缘、双钢带铠装、聚氯乙烯外护套、三芯、截面积为150mm^2、额定电压为10kV和长度为400m的电力电缆。VV_{42}—3×50—10，表示铜芯、聚氯乙烯绝缘、粗圆钢丝铠装、聚氯乙烯外护套、三芯、标称截面积为50mm^2和额定电压为10kV的电力电缆。

5.1.5 电力电缆的载流能力

电力电缆载流能力是指某种电缆在输送电能时允许传送的最大电流值。导体流过电流时会发热，绝缘层中会产生介质损耗，保护层中有涡流等损耗。如果在某一状态下发热量等于散热量时，电缆导体就有一个稳定的温度刚好使导体的载流量达到电缆最高允许温度时的载流量，这个载流量称为允许载流量或安全载流量。

电力电缆在实际运行中的载流量有三类：一是长期工作条件下的允许载流量，二是短时间允许通过的电流，三是短路时允许通过的电流。

1. 电缆长期允许载流量

当电缆导体温度等于电缆最高长期工作温度，电缆中的发热与散热达到平衡时的负载电流，称为电缆的长期允许载流量。当环境温度变化时，电缆埋设环境温度不一样，长期允许载流量也不同，则应乘以校正系数，见表 D-1。对于不同截面积的电缆，当埋设于地下的土壤热阻系数不同时，载流量校正系数见表 D-2。电缆直接埋地多根并列敷设时的载流量校正系数见表 D-3。

2. 电缆允许短路电流

电缆线路如发生短路故障时，由于短路时间很短，一般只有几秒钟或更短时间，电缆导体中通过的电流可能达到其长期允许载流量的几倍甚至几十倍。由短路电流所产生的热量使导体发热、温度升高，但由于短路时间短暂，绝缘层温度升高很少，因此，规定当系统短路时，电缆导体的最高允许温度不宜超过相关规定。

根据 GB 50217—2007《电力工程电缆设计规范》，电缆导体的长期允许工作温度、短路时的最高允许温度不应超过表 5-4 所规定的数值。

表 5-4 常用电力电缆导体的最高允许温度

电缆类型	电压/kV	最高允许温度/℃	
		额定负荷时	短路时
粘性浸渍纸绝缘电缆	1~3	80	250
	6	65	
	10	60	
	35	50	175
不滴流浸渍绝缘电缆	1~6	80	250
	10	65	
	35	65	175
交联聚乙烯绝缘电缆	≤10	90	250
	>10	80	
聚氯乙烯绝缘电缆	≤6	70	160
自容式充油电缆	63~500	75	160

5.2 电力电缆的选择

电力电缆的型号不同，其特性和使用范围也不同，在工程实践中应根据实际条件和敷设要求选用合适的电缆，关于电缆的使用范围可参照工程手册。一般情况下，应优先选用交联聚乙烯绝缘电缆，其次是不滴流浸渍绝缘电缆，最后为普通粘性浸渍纸绝缘电缆。在电缆敷设环境高差较大时，不应使用粘性浸渍纸绝缘电缆。

5.2.1 电缆导体材质的选择

通常用铝和铜作电缆导体材料。根据 GB 50217—2007《电力工程电缆设计规范》，对于电机励磁、重要电源及移动式电气设备等需保持连接具有高可靠性的回路中的电力电缆；振动剧烈、有爆炸危险或对铝有腐蚀等严酷工作环境的电力电缆；耐火电缆；紧靠高温设备布置的电力电缆；安全性要求高的公共设施的电力电缆；工作电流较大，需增多电缆根数时的电力电缆，应选用铜导体。其他场合所用电缆视具体情况选用铝或铜作为导体。

5.2.2 电缆外护层类型的选择

1. 电缆的外护层选择应符合的要求

1）交流单相回路的电力电缆，不得有未经非磁性处理的金属带及钢丝铠装。

2）在潮湿、含化学腐蚀环境或易受水浸泡的电缆，金属套、加强层及铠装上应有挤塑外套，水中电缆的粗钢丝铠装还应有纤维外被。

3）除低温 -20℃以下环境或药用化学液体浸泡场所，以及有低毒难燃性要求的电缆挤塑外套宜用聚乙烯外，其他情况下均可采用聚氯乙烯外套。

4）用在有水或化学液体浸泡场所的6~35kV或35kV以上的交联聚乙烯绝缘电缆，应具有符合使用要求的金属塑料复合阻水层、铅套、铝套或膨胀式阻水带等防水构造。

敷设于水下的中、高压交联聚乙烯绝缘电缆还应具有纵向阻水构造。

2. 直埋敷设电缆的外护层选择应符合的规定

电缆承受较大压力或对明敷的油浸纸绝缘电缆要选用裸钢带铠装，在易受腐蚀的环境中或在地下直埋敷设时要选用钢带外有外护套的电缆。在水下敷设或电缆会受到较大拉力时要选用钢丝铠装电缆。有金属套的电缆敷设在易受振动的场所时要选用铝套电缆。交联聚乙烯绝缘电缆敷设在水下或者电压等级为63kV及以上线路中时，要选用有防水金属套的电缆，在水下敷设或受到较大拉力时也要选用钢丝铠装电缆，在其他场合不一定都要求铠装。

5.2.3 电力电缆导体截面积的选择

1. 选择电缆导体截面积的原则

根据GB 50217—2007《电力工程电缆设计规范》，电力电缆导体截面积的选择应符合下列规定。

1）最大工作电流作用下的电缆导体温度，不得超过电缆使用寿命的允许值。持续工作回路的电缆导体工作温度，应符合表5-4的规定。

2）短路过程中最大短路电流作用下的电缆导体温度，应符合表5-4规定。

3）最大工作电流作用下连续回路的电压降不得超过该回路的允许值。

4）10kV及以下电力电缆截面积除应符合上述1）~3）条的要求外，还应按电缆的初始投资与使用寿命期间的运行费用综合经济地选择。对于10kV及以下电力电缆按经济电流截面积选择，宜符合下列要求：

① 按照工程条件、电价、电缆成本及贴现率等计算拟选用的10kV及以下铜芯的聚氯乙烯绝缘电缆、交联聚乙烯绝缘电缆的经济电流密度值。

② 对于备用回路的电缆，如备用电动机回路等，宜按正常使用运行小时数的一半选择电缆截面积。对于一些长期不使用的回路，不宜按经济电流密度选择截面积。

③ 当电缆经济电流截面积比按热稳定度、允许电压降或持续载流量要求选择的截面积小时，则应按热稳定度、允许电压降或持续载流量较大要求选择截面积。当电缆经济电流截

面积介于电缆标称截面积档次之间，可视其接近程度，选择较接近的一档截面积，且宜偏小选取。

35kV 及以下较长距离的大电流回路，如较长的电源进线和电弧炉的短网等线路，或 35kV 以上高压电缆，当符合上述条件时，其导线（含电缆）截面积宜按经济电流密度选择经济截面积，以使线路的年运行费用支出最小。

5）多芯电力电缆导体最小截面积的选择，铜导体不宜小于 2.5mm²，铝导体不宜小于 4mm²。

6）敷设于水下的电缆，当需要导体承受拉力且较合理时，可按抗拉要求选用截面积。

如果电力电缆线芯截面积选择不当，将会影响其可靠运行、缩短使用寿命、危害运行安全以及带来经济损失等，故必须正确选择导体截面积。

2. 选择和校验电缆线芯截面积的方法

（1）按工作电流选择截面积　电流通过导体时会产生能量损耗，从而使导线发热。绝缘导线和电缆的温度过高时，将使绝缘加速老化甚至烧毁，还可能引起火灾。因此，导体在通过正常最大负荷电流时产生的发热温度，不应超过其正常运行时的最高允许温度。对于满足上述原则 1）的要求，采用按工作电流选择截面积的方法，计算公式为

$$KI_{XU} \geqslant I_y \tag{5-1}$$

式中，I_y 是该回路的持续工作电流（A）；I_{XU}是电缆在额定情况下的允许持续载流量，见附录 C；K 是不同敷设条件下的校正系数（空气中多根电缆并列敷设 $K = K_tK_1$；空气中单根电缆穿管敷设 $K = K_tK_2$；地中单根电缆直埋敷设 $K = K_tK_3$；地中多根电缆并列直埋敷设 $K = K_tK_3K_4$；桥架上多层电缆并列敷设 $K = K_tK_5$。其中，K_t 是温度校正系数，见表 D-1；K_1 是空气中多根电缆并列敷设时的校正系数，见表 D-4；K_2 是空气中单根电缆穿管敷设时的校正系数，电压为 10kV 及以下，截面积为 95mm² 及以下时取 0.9，截面积为 120mm² 及以上时取 0.85；K_3 是地中单根电缆直埋敷设时不同土壤热阻系数的校正系数，见表 D-2；K_4 是地中多根电缆并列直埋敷设时的校正系数，见表 D-3；K_5 是桥架上多层电缆并列敷设时的校正系数，见表 D-5）。

必须注意的是，按工作电流选择的导线和电缆截面积，还必须校验它与相应的保护装置（熔断器或低压断路器的过电流脱扣器）配合是否得当。如配合不当，可能发生导线或电缆因过热起燃但保护装置不动作的情况，这是不允许的。

例 5-1　设用户装有一台 1800kV·A 变压器，若该用户以直埋 10kV 油浸纸绝缘铝芯电缆做进线供电，土壤热阻系数为 80℃·m/W，地温最高为 30℃，试选择电缆型号？

解：该电缆通过的最大电流值为

$$I = \frac{1800}{\sqrt{3} \times 10}\text{A} = 104\text{A}$$

查相应资料得：50mm²、10kV 铝芯电缆敷设于 30℃土壤中的载流量为

$$I = 130 \times 0.93\text{A} = 121\text{A}$$

查附录 D 可知，土壤热阻系数为 80℃·cm/W 时，修正系数为 1.05，故修正后的载流量为

$$I = 121 \times 1.05\text{A} = 127.05\text{A}$$

所以选用电缆 ZLQ_2—10—3×50 比较合适。

电缆在实际使用中，负荷经常是处在变化中的，因此，根据连续负荷的载流量选择的电缆是比较安全的。

（2）按经济电流密度选择截面积 电缆（或导线，下同）的截面积越大，电能损耗越小，但是电缆投资、维修管理费用和有色金属消耗量都要增加。因此，从经济方面考虑，可以选择一个比较合理的导线截面积，既可以使电能损耗小，又不至过分增加电缆投资、维修管理费用和有色金属消耗量。从全面的经济效益考虑，既使线路的年运行费用接近最小而又适当考虑有色金属节约的导线截面积称为经济电流截面积（或经济截面积）。对应于经济截面积的电流密度，称为经济电流密度。经济电流密度与线路的投资、发电成本、输电成本、电能损耗、计算电价、返本年限、投资利率及维护管理费用等多种因素有关，一般按年费用最小法由国家制定，并随各地区、各时期的经济条件和发展情况而变动。我国规定的经济电流密度见表5-5。

对于选择电缆导体截面积的原则4)，根据选定的电缆线芯材料、负荷计算电流及最大负荷利用小时数从表5-5中可以查得经济电流密度，再利用下列公式计算截面积，即

$$S_j = I_y/J \tag{5-2}$$

式中，S_j 是电缆的经济截面积（mm^2）；I_y 是该回路的持续工作电流（A）；J 是经济电流密度（A/mm^2），其选取原则见表5-5。不同行业的年最大负荷利用小时数见表5-6。

表5-5 我国规定的电缆经济电流密度 （单位：A/mm^2）

电缆线芯材料	年最大负荷利用小时数 T_{max}/h		
	3000以下	3000～5000	5000以上
铜芯电缆	2.5	2.25	2.00
铝芯电缆	1.92	1.73	1.54

表5-6 不同行业的年最大负荷利用小时数 T_{max} （单位：h）

行业名称	T_{max}	行业名称	T_{max}	行业名称	T_{max}
铝电解	8200	化学工业	7300	冷藏库	4000
有色金属电解	7500	铁合金工业	7700	城市生活用电	2500
有色金属采选	5800	机械制造工业	5000	农业灌溉	2800
有色金属冶炼	6800	建材工业	6500	一般仓库	2000
黑色金属冶炼	6500	纺织工业	6000	农业企业	3500
煤炭工业	6000	食品工业	4500	农村照明	1500
石油工业	7000	电气化铁道	6000		

按经济电流密度选择的电缆截面积还必须满足长期发热条件和机械强度的要求。

（3）按短路电流热稳定度校验截面积 对于选择电缆导体截面积的原则2)，即要求所选择的电缆截面积必须满足短路电流热稳定度条件，该原则一般用作电缆截面积的校验。

1）对于电压为1kV及以下的电缆，当采用断路器或熔断器作电网的短路保护时，一般电缆均可满足短路热稳定度要求，不必再进行核算。

2）对于电压为3kV及以上的电缆，常常根据短路热稳定度的要求来确定其最小允许截面积，计算公式如下

$$S = \frac{I_{\infty}\sqrt{t}}{K} \tag{5-3}$$

式中，S是电缆导体截面积（mm^2）；I_{∞}是通过电缆的稳态短路电流（A）；t是短路持续时间（s）；K是电缆的热稳定系数（$A/\sqrt{s}mm^2$），取值见表5-7。

表5-7 热稳定系数K值表 （单位：$A\sqrt{s}/mm^2$）

长期允许温度/℃		短路允许温度/℃						
		230	220	160	150	140	130	120
90	铜	129.0	125.3	95.8	89.3	62.2	74.5	64.5
	铝	83.6	81.2	62.0	57.9	53.2	48.2	41.7
80	铜	134.6	131.2	103.2	97.1	90.6	83.4	75.2
	铝	87.2	85.0	66.9	62.9	58.7	54.0	48.7
75	铜	137.5	133.6	106.7	100.8	94.7	87.7	80.1
	铝	89.1	86.6	69.1	65.3	61.4	56.8	51.9
70	铜	140.0	136.5	110.2	104.6	98.8	92.0	84.5
	铝	90.7	88.5	71.5	67.8	64.0	59.6	54.7
65	铜	142.4	139.2	113.8	108.2	102.5	96.2	89.1
	铝	92.3	90.3	73.7	70.1	66.5	62.3	57.1
60	铜	145.3	141.8	117.0	111.8	106.1	100.1	93.4
	铝	94.2	91.9	75.8	72.5	68.8	65.0	60.4
50	铜	150.3	147.3	123.7	118.7	113.7	108.0	101.5
	铝	97.3	95.5	80.1	77.0	73.6	70.0	65.7

在计算具有内油道导体的自容式充油电缆的短路电流允许值时，油道内油的热容量不容忽略。油道大小随着电缆导体截面积大小及电压等级而异，因此不能简单地采用式（5-3）来校核电缆截面积，而应采用下式校核，即

$$I = \sqrt{\frac{C_C}{R_{20}\alpha t}\ln\frac{1+\alpha(\theta_{C1}-20)}{1+\alpha(\theta_C-20)}} \tag{5-4}$$

式中，I是允许通过电缆的短路电流（A）；C_C是每厘米电缆导体和油道内油的热容（J/℃）；α是电缆导体的电阻温度系数（1/℃），铝芯为0.00403，铜芯取0.00393；R_{20}是20℃时每厘米电缆导体的交流电阻（Ω）；t是短路电流通过电缆的时间（s）；θ_C是短路前电缆导体的工作温度（℃）；θ_{C1}是电缆导体在短路时的最高允许温度，对于10kV及以下普通粘性浸渍纸绝缘电缆及交联聚乙烯绝缘电缆为200℃，有中间接头（锡焊）的电缆最高允许温度为120℃。

（4）按允许电压降校验电缆截面积　对于10kV及以下的供电网络，一般没有调压设备，为了保证供电质量，对供电距离较远、容量较大的电缆线路，应校验其电压损失$\Delta U\%$，一般应满足$\Delta U\% \leqslant 5\%$。对于10kV及以下电缆可忽略电抗所造成的电压损失。计算公式为

三相系统
$$\Delta U\% = \frac{\sqrt{3}I_{max}\rho L}{U_N S} \times 100\% \tag{5-5}$$

单相系统
$$\Delta U\% = \frac{2I_{max}\rho L}{U_N S} \times 100\%$$

式中，I_{max}是通过电缆的最大负荷电流（A）；U_N 对于三相系统是线路额定线电压（V），对于单相系统是额定相电压（V）；L 是电缆长度（km）；ρ 是电缆导体的电阻率（$\Omega \cdot mm^2/m$），铝芯 $\rho = 0.035\Omega \cdot mm^2/m$（50℃），铜芯 $\rho = 0.0206\Omega \cdot mm^2/m$（50℃）；$S$ 是电缆截面积（mm^2）。

根据设计经验，一般 10kV 及以下的高压线路和低压动力线路通常先按发热条件来选择导线和电缆截面积，再校验其电压损失和机械强度。低压照明线路，因其对电压水平要求较高，通常先按允许电压损失进行选择，再校验其发热条件和机械强度。对于电缆，不必校验其机械强度，但需校验其短路热稳定度。对于长距离大电流线路和 35kV 及以上的高压线路，则可先按经济电流密度确定经济截面积，再校验其他条件。按上述经验来选择计算，通常容易满足要求，较少返工。

5.3 电力电缆的敷设

5.3.1 电力电缆的敷设方式

电力电缆的敷设方式很多，主要的敷设方式有浅槽敷设、直埋敷设、穿管敷设、排管敷设、电缆沟敷设、电缆隧道敷设、桥架敷设、电缆竖井敷设、架空敷设及水下电缆敷设等。

1. 浅槽敷设

把电缆直接放入（没有支架）较浅的凹形混凝土槽，浅槽上覆加盖板，这种敷设方式称为浅槽敷设。浅槽有两种布置方式，或沿地坪上布置或齐地坪埋入土中，其槽底可以不密实而与地层相通。

2. 直埋敷设

直埋敷设就是把电缆直接埋设于地下 0.7m 以下，将电缆放入开挖后整理过的土层上，沿电缆上面铺以软土或砂层后再盖以保护板，然后回填一定的覆盖土齐至地坪。这种敷设方式是最经济简便的敷设方式，它的优点是施工方便、工期短、投资省、电缆散热好及载流量较大等，缺点是容易遭受机械外力损坏、更换电缆困难及容易受到周围土壤化学或电化学腐蚀。直埋敷设的电缆一般应选用铠装电缆，敷设的路径应竖立电缆位置标志。

3. 穿管敷设

穿管敷设是将电缆敷设于各个单独管道内，管道可以埋入地下，也可以在空气中架设。

4. 排管敷设

排管敷设是将电缆敷设在预先埋设于地下的管道中的一种电缆安装方式。电缆排管是将预制的管子（一般用钢管）按需要的孔数排成一定的形式，再用水泥浇筑成一个整体。这种敷设方式的优点是土建工程一次完成，其后在同途径陆续敷设电缆时不必重复开挖道路，检修或更换电缆迅速方便，不易受到机械外力损坏。缺点是土建工程投资较大，工期较长，而且如果排管中的电缆损坏，需要更换两相邻人孔井间的整根电缆，由于电缆接头集中在人孔井内，所以在人孔井内作业时，危险系数大。电缆应选用塑料护套电缆或裸铠装电缆。

5. 架空敷设

架空敷设是把电缆敷设于悬挂的架空钢索上的一种敷设方式。室外架空敷设电缆应尽量避免太阳直接照射，必要时应加装遮阳罩。

6. 电缆沟敷设

电缆沟敷设是将电缆敷设在预先由砖砌成或混凝土浇灌而成的电缆沟中的敷设方式。其优点类似于电缆排管敷设，且需要的人孔井少，减少了投资。缺点是盖板承压强度较差，电缆沟容易积水，电缆的载流量比直埋敷设的低。

7. 电缆隧道敷设

电缆隧道敷设是将电缆敷设在地下隧道内的一种电缆安装方式。隧道的高度、宽度除了需满足容纳需要敷设电缆的数量外，还需满足施工时必要的场地要求，通常还要考虑照明、排水、通风和防火设备的安装。该敷设方式具有方便施工、巡视、检修和更换电缆等较多优点，缺点是投资大、隧道施工期长，且要求严格防火。

8. 水下电缆敷设

水下电缆敷设是将电缆敷设在水底的一种敷设方式。根据水下地质条件的不同，可采取水底深埋和水底明敷两种方式。路径的选择应满足电缆不易受机械性损伤、能实施可靠保护、敷设作业方便及经济合理等要求。水下电缆敷设主要用在电缆线路跨越内河、大江、海峡等场所。水下电缆相互间严禁交叉、重叠，相邻的电缆应保持足够的安全间距。水下的电缆与工业管道之间保持足够的水平距离。水下电缆的两岸，应设有醒目的警告标志。水下电缆应是完整的一条，一般不允许有中间接头。

9. 桥架敷设

桥架敷设是将电缆敷设在建筑物内预先装设的电缆桥架的一种安装方式。主要用在户内变电站、开关站及配电所。电缆桥架一般比电缆隧道有更大的空间，因此，其电缆支架可以不依附于墙壁，并可按需要位置设立多层桥架。桥架四周及桥架之间备有通道，便于施工和运行巡视。由于电缆层的电缆一般都在控制盘或配电装置下，电缆密集，纵横交叉，在设计及敷设时需要安排整齐，以免影响施工及巡视。

10. 电缆竖井敷设

电缆竖井敷设是将电缆敷设在预先建设的竖井中的一种敷设方式，主要用在高层建筑或电缆隧道出口竖井。

5.3.2 电力电缆敷设方式的选择

在实际工程中，应根据电压等级、电缆形式、电缆数量、工程条件、环境特点及初期投资等因素，满足运行可靠、维护方便及投资节省等综合要求选择敷设方式。受环境等因素的影响，往往一条电缆就需要采用多种敷设方式。

根据 GB 50217—2007《电力工程电缆设计规范》，电力电缆敷设方式的选择应符合下列规定。

1. 电缆直埋敷设方式的选择原则

1）同一通路少于6根的35kV及以下电力电缆，在厂区通往远距离辅助设施或城郊等不易有经常性开挖的地段，宜采用直埋敷设；在城镇人行道下较易翻修的地段或道路边缘，也可采用直埋敷设。

2）厂区内地下管网较多的地段，可能有熔化金属、高温液体溢出的场所，待开发有较频繁开挖的地方，不宜采用直埋敷设。

3）在化学腐蚀或杂散电流腐蚀的土壤范围内，不得采用直埋敷设。

2. 电缆穿管敷设方式的选择原则

1）在有爆炸危险场所明敷的电缆，露出地坪上需加以保护的电缆，以及地下电缆与公路、铁道交叉时，应采用穿管敷设。

2）地下电缆通过房屋、广场的区段，以及电缆敷设在规划中将作为道路的地段，宜采用穿管敷设。

3）在地下管网较密的工厂区、城市道路狭窄且交通繁忙或道路挖掘困难的通道等电缆数量较多的地区，可采用穿管敷设。

3. 浅槽敷设方式的选择原则

1）地下水位较高的地方宜采用浅槽敷设。

2）通道中电力电缆数量较少，且在不经常有载重车通过的户外配电装置等场所宜采用浅槽敷设。

4. 电缆沟敷设方式的选择原则

1）在化学腐蚀液体或高温熔化金属溢流的场所，或在载重车辆频繁经过的地段，不得采用电缆沟敷设。

2）经常有工业水溢流、可燃粉尘弥漫的厂房内，不宜采用电缆沟敷设。

3）在厂区、建筑物内地下电缆数量较多但不需要采用隧道的地区，城镇人行道开挖不便且电缆需分期敷设的地区，同时不属于上述情况时，宜采用电缆沟敷设。

4）有防爆、防火要求的明敷电缆，应采用埋砂敷设的电缆沟敷设。

5. 电缆隧道敷设方式的选择原则

1）同一通道的地下电缆数量多，电缆沟不足以容纳时应采用电缆隧道敷设。

2）同一通道的地下电缆数量较多，且位于有腐蚀性液体或经常有地面水流溢的场所，或含有35kV以上高压电缆以及穿越公路、铁道等地段，宜采用电缆隧道敷设。

3）受城镇地下通道条件限制或交通流量较大的道路下，与较多电缆沿同一路径有非高温的水、气和通信电缆管线共同配置时，可在公用性隧道中敷设电缆。

6. 电缆竖井敷设的选择原则

垂直走向的电缆，宜沿墙、柱敷设；当电缆数量较多，或含有35kV以上高压电缆时，应采用电缆竖井敷设。

7. 电缆架空敷设的选择原则

在地下水位较高的地方、化学腐蚀液体溢流的场所，厂房内应采用支持式架空敷设。建筑物或厂区不宜地下敷设时，可采用架空敷设。明敷且不宜采用支持式架空敷设的地方，可采用悬挂敷设。

8. 水下电缆敷设的选择原则

通过河流、水库的电缆，无条件利用桥梁、堤坝敷设时，可采取水下敷设。

9. 电缆桥架敷设的选择原则

厂房内架空桥架敷设方式不宜设置检修通道，城市电缆线路架空桥架敷设方式可设置检修通道。

10. 排管敷设方式

对于电缆线路较多（一般在 10 ~ 20 根）、道路少弯曲、交通繁忙的路径及有机动车等重载的地段，如市区街道、穿越小型建筑物等，多采用排管敷设。

5.3.3 电力电缆的敷设施工

电力电缆的敷设施工方法各有异同，各有优缺点，究竟用哪种方法，要根据现场的实际情况及电缆的长短、多少来选择。下面仅对经常采用的下直埋敷设、电缆沟（或隧道）敷设的施工工艺做一介绍。

1. 电缆直埋敷设

电缆直埋敷设是一种最常用的经济简单的敷设方法，可用于交通不密集的场所。电缆埋于地下，有利于散热，可提高电缆的利用率。但直埋敷设不便于检修，也不便于监护。

（1）电缆沟的挖掘　电缆沟的挖掘应沿着勘察测量画出的白粉线进行，深度一般为 800mm，穿越农田时不应小于 1m，66kV 及以上的电缆不应小于 1m，只有在引入建筑物、与地下建筑物交叉及绕过地下建筑物处，可浅埋，但应埋设保护管。电缆沟的宽度由电缆的根数确定，见表 5-8，电缆沟尺寸示意图如图 5-9 所示。如遇障碍物或冻土层较浅的区域，则应适当加深电缆沟深度。电缆沟的转角处要挖成圆弧形，并保证电缆的允许弯曲半径。电缆接头的地方、引入建筑或引自电杆处要挖出备用电缆裕量的预留坑，如图 5-10 所示。电缆之间，电缆与其他管道、道路、建筑物之间平行和交叉时的最小净距应满足表 5-9 所列数值，并应符合 GB 50168—2006 的规定。

在电缆直埋敷设的路径上凡遇到以下情况，则应分别采取保护措施。

① 若遇机械损伤，应加保护钢管。

② 若遇化学作用，应换土并隔离（陶瓷管），或绕开。

③ 若遇地下电流，应屏蔽或加套陶瓷管。

④ 若遇振动，应与地下水泥桩固定。

⑤ 若遇热影响，应用隔热耐腐材料隔离，如石棉水泥板、泡沫混凝土等。

⑥ 若遇腐殖物质，应换土并隔离。

⑦ 若遇虫鼠危害，应加保护管，钢管及陶瓷管等。

挖沟时应注意地下的原有设施，如电缆、管道等，并与有关部门联系，妥善处理，不得随意损坏。所有堆土应掷于沟的一侧，且于 1m 以外，以免放电缆时落于沟内。

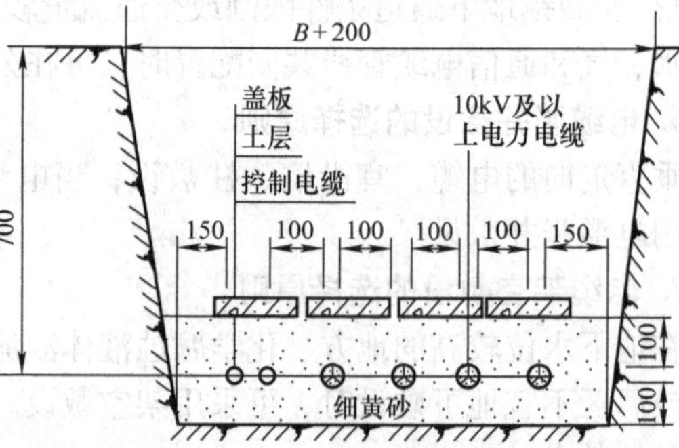

图 5-9　电缆沟尺寸示意图

上述内容，应与施工人员交代清楚，并随时派人检查。

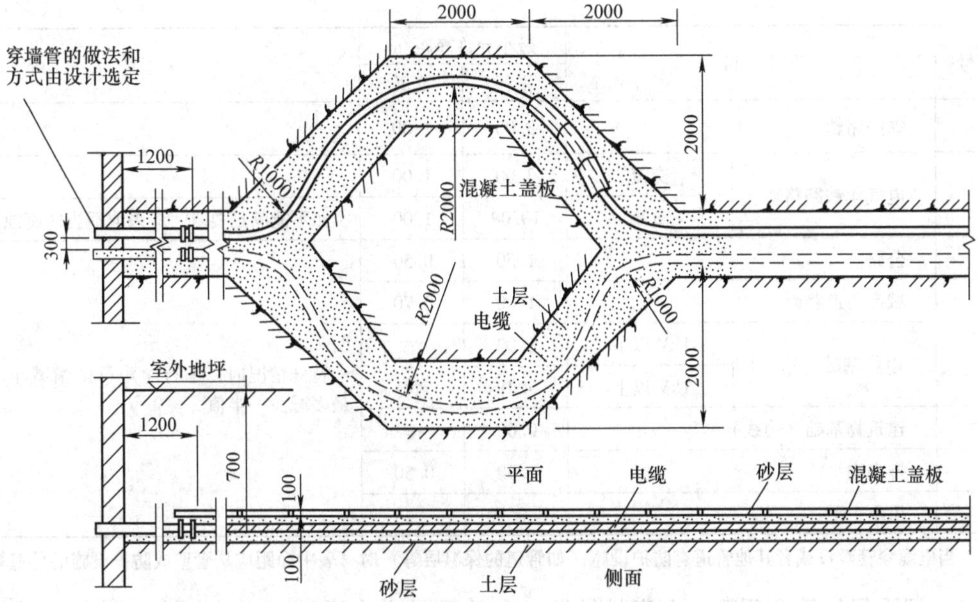

图 5-10　电缆引入室内时室外裕量示意图

表 5-8　35kV 直埋电缆沟宽度表

电缆沟宽度 b/mm		控制电缆或 10kV 及以下电力电缆根数						
		0	1	2	3	4	5	6
35kV 电力电缆根数	1	300	590/620	670/790	750/960	830/1130	910/1300	990/1470
	2	650	940/970	1020/1140	1100/1310	1180/1480	1260/1650	1340/1820
	3	1000	1290/1320	1370/1490	1450/1660	1530/1830	1610/2000	1690/2170

注：表中分子为控制电缆用尺寸，分母为电力电缆尺寸。

表 5-9　直埋敷设的电缆与各种设施的最小净距

序　号	项　目		最小允许净距/m 平行	最小允许净距/m 交叉	备　注
1	电力电缆间及其与控制电缆间	10kV 及以下	0.10	0.50	① 控制电缆间平行敷设的间距不作规定；序号第 1、3 项，当电缆穿管或用隔板隔开时，平行净距可降低为 0.1m ② 在交叉点前后 1m 范围内，如电缆穿入管中或用隔板隔开，交叉净距可降低为 0.25m
		10kV 以上	0.25	0.502	
2	控制电缆间		—	0.503	
3	不同使用部门的电缆间		0.50	0.50	
4	热管道（管沟）及热力设备		2.00	0.50	① 虽净距能满足要求，但检修管路可能伤及电缆时，在交叉点前后 1m 范围内，尚应采取保护措施 ② 当交叉净距不能满足要求时，应将电缆穿入管中，则其净距可减为 0.25m ③ 对序号第 5 项，应采取隔热措施，使电缆周围土壤的温升不超过 10℃
5	油管道（管沟）		1.00	0.50	
6	可燃气体及易燃液体管道（管沟）		1.00	0.50	
7	其他管道（管沟）		0.50	0.50	

（续）

序 号	项 目		最小允许净距/m		备 注
			平行	交叉	
8	铁路路轨		3.00	1.00	
9	电气化铁路路轨	交流	3.00	1.00	如不能满足要求，应采取适当防腐蚀措施
		直流	10.00	1.00	
10	公路		1.50	0.50	特殊情况时，平行净距可酌情减小，但最多减少一半值
11	城市街道路面		1.00	0.70	
12	电杆基础（边线）	1kV 以下	1.00	—	
		1kV 以上	4.0		
13	建筑物基础（边线）		0.60	—	
14	排水沟		1.00	0.50	
15	树木主干		0.70	—	

注：当电缆穿管敷设或者其他管道有防护设施（如管道的保温层等）时，表中净距应从管壁或防护设施的外壁算起。

（2）埋设保护管及顶管　在穿越铁路、公路及城市街道厂区道路时应埋设保护管，但在穿越铁路、公路或其他不能挖掘明沟的道路时，则通常用顶管的方法设置保护管。顶管是一项专业施工技术，大管径管的使用机具及工艺较复杂，电缆保护管通常直径较小，一般可用简便办法。由于篇幅所限，可参阅电缆施工技术手册。

（3）埋设隔热层　电缆的埋设与热力管道交叉或平行敷设，如不能满足最小允许距离时，见表5-9，应在接近或交叉点前后1m范围内作隔热处理。隔热材料可用250mm厚的泡沫混凝土、石棉水泥板、150mm厚的软木或玻璃丝板。要求材料一要隔热，二要防腐。埋设隔热材料时除应满足热力沟的宽度外，两边各应伸出2m。电缆宜从隔热后的热力沟的下面穿过。任何时候不能将电缆平行敷设在热力沟的上方或下方。穿过热力沟部分的电缆除采用隔热层外，还应穿石棉水泥管保护。

（4）沟内铺砂　沟挖好后应沿全线检查一遍，应符合前述的要求，特别是转角、交叉、设管、隔热及深宽等。合格后可将细砂铺进沟内，厚度为100mm，砂子中不得有石块、锋利物及其他杂物，这一点要向施工人员交代清楚，避免返工。铺好细砂后要进行全线检查，除铺砂外，有无其他不妥及妨碍展放电缆的地方，否则应及时修复。

（5）展放电缆于沟内　展放电缆与架空线路中放线基本相同，所不同的是将电缆放入沟内，并且沟不是直线，除转角外还有穿保护管等。展放电缆必须用放线架。电缆的牵引可用人工牵引或机械牵引。

1）人工牵引展放电缆。人工牵引展放电缆就是每隔几米即有人肩扛着放开的电缆，并在沟内向前移动，或者沟内每隔几米即有人手持展放开的电缆向前传递而人不移动，电缆移动的同时向前牵引电缆。在电缆轴架处有两人或四人分别站在两侧用力转动电缆盘，设有专人检查电缆有无破损或其他不妥之处，并有适当工具，可煞住转动的电缆盘。牵引速度宜慢，转动轴架的速度应与牵引的速度同步，即不能使电缆受到过度的拉力、也不能使电缆大量堆积，以免造成电缆过度弯曲。电缆端部的牵头者必须对敷设现场（如电缆走向、顺序、排列、规格、型号、转角、用途及编号等）十分清楚。遇着保护管时应将电缆穿入保护管，并派人在管口处守候，以免阻卡或发生意外。保护管软长者，用预先穿好的8号钢丝绑扎好电缆再牵引。每放完一盘电缆都应在电缆的首端和尾端挂上编号。第一盘电缆应从电缆的引出端展放，第一盘电缆不够长时，第二盘电缆应从第一盘电缆的末端继续展放，且应该放完一个回路再放一个回路；每放完一个回路不应该将剩余的电缆锯断，需经复核无误且留出制作电缆头和电缆接头及其他辅助用途的余量后才能锯断。

人工牵引展放电缆所需人力较多，劳动强度较大，一般用于工程量较少、线路较短的电缆工程中。

2）机械牵引展放电缆。机械牵引和人工牵引的要求基本相同，主要是牵引方法不同。机械牵引展放电缆应先沿沟底放置滚轮，一般每隔4~5m放一个，并将电缆放在滚轮上，减小与地面、砂面的摩擦，然后用小拖拉机或汽车（也可用人工）牵引电缆，如图5-11所示。人工只是保护电缆不脱轮及在转角处保护电缆不与沟边摩擦。人应站于沟的外侧，用手传递电缆，这里应由有经验的人看管。电缆盘的两侧同样应有人协助转动，并可刹住转动的电缆盘。电缆的牵引端一般用专用的电缆钢丝网套套上，再由机械牵引，牵引速度应小于8m/min。钢丝网套如图5-12所示。如在田间或无需穿保护管时可将牵引机械骑跨在电缆沟上按图5-13牵引。

电缆全部展放完入沟后，应沿全线进行检查和整理，掉入沟内的石块及硬物应捡出。电缆在沟内应有一些波形余量，不要撑的特别直，以防冬季冷却伸直。多根电缆同沟敷设应排列整齐，不得交叉。

（6）盖砂铺砖回填土　全部检查核对无误后，在电缆上面盖一层细砂，要求同前，厚100mm，然后在砂子上面铺盖一层红砖或水泥砖，其宽度应超出电缆两侧各50mm。沟内回填土应分层填好夯实，覆盖土要高于地面150~200mm，以防沉陷。在电缆接头、进户位置应先留出作业的位置，一般应大于3m，待接头作完后再砌井或铺砂盖砖回填土。检查应会同建设单位共同进行，并办理隐蔽工程验收手续。

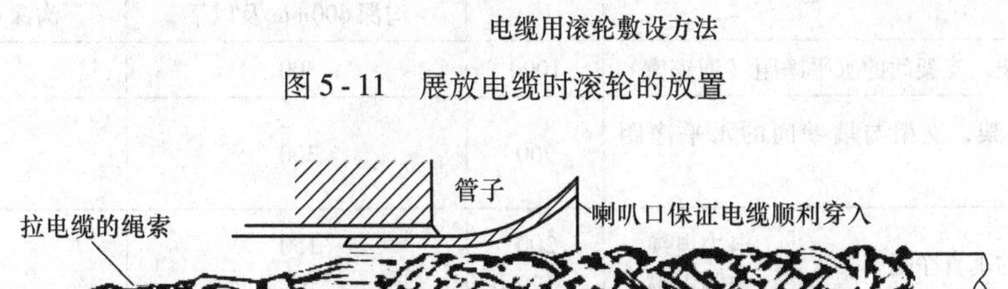

电缆用滚轮敷设方法

图5-11　展放电缆时滚轮的放置

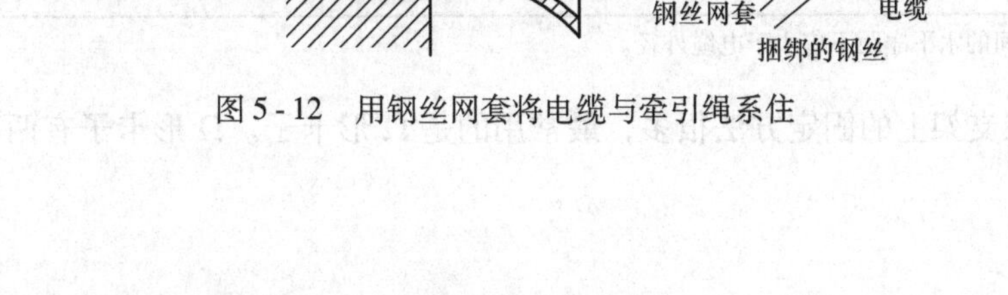

图5-12　用钢丝网套将电缆与牵引绳系住

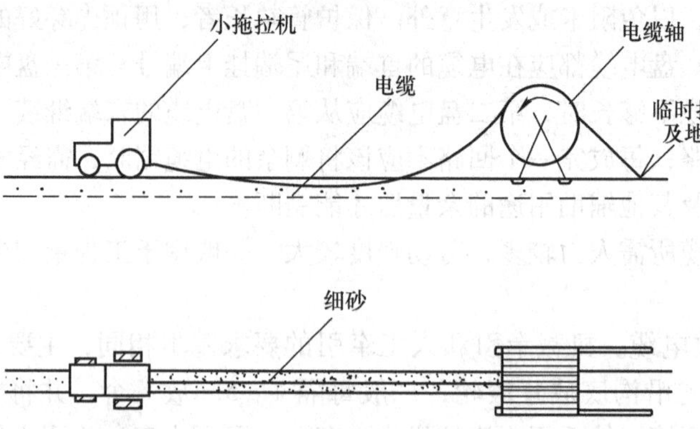

图 5-13 牵引机械骑跨在电缆沟上拖拉电缆

（7）按规定埋设标志牌 根据 GB 50168—2006《电气装置安装工程电缆线路施工及验收规范》在规定的地方埋设电缆标志牌，标志牌应符合规定要求。

2. 电缆沟（或隧道）敷设法

将电缆置于砌筑好的沟内并固定在沟内支架上，便于检修、监护，便于更换电缆，该方法多用于厂区、室内或距离较小的场所。

1）清理沟内外杂物、检查支架预埋情况并修补，把沟盖板全部置于沟上面不利于展放电缆的一侧，另一侧应清理干净。

2）展放电缆的方法多同于人工牵引展放，不同的是电缆应在沟上一侧展放，不得在沟内拖拉，一方面是沟内狭窄，不便操作，再者是易划伤电缆。

一般情况下是先放支架最下层最里面的那根电缆，然后从里到外，从下层到上层依次展放。而电缆在支架上排列时，电力电缆和控制电缆应分开排列；当电力电缆和控制电缆敷设在同一侧支架上时，应将控制电缆放在电力电缆的下一层支架上，低压电缆应放在高压电缆的下一层支架上，并列敷设的电缆之间的净距应符合表 5-10 的规定。

将电缆在沟边放开后，沟上每隔 3 ~ 5m 设一人，将电缆抬起交于沟下的人，然后将电缆放在预埋支架上。抬电缆的时候要保持电缆足够的弯曲半径，人少时要一段一段地放入电缆沟内，这时未放入端应有专人看管。

表 5-10 电缆在电缆沟或隧道内敷设时的最小净距 （单位：mm）

敷设条件 / 类别		电缆隧道	电缆沟	
			沟深 600mm 及以下	沟深 600mm 以上
两边有电缆支架，支架间的水平净距（通道宽）		1000	300	500
一边有电缆支架，支架与墙壁间的水平净距（通道宽）		900	300	450
电缆支架层间的垂直净距	电力电缆	200	150	150
	控制电缆	120	100	100
电力电缆间的水平净距		35	35	35

注：电力电缆间的水平净距不应小于电缆外径。

3）电缆在支架上的固定方法很多，最常用的是 Ω 形卡子。Ω 形卡子有两种，一种是用

2×25mm的扁钢做成的，另一种是尼龙成品件。在使用金属制的卡子时，应垫以塑料带或其他柔性材料衬垫，无论哪种卡子，规格都应与电缆的外径配套，用卡子固定电缆的方法如图5-14所示。若采用挂架时，则可将电缆挂在挂架的钩上。

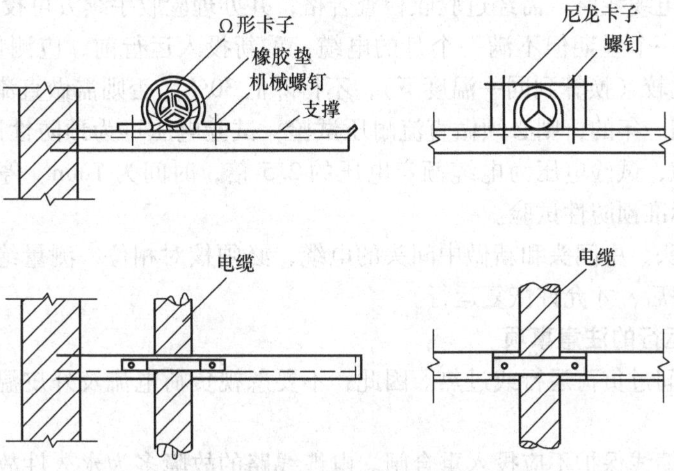

图5-14　用卡子将电缆固定在支架上

4）电缆敷设完后，应及时将沟内杂物清理干净，盖好沟盖板，必要时，应将盖板缝隙密封，以免水、汽、油及灰等侵入。

5）隧道内的敷设方法与电缆沟内基本相同，但展放电缆并引入隧道时，一般采用图5-15的方式，电缆有时也采用挂式安装或支架上安装，如图5-14所示。

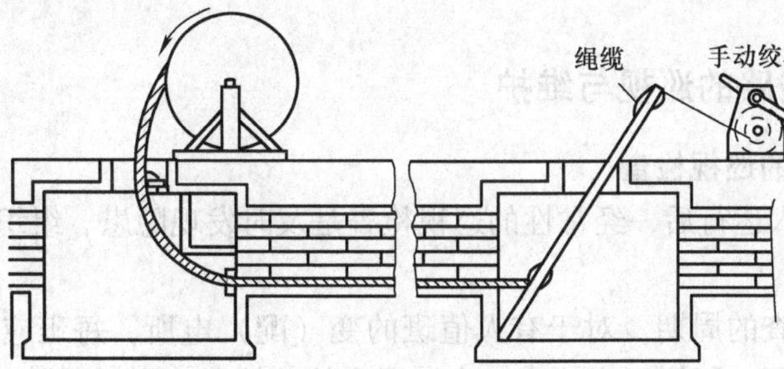

图5-15　电缆在隧道里敷设方法示意图

5.4　电力电缆的运行与维护

电缆线路运行维护要着重做好负荷监视、电缆金属腐蚀监视和绝缘监督三个方面的工作，保持电缆设备始终在良好的状态和防止电缆事故突发。主要项目包括：建立电缆线路技术资料，进行电缆线路巡视检查、电缆预防性试验，防止电缆外力破坏，分析电缆故障原因，进行电缆故障测寻和电缆故障修理等。电缆线路运行维护根据电缆网络的事故率和事故原因，以及不同的地理环境，增添特殊内容，如诱杀白蚁、人孔井水样分析、水树枝切片检查、带电测量和监视绝缘等。

5.4.1 电力电缆的运行

1. 电力电缆投入运行

1）对于新装电缆线路，需经过验收检查合格，并办理验收手续方可投入运行。

2）停电超过一个星期但不满一个月的电缆，重新投入运行前，应测量其绝缘电阻值，与上次试验记录比较（换算到同一温度下），不得降低30%，否则需做直流耐压试验。停电超过一个月但不满一年的，则必须做直流耐压试验，试验电压可为预防性试验电压的一半，如油浸纸绝缘电缆，试验电压为电缆额定电压的2.5倍，时间为1min。停电时间超过试验周期的，必须做标准预防性试验。

3）重做终端头、中间头和新做中间头的电缆，必须核对相位，测量绝缘电阻，并做耐压试验，全部合格后，才允许恢复运行。

2. 电缆线路运行的注意事项

1）不要长时间过负荷运行或过热。因此，不要忽视负荷电流及外皮温度、接头温度的监测。

2）电缆线路馈线保护不应投入重合闸。电缆线路的故障多为永久性故障，若重合闸动作，则必然会扩大事故，威胁电网的稳定运行。

3）电缆线路的馈线跳闸后，不要忽视电缆的检查。重点检查电缆路径有无挖掘、电缆有无损伤，必要时应通过试验进一步检查判断。

4）直埋电缆运行检查时要特别注意：电缆附近地面不能随便挖掘；电缆路径附近地面不准堆放重物、腐蚀性物质及无临时建筑；电缆路径标志桩和保护设施不能随便移动、拆除。

5.4.2 电力电缆线路的巡视与维护

1. 电力电缆线路的巡视检查

电力电缆线路投入运行后，经常性的巡视检查是及时发现隐患、组织维修和避免引发事故的有效措施。

（1）日常巡视检查的周期　对于有人值班的变（配）电所，每班应检查一次；对于无人值班的变（配）电所，每周至少检查一次。遇有特殊情况，则根据需要做特殊巡视。

（2）日常巡视检查内容

1）观察电缆线路的电流表，看实际电流是否超出了电缆线路的额定载流量。

2）电缆终端头的连接点有无过热变色。

3）油浸纸绝缘电缆及终端头有无渗油、漏油现象。

4）并联使用的电缆有无因负荷分配不均匀而导致某根电缆过热。

5）有无打火、放电声响及异常气味。

6）终端头接地线有无异常。

（3）定期检查周期

1）敷设在土壤、隧道以及沿桥梁架设的电缆，发电厂、变电所的电缆沟、电缆井、电缆架及电缆段等的巡查，每三个月至少检查一次。

2）敷设在竖井内的电缆，每半年至少检查一次。

3）电缆终端头，根据现场运行情况每1～3年停电检查一次；室外终端头每月巡视一次，每年二月及十一月进行停电清扫检查。

4）对挖掘暴露的电缆，酌情加强巡视。

5）雨后，对可能被雨水冲刷的地段，应进行特殊巡视检查。

（4）定期检查内容

1）直埋电缆线路。线路标桩是否完整无缺；路径附近地面有无挖掘；沿路径地面上有无堆放重物、建筑材料及临时建筑，有无腐蚀性物质；室外露出地面电缆的保护设施有无移位锈蚀，其固定是否可靠；电缆进入建筑物处有无漏水现象。

2）敷设在沟道、隧道及混凝土管中的电缆线路。沟道的盖板是否完整无缺；人孔及手孔井内积水坑有无积水，墙壁有无裂缝或渗漏水，井盖是否完好；沟内支架是否牢固，有无锈蚀；沟道、隧道中是否有积水或杂物；在管口和挂钩处的电缆铅包有无损坏，衬铅是否失落；电缆沟进出建筑物处有无渗漏水现象；电缆外皮及铠装有无锈蚀、腐蚀及鼠咬现象。

3）室外电缆终端头。终端头的绝缘套管应完整、清洁，无闪络放电痕迹，附近无鸟巢；连接点接触应良好，无发热现象；检查绝缘胶有无塌陷、软化和积水；终端头是否漏油、铅包及封铅处有无龟裂；芯线、引线的相间及对地距离是否符合规定，接地线是否完好；相位颜色是否明显，是否与电力系统的相位相符。

2. 电力电缆试验

1）新电缆敷设前应做交接试验；安装竣工后和投入运行前也应做交接试验。

2）接于电力系统的主进电缆及重要电缆，每年应进行一次预防性试验；其他电缆，一般每1～3年试验一次。预防性试验宜在春秋季土壤中水分饱和时进行。

3）新敷设的带有中间接头的电缆线路，在投入运行3个月后，应进行预防性试验，以后按试验周期进行。

3. 电力电缆线路故障类型

（1）低阻接地或短路故障　电缆导体有一芯（或数芯）对地绝缘电阻或导体芯与导体芯之间的绝缘电阻低于100kΩ，而导体连续性良好。一般常见的有单相、两相及三相短路或接地。

（2）高阻接地或短路故障　电缆导体有一芯（或数芯）对地绝缘电阻或导体芯与导体芯之间的绝缘电阻大大低于正常值但高于100kΩ，而导体连续性良好。一般常见的有单相、两相及三相短路或接地。

（3）断线故障　电缆导体各芯绝缘良好，但有一芯（或数芯）导体不连续。

（4）断线并接地故障　电缆导体有一芯（或数芯）导体不连续，而且经电阻接地。

（5）闪络性故障　这类故障大多数在预防性耐压试验时发生，并多出现于电缆中间接头或终端头，有时在接近所要求的试验电压时击穿，然后又恢复，有时会连续击穿，间隔时间数秒至数分钟不等。

上述五类故障中，高阻与低阻之分并非绝对固定，它主要取决于试验设备和被测电缆导体电阻的大小。

4. 电力电缆故障产生的原因及对策

（1）外力损伤　在电缆的保管、运输、敷设和运行过程中都可能遭受外力损伤，特别是已运行的直埋电缆，在其他工程的地面施工中易遭损伤，这类事故往往占电缆事故的50%。为避免这类事故的发生，除需加强电缆保管、运输及敷设等各环节的工作质量外，更重要的是严格执行动土制度。

（2）保护层腐蚀　地下杂散电流的电化腐蚀或非中性土壤的化学腐蚀使保护层失效，失去对绝缘的保护作用。解决办法是，在杂散电流密集区安装排流设备；当电缆线路上的局部土壤含有损害电缆铅包的化学物质时，应将这段电缆装于管内，并用中性土壤作电缆的衬垫及覆盖，还要在电缆上涂以沥青。

（3）铅包疲劳、龟裂及胀裂　造成此故障的原因是该电缆品质不良，可以通过加强敷设前对电缆的检查来避免。如电缆安装质量或环境条件很差，安装时局部电缆受到多次弯曲，弯曲半径过小，终端头、中间头发热导致附近电缆段过热，周围电缆密集不易散热等，这要通过抓好施工质量得以解决。

（4）过电压、过负荷运行　电缆电压选择不当，在运行中突然有高压串入或长期超负荷，都可能使电缆绝缘强度遭破坏，将电缆击穿。这需要通过加强巡视检查、改善运行条件来及时解决。

（5）户外终端头浸水爆炸　因施工不良，绝缘胶未灌满，致终端头浸水，最终发生爆炸。因此，要严格执行施工工艺流程，认真验收，加强检查和及时维修，对已爆炸的终端头要截去重做。

（6）户内终端头漏油　终端头漏油，破坏了密封结构，使电缆端部浸渍剂流失干枯，热阻增加，绝缘加速老化，易吸收潮气，造成热击穿。发现终端头渗漏油时应加强巡视，严重时应停电重做。

本章小结

本章介绍了电力电缆的种类、结构、型号及载流能力；电力电缆型号、导体截面积的选择；电力电缆的敷设方式及敷设方式的选择、施工；电力电缆的运行维护等内容。通过本章学习，使学生对电缆知识有所了解。

电力电缆可以根据电压等级、线芯截面积、导体芯数、截面形状、绝缘材料及结构特点等分类，电力电缆的结构由导电线芯、绝缘层、屏蔽层和保护层四部分组成，我国电缆产品的型号由几个大写的汉语拼音字母和阿拉伯数字组成。

电缆型号选择包括电缆导体材质的选择、绝缘材料的选择和外护层类型的选择。

电缆导体截面积的选择，可以根据电缆的工作电流、经济电流密度选择，并根据实际情况按机械强度、发热条件、电缆短路时的热稳定度以及电网允许的电压损耗校验，从中选取最大者。

电力电缆的主要敷设方式有浅槽敷设、直埋敷设、排管敷设、电缆沟敷设、隧道敷设、桥架敷设、电缆竖井敷设、架空敷设及水下电缆敷设等。电缆的敷设方式要根据实际情况，按照相关规范要求选择。此外，还介绍了常用的直埋敷设方式和电缆沟敷设方式的施工工艺。

电缆的运行与维护主要包括电力电缆投入运行、电力电缆线路的巡视检查、电力电缆试验、电力电缆故障原因分析及对策等内容。

习题与思考题

5-1　电力电缆是如何分类的？各类型在结构上有什么特点？

5-2　怎样选择和校验电缆线芯的截面积？

5-3　什么是电力电缆的允许载流量？

5-4　电力电缆导线截面积的选择有哪些方法？

5-5　电力电缆敷设常有哪些方法？各有什么特点？

5-6　电力电缆线路的日常巡视检查及定期检查周期如何规定？

5-7　电力电缆线路的日常巡视检查及定期检查内容有哪些？

5-8　电力电缆的常见故障有哪些？

附　录

附录 A　常用架空导线和地线的规格和性能

表 A-1　LGJ 钢芯铝绞线（GB/T 1179—1983）

标称截面积(铝/钢)/mm^2	根数/直径/mm		计算截面积/mm^2			外径/mm	直流电阻不大于/(Ω/km)	计算拉断力/N	单位长度质量/(kg/km)	交货长度/m
	铝	钢	铝	钢	总计					
10/2	6/1.50	1/1.50	10.60	1.77	12.37	4.50	2.706	4120	42.9	3000
16/3	6/1.85	1/1.85	16.13	2.69	18.82	5.55	1.779	6130	65.2	3000
25/4	6/2.32	1/2.32	25.36	4.23	29.59	6.96	1.131	9290	102.6	3000
35/6	6/2.72	1/2.72	34.86	5.81	40.67	8.16	0.8230	12630	141.0	3000
50/8	6/3.20	1/3.20	48.25	8.04	56.59	9.60	0.5946	16870	195.1	2000
50/30	12/2.32	7/2.32	50.73	29.59	80.32	11.60	0.5692	42620	372.9	3000
70/10	6/3.80	1/3.80	68.05	11.34	79.39	11.40	0.4217	23390	275.2	2000
70/40	12/2.72	7/2.72	69.73	40.67	110.40	13.60	0.4141	58300	511.3	2000
95/15	26/2.15	7/1.67	94.39	15.33	109.72	13.61	0.3058	35000	380.8	2000
95/20	7/4.16	7/1.85	95.14	18.82	113.96	13.87	0.3019	37200	408.9	2000
95/55	12/3.20	7/3.20	96.51	56.30	152.81	16.00	0.2992	78110	707.7	2000
120/7	18/2.90	1/2.90	118.89	6.16	125.50	14.50	0.2422	27570	379.0	2000
120/20	26/2.38	7/1.85	115.67	18.82	134.49	15.07	0.2496	41000	466.8	2000
120/25	7/4.72	7/2.10	122.48	24.25	146.73	15.74	0.2345	47880	526.6	2000
120/70	12/3.60	7/3.60	122.15	71.25	193.40	18.00	0.2364	98370	895.6	2000
150/8	18/3.20	1/3.20	144.76	8.04	152.80	16.00	0.1989	32860	461.4	2000
150/20	24/2.78	7/1.85	145.68	18.82	164.50	16.67	0.1980	46630	549.4	2000
150/25	26/2.70	7/2.10	148.86	24.25	173.11	17.10	0.1939	54110	601.0	2000
150/35	30/2.50	7/2.50	147.26	34.36	181.62	17.50	0.1962	65020	676.2	2000
185/10	18/3.60	1/3.60	183.22	10.18	193.40	18.00	0.1572	40880	584.0	2000
185/25	24/3.15	7/2.10	187.04	24.25	211.29	18.90	0.1542	59420	706.1	2000
185/30	26/2.98	7/2.32	181.34	29.59	210.93	18.88	0.1592	64320	732.6	2000
185/45	30/2.80	7/2.80	184.73	43.10	227.83	19.60	0.1564	80190	848.2	2000
210/10	18/3.80	1/3.80	204.14	11.34	215.48	19.00	0.1411	45140	650.7	2000
210/25	24/3.33	7/2.22	209.02	27.10	236.12	19.98	0.1380	65990	789.1	2000
210/35	26/3.22	7/2.50	211.73	34.36	246.09	20.38	0.1363	74250	853.9	2000

（续）

标称截面积(铝/钢)/mm²	根数/直径/mm		计算截面积/mm²			外径/mm	直流电阻不大于/(Ω/km)	计算拉断力/N	单位长度质量/(kg/km)	交货长度/m
	铝	钢	铝	钢	总计					
210/50	30/2.98	7/2.98	209.24	48.82	258.06	20.86	0.1381	90830	960.8	2000
240/30	24/3.60	7/2.40	244.29	31.67	275.96	21.60	0.1180	75620	922.2	2000
240/40	26/3.42	7/2.66	238.85	38.90	277.75	21.66	0.1209	83370	964.3	2000
240/55	30/3.20	7/3.20	241.27	56.30	297.57	22.40	0.1198	102100	1108	2000
300/15	42/3.00	7/1.67	296.88	15.33	312.21	23.01	0.09724	68060	939.8	2000
300/20	45/2.93	7/1.95	303.42	20.91	324.33	23.43	0.09520	75680	1002	2000
300/25	48/2.85	7/2.22	306.21	27.10	333.31	23.76	0.09433	83410	1058	2000
300/40	24/3.99	7/2.66	300.09	38.90	338.99	23.94	0.09614	92220	1133	2000
300/50	26/3.83	7/2.98	299.54	48.82	348.36	24.26	0.09636	103400	1210	2000
300/70	30/3.60	7/3.6	305.36	71.25	376.61	25.20	0.09463	128000	1402	2000
400/20	42/3.51	7/1.95	406.40	20.91	427.31	26.91	0.07104	88850	1286	1500
400/25	45/3.33	7/2.22	391.91	27.10	419.01	26.64	0.07370	95940	1295	1500
400/35	48/3.22	7/2.50	390.88	34.36	425.24	26.82	0.07389	103900	1349	1500
400/50	54/3.07	7/3.07	399.73	51.82	451.55	27.63	0.07232	123400	1511	1500
400/65	26/4.42	7/3.44	398.94	65.06	464.00	28.00	0.07236	135200	1611	1500
400/95	30/4.16	19/2.50	407.75	93.27	501.02	29.14	0.07087	171300	1860	1500
500/35	45/3.75	7/2.50	497.01	34.36	531.37	30.00	0.05812	119500	1642	1500
500/45	48/3.60	7/2.80	488.58	43.10	531.68	30.00	0.05912	128100	1688	1500
500/65	54/3.44	7/3.44	501.88	65.06	566.94	30.96	0.05760	154000	1897	1500
630/45	45/4.20	7/2.80	623.45	43.10	666.55	33.60	0.04633	148700	2060	1200
630/55	48/4.12	7/3.20	639.92	56.30	696.22	34.32	0.04514	164400	2209	1200
630/80	54/3.87	19/2.32	635.19	80.32	715.51	34.82	0.04551	192900	2388	1200
800/55	45/4.80	7/3.20	814.30	56.30	870.60	38.40	0.03547	191500	2690	1000
800/70	48/4.63	7/3.60	808.15	71.25	879.40	38.58	0.03574	207000	2791	1000
800/100	54/4.33	19/2.60	795.17	100.88	896.05	38.98	0.03635	241100	2991	1000

注：综合拉断力为计算拉断力的95%。

表 A-2　镀锌钢绞线（YB/T 5004—2001）

结构	直径/mm		全部钢丝断面积/mm²	参考质量/(kg/km)	公称抗拉强度/MPa			
					1270	1370	1470	1570
	钢绞线	钢丝			钢绞线最小破断拉力/kN			
1×3	6.2	2.90	19.82	16.49	23.10	24.90	26.80	28.60
	6.4	3.20	24.13	20.09	28.10	30.40	32.60	34.80
	7.5	3.50	28.86	24.03	33.70	36.30	39.00	41.60
	8.6	4.00	37.7	31.38	44.00	47.50	50.90	54.40

（续）

结构	直径/mm		全部钢丝断面积/mm²	参考质量/(kg/km)	公称抗拉强度/MPa			
					1270	1370	1470	1570
	钢绞线	钢丝			钢绞线最小破断拉力/kN			
1×7	3.0	1.00	5.5	4.58	6.42	6.92	7.43	7.94
	3.3	1.10	6.65	5.54	7.77	8.38	8.99	9.60
	3.6	1.20	7.92	6.59	9.25	9.97	10.70	11.40
	3.9	1.30	9.29	7.73	10.80	11.70	12.50	13.40
	4.2	1.40	10.78	8.97	12.50	13.50	14.50	15.50
	4.5	1.50	12.37	10.3	14.40	15.50	16.70	17.80
	4.8	1.60	14.07	11.71	16.40	17.70	19.00	20.30
	5.1	1.70	15.89	13.23	18.50	20.00	21.40	22.90
	5.4	1.80	17.81	14.83	20.80	22.40	24.00	25.70
	6.0	2.00	21.99	18.31	25.60	27.70	29.70	31.70
	6.6	2.20	26.61	22.15	31.00	33.50	35.90	38.40
	7.2	2.40	31.67	25.36	37.00	39.90	42.80	45.70
	7.8	2.60	37.16	30.93	43.40	46.80	50.20	53.60
	8.4	2.80	43.1	35.88	50.30	54.30	58.20	62.20
	9.0	3.00	49.48	41.19	57.80	62.30	66.90	71.40
	9.6	3.20	56.3	46.87	65.70	70.90	76.10	81.30
	10.5	3.50	67.35	56.07	78.60	84.80	91.00	97.20
	11.4	3.80	79.39	66.09	92.70	100.00	107.00	114.00
	12.0	4.00	87.96	73.22	102.00	110.00	118.00	127.00
1×19	5.0	1.00	14.92	12.42	17.00	18.40	19.70	21.00
	5.5	1.10	18.06	15.03	20.60	22.20	23.80	25.50
	6.0	1.20	21.49	17.89	24.50	26.50	28.40	30.30
	6.5	1.30	25.22	20.99	28.80	31.00	33.30	35.60
	7.0	1.40	29.25	24.35	33.40	36.00	38.60	41.30
	8.0	1.60	38.2	31.8	43.60	47.10	50.50	53.90
	9.0	1.80	48.35	40.25	55.20	59.60	63.90	68.30
	10.0	2.00	59.69	49.69	68.20	73.60	78.90	84.30

（续）

结构	直径/mm		全部钢丝断面积/mm^2	参考质量/(kg/km)	公称抗拉强度/MPa			
					1270	1370	1470	1570
	钢绞线	钢丝			钢绞线最小破断拉力/kN			
1×19	11.0	2.20	72.22	60.12	82.50	89.00	95.00	102.00
	12.0	2.40	85.95	71.55	98.20	105.00	113.00	121.00
	12.5	2.50	93.27	77.64	106.00	114.00	123.00	131.00
	13.0	2.60	100.88	83.98	115.00	124.00	133.00	142.00
	14.0	2.80	116.99	97.36	133.00	144.00	154.00	165.00
	15.0	3.00	134.3	118.8	153.00	165.00	177.00	189.00
	16.0	3.20	152.81	127.21	174.00	188.00	202.00	215.00
	17.5	3.50	182.8	152.17	208.00	225.00	241.00	258.00
	20.0	4.00	238.76	198.76	272.00	294.00	315.00	337.00
1×37	7.0	1.00	29.06	24.19	31.30	33.80	36.30	38.70
	7.7	1.10	35.16	29.27	37.90	40.90	43.90	46.90
	9.1	1.30	49.11	40.88	53.00	57.10	61.30	65.50
	9.8	1.40	56.96	47.42	61.40	66.30	71.10	76.00
	11.2	1.60	74.39	61.92	80.30	86.60	92.90	99.20
	12.6	1.80	94.15	78.38	101.00	109.00	117.00	125.00
	14.0	2.00	116.24	96.76	125.00	135.00	145.00	155.00
	15.5	2.20	140.65	117.08	151.00	163.00	175.00	187.00
	16.8	2.40	167.38	139.34	180.00	194.00	209.00	223.00
	17.5	2.50	181.62	151.19	196.00	211.00	226.00	242.00
	18.2	2.60	196.44	163.53	212.00	228.00	245.00	262.00
	19.6	2.80	227.83	189.66	245.00	265.00	284.00	304.00
	21.0	3.00	261.54	217.72	282.00	304.00	326.00	349.00
	22.4	3.20	297.57	247.72	321.00	346.00	371.00	397.00
	24.5	3.50	355.98	296.34	384.00	414.00	444.00	475.00
	28.0	4.00	464.95	387.06	501.00	541.00	580.00	620.00

表 A-3　LH_AGJ/LH_BGJ 钢芯铝合金绞线（GB/T 9329—1988）

标称截面积/mm²	根数/直径/mm		计算截面积/mm²			外径/mm	单位长度质量/(kg/km)					计算拉断力/kN	直流电阻不大于/(Ω/km)	交货长度/m
	铝合金	钢	铝合金	钢	合计		铝合金	钢	LA_AGJ LH_BGJ	LH_AGJF_1 LH_BGJF_1	LH_AGJF_2 LH_BGJF_2			
10/2	6/1.50	1/1.50	10.60	1.76	12.37	4.50	29.0	13.7	42.8	42.8	42.8	5.18	3.14026	3000
16/3	6/1.85	1/1.85	16.12	2.68	18.81	5.55	44.2	20.9	65.1	65.1	65.1	7.89	2.06494	3000
25/4	6/2.32	1/2.32	25.36	4.22	29.59	6.96	69.5	32.8	102.4	102.4	102.4	12.26	1.31272	3000
35/6	6/2.72	1/2.72	34.86	5.81	40.67	8.16	95.5	45.2	140.7	140.7	140.7	16.86	0.95487	3000
50/8	6/3.20	1/3.20	48.25	8.04	56.29	9.60	132.2	62.5	194.8	194.8	194.8	23.05	0.68999	2000
50/30	12/2.32	7/2.32	50.72	29.59	80.31	11.60	139.9	231.2	371.1	378.7	382.6	48.58	0.65628	3000
70/10	6/3.80	1/3.80	68.04	11.34	79.38	11.40	186.5	88.2	274.7	274.7	274.7	32.51	0.48930	2000
70/40	12/2.72	7/2.72	69.72	40.67	110.40	13.60	192.3	317.7	510.1	520.6	525.9	66.78	0.47743	2000
95/15	26/2.15	7/1.67	94.36	15.33	109.72	13.61	260.4	119.7	380.2	384.1	400.8	45.72	0.35508	2000
95/55	12/3.20	7/3.20	96.50	56.29	152.80	16.00	266.2	43.8	706.0	720.6	728.0	90.46	0.34494	2000
120/7	18/2.90	1/2.90	118.89	6.00	125.49	14.50	327.1	51.3	378.5	378.5	396.7	42.47	0.28114	2000
120/20	26/2.38	7/1.85	115.66	28.81	134.48	15.07	319.1	147.0	466.1	471.0	491.4	56.05	0.28780	2000
120/70	12/3.60	7/3.60	122.14	71.25	193.39	18.00	336.9	556.2	893.6	912.0	921.3	114.50	0.27253	2000
150/8	18/3.20	1/3.20	144.76	8.04	152.80	16.00	398.3	62.5	460.9	460.9	483.0	51.43	0.23090	2000
150/25	26/2.70	7/2.10	148.86	24.24	173.10	17.10	410.3	189.4	600.1	606.4	632.7	72.18	0.22361	2000
185/10	18/3.60	1/3.60	183.21	10.17	193.39	18.00	504.1	79.1	583.3	583.3	611.3	65.09	0.18244	2000
185/30	26/2.98	7/2.32	181.34	29.59	210.93	18.88	500.3	231.2	731.5	739.1	771.3	86.98	0.18356	2000
210/10	18/3.80	1/3.80	204.14	11.34	215.48	19.00	561.7	88.2	649.9	649.9	681.1	72.52	0.16374	2000

（续）

标称截面积/mm^2	根数/直径/mm		计算截面积/mm^2			外径/mm	单位长度质量/(kg/km)					计算拉断力/kN	直流电阻不大于/(Ω/km)	交货长度/m
	铝合金	钢	铝合金	钢	合计		铝合金	钢	LA_AGJ LH_BGJ	LH_AGJF_1 LH_BGJF_1	LH_AGJF_2 LH_BGJF_2			
210/35	26/3.22	7/2.50	211.72	34.36	246.08	20.38	584.1	268.4	852.6	861.5	898.7	101.35	0.15722	2000
240/30	24/3.60	7/2.40	244.29	31.66	275.95	21.60	673.6	247.4	921.0	929.2	971.3	107.85	0.13626	2000
240/40	26/3.42	7/2.66	238.84	38.90	277.74	21.66	658.9	303.9	962.9	972.9	1015.2	114.48	0.13937	2000
300/20	45/2.93	7/1.95	303.41	20.90	324.32	23.43	837.7	163.3	1001.0	1006.4	1071.3	113.70	0.10791	2000
300/50	26/3.83	7/2.98	299.54	48.82	348.36	24.26	826.4	381.4	1207.9	1220.5	1273.5	143.62	0.11189	2000
300/70	30/3.60	7/3.60	305.36	71.25	376.61	25.20	843.3	556.6	1400.0	1418.4	1474.7	168.36	0.10987	2000
400/25	45/3.33	7/2.22	391.91	27.09	419.00	26.64	1082.0	211.6	1293.7	1300.7	1384.9	146.97	0.08493	1500
400/50	54/3.07	7/3.07	399.72	51.81	451.54	27.63	1104.7	404.8	1509.6	1522.9	1611.6	174.67	0.08328	1500
440/95	30/4.10	19/2.50	407.75	93.26	501.01	29.14	1126.1	731.2	1857.4	1884.1	1959.6	226.01	0.08164	1500
500/35	45/3.75	7/2.50	497.00	34.36	531.37	30.00	1372.2	268.4	1640.6	1649.5	1756.2	185.22	0.06698	1500
500/65	54/3.44	7/3.44	501.88	65.05	566.93	30.96	1387.0	508.3	1895.4	1912.2	2023.5	219.31	0.06632	1500
630/45	45/4.20	7/2.80	632.44	43.10	666.55	33.60	1721.3	336.7	2058.0	2069.2	2203.0	232.34	0.05339	1200
630/80	54/3.87	19/2.32	635.19	80.31	715.51	34.82	1755.5	629.7	2385.2	2408.2	2548.8	278.14	0.05285	1200
800/55	45/4.80	7/3.20	814.00	56.29	870.59	38.40	2248.2	439.8	2688.1	2702.6	2877.5	301.50	0.04087	1000
800/100	54/4.33	19/2.60	795.16	100.87	896.04	38.98	2197.6	790.8	2988.5	3017.4	3194.1	348.57	0.04186	1000
1000/45	72/4.21	7/2.80	1002.70	43.10	1045.37	42.08	2769.2	33.7	3105.9	3117.1	3353.3	343.71	0.03348	1000
1000/125	54/4.84	19/2.90	993.51	125.49	1119.01	43.54	2745.8	983.9	3729.8	3765.7	3985.2	434.91	0.03379	1000

注：1. 钢芯铝合金绞线型号：LH_AGJ 为钢芯热处理铝镁硅合金绞线；LH_BGJ 为钢芯热处理铝镁硅稀土合金绞线；LH_AGJF_1、LH_AGJF_2 分别为轻防腐、防腐钢芯热处理铝镁硅合金绞线；LH_BGJF_1、LH_BGJF_2 分别为轻防腐、防腐钢芯热处理铝镁硅稀土合金绞线。

2. 产品型号、规格及标准编号方法举例：标称截面积为铝合金 400mm^2、钢 50mm^2 的钢芯热处理铝镁硅稀土合金绞线，表示为 LH_BGJ－400/50 GB 9329—1988。

表 A-4 JL/G1A 钢芯铝绞线性能

标称截面积（铝/钢）/mm²	铝钢比/(%)	面积/mm²			单线根数		单线直径/mm		直径/mm		单位长度质量/(kg/km)	额定抗拉力/kN	直流电阻（20℃）/(Ω/km)
		铝	钢	总和	铝	钢	铝	钢	钢芯	绞线			
10/2	17	10.60	1.77	12.37	6	1	1.50	1.50	1.50	4.50	42.8	4.14	2.7062
16/3	17	16.13	2.69	18.82	6	1	1.85	1.85	1.85	5.55	65.1	6.13	1.7791
35/6	17	34.86	5.81	40.67	6	1	2.72	2.72	2.72	8.16	140.8	12.55	0.8230
50/8	17	48.25	8.04	56.30	6	1	3.20	3.20	3.20	9.60	194.8	16.81	0.5946
50/30	58	50.73	29.59	80.32	12	7	2.32	2.32	6.96	11.6	371.1	42.61	0.5693
70/10	17	68.05	11.34	79.39	6	1	3.80	3.80	3.80	11.4	274.8	23.36	0.4217
70/40	58	69.73	40.67	110.40	12	7	2.72	2.72	8.16	13.6	510.2	58.22	0.4141
95/15	16	94.39	15.33	109.73	26	7	2.15	1.67	5.01	13.6	380.2	34.93	0.3059
95/20	20	95.14	18.82	113.96	7	7	4.16	1.85	5.55	13.9	408.2	37.24	0.3020
95/55	58	96.51	56.30	152.81	12	7	3.20	3.20	9.60	16.0	706.1	77.85	0.2992
120/7	6	118.89	6.61	125.50	18	1	2.90	2.90	2.90	14.5	378.5	27.74	0.2422
120/20	16	115.67	18.82	134.49	26	7	2.38	1.85	5.55	15.1	466.1	42.26	0.2496
120/25	20	122.48	24.25	146.73	7	7	4.72	2.10	6.30	15.7	525.7	47.96	0.2346
120/70	58	122.15	71.25	193.40	12	7	3.60	3.60	10.8	18.0	893.7	97.92	0.2364
150/8	6	144.76	8.04	152.80	18	1	3.20	3.20	3.20	16.0	460.9	32.73	0.1990
150/20	13	145.68	18.82	164.50	24	7	2.78	1.85	5.55	16.7	548.5	46.78	0.1981
150/25	16	148.86	24.25	173.11	26	7	2.70	2.10	6.30	17.1	600.1	53.67	0.1940
150/35	23	147.26	34.36	181.62	30	7	2.50	2.50	7.50	17.5	675.0	64.94	0.1962
185/10	6	183.22	10.18	193.40	18	1	3.60	3.60	3.60	18.0	583.3	40.51	0.1572
185/25	13	187.03	24.25	211.28	24	7	3.15	2.10	6.30	18.9	704.9	59.23	0.1543
185/30	16	181.34	29.59	210.93	26	7	2.98	2.32	6.96	18.9	731.4	64.56	0.1592
185/45	23	184.73	43.10	227.83	30	7	2.80	2.80	8.40	19.6	846.7	80.54	0.1564
210/10	6	204.14	11.34	215.48	18	1	3.80	3.80	3.80	19.0	649.9	45.14	0.1411
210/25	13	209.02	27.10	236.12	24	7	3.33	2.22	6.66	20.0	787.8	66.19	0.1380
210/35	16	211.73	34.36	246.09	26	7	3.22	2.50	7.50	20.4	852.5	74.11	0.1364
210/50	23	209.24	48.82	258.06	30	7	2.98	2.98	8.94	20.9	959.0	91.23	0.1381
240/30	13	244.29	31.67	275.96	24	7	3.60	2.40	7.20	21.6	920.7	75.19	0.1181
240/40	16	238.84	38.90	277.74	26	7	3.42	2.66	7.98	21.7	962.8	83.76	0.1209
240/55	23	241.27	56.30	297.57	30	7	3.20	3.20	9.60	22.4	1105.8	101.74	0.1198

（续）

标称截面积（铝/钢）/mm²	铝钢比/(%)	面积/mm²			单线根数		单线直径/mm		直径/mm		单位长度质量/(kg/km)	额定抗拉力/kN	直流电阻(20℃)/(Ω/km)
		铝	钢	总和	铝	钢	铝	钢	钢芯	绞线			
300/15	5	296.88	15.33	312.21	42	7	3.00	1.67	5.01	23.0	938.7	68.41	0.0973
300/20	7	303.42	20.91	324.32	45	7	2.93	1.95	5.85	23.4	1000.8	76.04	0.0952
300/25	9	306.21	27.10	333.31	48	7	2.85	2.22	6.66	23.8	1057.0	83.76	0.0944
300/40	13	300.09	38.90	338.99	24	7	3.99	2.66	7.98	23.9	1131.0	92.36	0.0961
300/50	16	299.54	48.82	348.37	26	7	3.83	2.98	8.94	24.3	1207.7	103.58	0.0964
300/70	23	305.36	71.25	376.61	30	7	3.60	3.60	10.8	25.2	1399.6	127.23	0.0946
400/20	5	406.40	20.91	427.31	42	7	3.51	1.95	5.85	26.9	1284.3	89.48	0.0710
400/25	7	391.91	27.10	419.01	45	7	3.33	2.22	6.66	26.6	1293.5	96.37	0.0737
400/35	9	390.88	34.36	425.24	48	7	3.22	2.50	7.50	26.8	1347.5	103.67	0.0739
400/65	16	398.94	65.06	464.00	26	7	4.42	3.44	10.3	28.0	1608.7	135.39	0.0724
400/95	23	407.75	93.27	501.02	30	19	4.16	2.50	12.5	29.1	1856.7	171.56	0.0709
500/45	9	488.58	43.10	531.68	48	7	3.60	2.80	8.40	30.0	1685.5	127.31	0.0591
630/55	9	639.92	56.30	696.22	48	7	4.12	3.20	9.60	34.3	2206.4	164.31	0.0452
800/55	7	814.30	56.30	870.60	45	7	4.80	3.20	9.60	38.4	2687.5	192.22	0.0355
800/70	9	808.15	71.25	879.40	48	7	4.63	3.60	10.8	38.6	2787.6	207.68	0.0358

表 A-5　JL 铝绞线性能（GB/T 1179—2008）

标称截面积（铝）/mm²	面积/mm²	单线根数	直径/mm		单位长度质量/(kg/km)	额定抗拉力/kN	直流电阻(20℃)/(Ω/km)
			单线	绞线			
35	34.36	7	2.50	7.50	94.0	6.01	0.8333
50	49.48	7	3.00	9.00	135.3	8.41	0.5787
70	71.25	7	3.60	10.8	194.9	11.40	0.4019
95	95.14	7	4.16	12.5	260.2	15.22	0.3010
120	121.21	19	2.85	14.3	333.2	20.61	0.2374
150	148.07	19	3.15	15.8	407.0	24.43	0.1943
185	182.80	19	3.50	17.5	502.4	30.16	0.1574
210	209.85	19	3.75	18.8	576.8	33.58	0.1371
240	238.76	19	4.00	20.0	656.3	38.20	0.1205
300	397.57	37	3.20	22.4	819.8	49.10	0.0969
500	502.90	37	4.16	29.1	1385.5	80.46	0.0573

表 A-6 JLHA1 铝合金绞线性能（GB/T 1179—2008）

标称截面积（铝合金）/mm²	面积/mm²	单线根数	直径/mm		单位长度质量/(kg/km)	额定抗拉力/kN	直流电阻(20℃)/(Ω/km)
			单线	绞线			
10	10.02	7	1.35	4.05	27.4	3.26	3.3205
16	16.08	7	1.71	5.13	44.0	5.22	2.0695
25	24.94	7	2.13	6.39	68.2	8.11	1.3339
35	34.91	7	2.52	7.56	95.5	11.35	0.9529
50	50.14	7	3.02	9.06	137.2	16.30	0.6635
70	70.07	7	3.57	10.7	191.7	22.07	0.4748
95	95.14	7	4.16	12.5	261.5	29.97	0.3514
150	149.96	19	3.17	15.9	412.2	48.74	0.2229
210	209.85	19	3.75	18.8	576.8	66.10	0.1593
240	239.96	19	4.01	20.1	661.1	75.59	0.1397
300	299.43	37	3.21	22.5	825.0	97.32	0.1119
400	399.98	37	3.71	26.0	1102.0	125.99	0.0838
500	500.48	37	4.15	29.1	1380.9	157.65	0.0671
630	631.30	61	3.63	32.7	1741.8	198.86	0.0532
800	801.43	61	4.09	36.8	2211.3	252.45	0.0419
1000	1000.58	61	4.57	41.1	2760.7	315.18	0.0335

表 A-7 JLHA2 铝合金绞线性能（GB/T 1179—2008）

标称截面积（铝合金）/mm²	面积/mm²	单线根数	直径/mm		单位长度质量/(kg/km)	额定抗拉力/kN	直流电阻(20℃)/(Ω/km)
			单线	绞线			
10	10.02	7	1.35	4.05	27.4	2.96	3.2891
16	16.08	7	1.71	5.13	44.0	4.74	20.500
25	24.94	7	2.13	6.39	68.2	7.36	1.3213
35	34.91	7	2.52	7.56	95.5	10.30	0.9439
50	50.14	7	3.02	9.06	137.2	14.79	0.6573
70	70.07	7	3.57	10.7	191.7	20.67	0.4703
95	95.14	7	4.16	12.5	261.5	28.07	0.3481
120	120.36	19	2.84	14.2	330.8	35.51	0.2751
150	149.96	19	3.17	15.9	412.2	44.24	0.2208
210	209.85	19	3.75	18.8	576.8	61.91	0.1578
240	239.96	19	4.01	20.1	661.1	70.79	0.1383
300	299.43	37	3.21	22.5	825.0	88.33	0.1109
400	399.98	37	3.71	26.0	1102.0	117.99	0.0830
500	500.48	37	4.15	29.1	1380.9	147.64	0.0664
630	631.30	61	3.63	32.7	1741.8	186.23	0.0527
800	801.43	61	4.09	36.8	2211.3	236.42	0.0415
1000	1000.58	61	4.57	41.1	2760.7	295.17	0.0332

表 A-8 JLHA1/G1A 钢芯铝合金绞线性能（GB/T 1179—2008）

标称截面积（铝合金/钢）/mm²	铝钢比/(%)	面积/mm²			单线根数		单线直径/mm		直径/mm		单位长度质量/(kg/km)	额定抗拉力/KN	直流电阻(20℃)/(Ω/km)
		铝	钢	总和	铝	钢	铝	钢	钢芯	绞线			
10/2	17	10.60	1.77	12.37	6	1	1.50	1.50	1.50	4.50	42.81	5.51	3.1444
16/3	17	16.13	2.69	18.82	6	1	1.85	1.85	1.85	5.55	65.1	8.39	2.0671
25/4	17	25.36	4.23	29.59	6	1	2.32	2.32	2.32	6.96	102.4	13.06	1.3144
35/6	17	34.86	5.81	40.67	6	1	2.72	2.72	2.72	8.16	140.8	17.96	0.9563
50/8	17	48.25	8.04	56.3	6	1	3.20	3.20	3.20	9.60	194.8	24.53	0.6909
50/30	58	50.73	29.59	80.32	12	7	2.32	2.32	6.96	11.6	371.1	50.22	0.6614
70/10	17	68.05	11.34	79.39	6	1	3.80	3.80	3.80	11.4	274.8	33.91	0.4899
70/40	58	69.73	40.67	110.40	12	7	2.72	2.72	8.16	13.6	510.2	69.03	0.4812
95/15	16	94.39	15.33	109.73	26	7	2.15	1.67	5.01	13.6	380.2	48.62	0.3554
95/55	58	96.51	56.30	152.81	12	7	3.20	3.20	9.60	16.0	706.1	93.29	0.3477
120/7	6	118.89	6.61	125.50	18	1	2.90	2.90	8.70	14.5	378.5	46.17	0.2815
120/20	16	115.67	18.82	134.49	26	7	2.38	1.85	5.55	15.1	466.1	59.61	0.2900
120/70	58	122.15	71.25	193.40	12	7	3.60	3.60	10.8	18.0	893.7	116.85	0.2747
150/8	6	144.76	8.04	152.81	18	1	3.20	3.20	3.20	16.0	460.9	55.90	0.2312
150/25	16	148.86	24.25	173.11	26	7	2.70	2.10	6.30	17.1	600.1	76.75	0.2254
185/10	6	183.22	10.18	193.40	18	1	3.60	3.60	3.60	18.0	583.3	68.91	0.1826
210/10	6	204.14	11.34	215.48	18	1	3.80	3.80	3.80	19.0	649.9	76.78	0.1639
210/35	16	211.73	34.36	246.09	26	7	3.22	2.50	7.50	20.4	852.5	107.98	0.1585
240/30	13	244.29	31.67	275.96	24	7	3.60	2.40	7.20	21.6	920.7	113.05	0.1372
240/40	16	238.84	38.90	277.74	26	7	3.42	2.66	7.98	21.7	962.8	121.97	0.1405
300/20	7	303.42	20.91	324.32	45	7	2.93	1.95	5.85	23.4	1000.8	123.07	0.1106
300/50	16	299.54	48.82	348.37	26	7	3.83	2.98	8.94	24.3	1207.7	150.01	0.1120
300/70	23	305.36	71.25	376.61	30	7	3.60	3.60	10.8	25.2	1399.6	174.57	0.1099

（续）

标称截面积（铝合金/钢）/mm²	铝钢比/(%)	面积/mm²			单线根数		单线直径/mm		直径/mm		单位长度质量/(kg/km)	额定抗拉力/KN	直流电阻（20℃）/(Ω/km)
		铝	钢	总和	铝	钢	铝	钢	钢芯	绞线			
400/25	7	391.91	27.10	419.01	45	7	3.33	2.22	6.66	26.6	1293.5	159.07	0.0857
400/50	13	399.72	51.82	451.54	54	7	3.07	3.07	9.21	27.6	1509.3	186.91	0.0841
400/95	23	407.75	93.27	501.02	30	19	4.16	2.50	12.5	29.1	1856.7	234.77	0.0823
500/35	7	497.01	34.36	531.37	45	7	3.75	2.50	7.50	30.0	1640.3	195.73	0.0675
500/65	13	501.88	65.06	566.94	54	7	3.44	3.44	10.3	31.0	1895.0	234.68	0.0670
630/45	7	623.45	43.10	666.55	45	7	4.20	2.80	8.40	33.6	2057.6	245.52	0.0538
630/80	13	635.19	80.32	715.51	54	19	3.87	2.32	11.6	34.8	2384.7	291.65	0.0529
800/55	7	814.30	56.30	870.60	45	7	4.80	3.20	9.60	38.4	2687.5	318.43	0.0412
800/100	13	795.17	100.88	896.05	54	19	4.33	2.60	13.0	39.0	2987.8	365.48	0.0423
1000/45	4	1002.27	43.10	1045.38	72	7	4.21	2.80	8.40	42.1	3106.8	364.85	0.0335
1000/125	13	993.51	125.50	1119.01	54	19	4.84	2.90	14.5	43.5	3728.9	456.03	0.0338

表 A-9 JLHA2/G1A 钢芯铝合金绞线性能（GB/T 1179—2008）

标称截面积（铝合金/钢）/mm²	铝钢比/(%)	面积/mm²			单线根数		单线直径/mm		直径/mm		单位长度质量/(kg/km)	额定抗拉力/KN	直流电阻（20℃）/(Ω/km)
		铝	钢	总和	铝	钢	铝	钢	钢芯	绞线			
10/2	17	10.60	1.77	12.37	6	1	1.50	1.50	1.50	4.50	42.8	5.20	3.1147
16/3	17	16.13	2.69	18.82	6	1	1.85	1.85	1.85	5.55	65.1	7.90	2.0476
25/4	17	25.36	4.23	29.59	6	1	2.32	2.32	2.32	6.96	102.4	12.30	1.3020
35/6	17	34.86	5.81	40.67	6	1	2.72	2.72	2.72	8.16	140.8	16.91	0.9472
50/30	58	50.73	29.59	80.32	12	7	2.32	2.32	6.96	11.6	371.1	48.70	0.6552
70/10	17	68.05	11.34	79.39	6	1	3.80	3.80	3.80	11.4	274.8	32.55	0.4853
70/40	58	69.73	40.67	110.40	12	7	2.72	2.72	8.16	13.6	510.2	66.94	0.4766
95/15	16	94.39	15.33	109.73	26	7	2.15	1.67	5.01	13.6	380.2	45.79	0.3521

（续）

标称截面积（铝合金/钢）/mm²	铝钢比/（%）	面积/mm²			单线根数		单线直径/mm		直径/mm		单位长度质量/（kg/km）	额定抗拉力/KN	直流电阻（20℃）/（Ω/km）
		铝	钢	总和	铝	钢	铝	钢	钢芯	绞线			
95/55	58	96.51	56.30	152.81	12	7	3.20	3.20	9.60	16.0	706.1	90.40	0.3444
120/7	6	118.89	6.61	125.50	18	1	2.90	2.90	8.70	14.5	378.5	42.60	0.2788
120/20	16	115.67	18.82	134.49	26	7	2.38	1.85	5.55	15.1	466.1	56.14	0.2873
120/70	58	122.15	71.25	193.40	12	7	3.60	3.60	10.8	18.0	893.7	114.41	0.2721
150/8	6	144.76	8.04	152.81	18	1	3.20	3.20	3.20	16.0	460.9	51.55	0.2290
150/25	16	148.86	24.25	173.11	26	7	2.70	2.10	6.30	17.1	600.1	72.28	0.2232
210/10	6	204.14	11.34	215.48	18	1	3.80	3.80	3.80	19.0	649.9	72.70	0.1624
210/35	16	211.73	34.36	246.09	26	7	3.22	2.50	7.50	20.4	852.5	101.63	0.1570
240/30	13	244.29	31.67	275.96	24	7	3.60	2.40	7.20	21.6	920.7	108.17	0.1359
240/40	16	238.84	38.90	277.74	26	7	3.42	2.66	7.98	21.7	962.8	114.81	0.1391
300/20	7	303.42	20.91	324.32	45	7	2.93	1.95	5.85	23.4	1000.8	113.97	0.1096
300/50	16	299.54	48.82	348.37	26	7	3.83	2.98	8.94	24.3	1207.7	144.02	0.1109
300/70	23	305.36	71.25	376.61	30	7	3.60	3.60	10.8	25.2	1399.6	168.46	0.1089
400/25	7	391.91	27.10	419.01	45	7	3.33	2.22	6.66	26.6	1293.5	147.32	0.0849
400/50	13	399.72	51.82	451.54	54	7	3.07	3.07	9.21	27.6	1509.3	174.92	0.0833
400/95	23	407.75	93.27	501.02	30	19	4.16	2.50	12.5	29.1	1856.7	226.61	0.0816
500/35	7	497.01	34.36	531.37	45	7	3.75	2.50	7.50	30.0	1640.3	185.79	0.0669
500/65	13	501.88	65.06	566.94	54	7	3.44	3.44	10.3	31.0	1895.0	219.62	0.0663
630/45	7	623.45	43.10	666.55	45	7	4.20	2.80	8.40	33.6	2057.6	233.05	0.0533
630/80	13	635.19	80.32	715.51	54	19	3.87	2.32	11.6	34.8	2384.7	278.95	0.0524
800/55	7	814.30	56.30	870.60	45	7	4.80	3.20	9.60	38.4	2687.5	302.15	0.0408
800/100	13	795.17	100.88	896.05	54	19	4.33	2.60	13.0	39.0	2987.8	349.57	0.0419
1000/45	4	1002.27	43.10	1045.38	72	7	4.21	2.80	8.40	42.1	3106.8	344.81	0.0332
1000/125	13	993.51	125.50	1119.01	54	19	4.84	2.90	14.5	43.5	3728.9	436.16	0.0335

附录 B　常用导线的比载

表 B-1　LGJ 型钢芯铝绞线比载表　（单位：$\times10^{-3}N/m\cdot mm^2$）

	10/2	16/3	25/4	35/6	50/8	50/30
g_1	34.010	33.974	34.003	33.999	33.990	45.419
$g_2(5)$	106.472	77.717	56.036	44.861	35.959	28.653
$g_2(10)$	325.021	229.099	158.925	123.810	96.574	74.566
$g_2(15)$	655.645	454.147	308.668	236.847	181.764	137.741
$g_2(20)$	1098.346	752.859	505.263	333.973	291.610	218.176
$g_3(5)$	140.482	111.691	90.040	78.859	69.948	74.072
$g_3(10)$	359.031	263.073	192.929	157.809	130.536	119.986
$g_3(15)$	689.655	488.121	342.671	270.846	215.754	183.160
$g_3(20)$	1132.356	786.834	539.266	417.972	325.600	263.595
$g_4(10)$	26.756	21.690	17.300	14.757	12.544	10.622
$g_4(15)$	60.201	48.802	38.925	33.203	28.223	23.900
$g_4(18)$	86.690	70.275	56.052	47.813	40.641	34.416
$g_4(21)$	100.296	81.304	64.849	55.317	47.020	39.817
$g_4(25)$	142.142	115.227	91.906	78.397	66.638	56.431
$g_4(30)$	180.604	146.406	116.775	99.610	84.669	71.700
$g_4(35)$	229.435	185.990	148.348	126.541	107.561	91.086
$g_5(5,10)$	86.214	60.770	42.156	32.842	25.610	19.779
$g_5(5,15)$	193.983	136.734	94.852	73.893	57.622	44.504
$g_5(10,10)$	145.673	99.851	67.013	50.926	38.676	28.936
$g_5(10,15)$	327.764	224.665	150.778	114.584	87.021	65.107
$g_5(15,10)$	205.131	138.932	91.869	69.011	51.742	38.094
$g_5(15,15)$	461.545	312.597	206.705	155.274	116.420	85.711
$g_5(20,10)$	264.589	178.013	116.725	87.095	64.809	47.251
$g_5(20,15)$	595.326	400.528	262.632	195.964	145.819	106.314
$g_6(10)$	43.273	40.307	38.151	37.063	36.230	46.645
$g_6(15)$	69.144	59.463	51.686	47.522	44.180	51.324
$g_6(18)$	93.123	78.056	65.560	58.668	52.981	56.986
$g_6(21)$	105.905	88.117	73.223	64.930	58.018	60.401
$g_6(25)$	146.155	120.131	97.995	85.451	74.806	72.438
$g_6(30)$	183.779	150.296	121.625	105.252	91.237	84.875
$g_6(35)$	231.942	189.067	152.195	131.029	112.804	101.782

（续）

	10/2	16/3	25/4	35/6	50/8	50/30
g_7(5,10)	164.828	127.153	99.420	85.425	74.489	76.667
g_7(5,15)	239.509	176.553	130.782	108.07	90.626	86.413
g_7(10,10)	387.458	281.386	204.236	165.822	136.145	123.425
g_7(10,15)	486.140	345.951	244.859	195.020	156.883	136.512
g_7(15,10)	719.516	507.508	354.772	279.500	221.871	187.079
g_7(15,15)	829.848	579.637	400.188	312.198	245.160	202.222
g_7(20,10)	1162.857	806.719	551.755	426.95	331.987	267.796
g_7(20,15)	1279.313	882.910	599.820	461.631	356.761	284.227

	70/10	70/40	95/15	95/20	95/55	120/7
g_1	33.994	45.418	34.035	35.187	45.417	29.615
g_2(5)	28.639	23.358	23.515	22.956	19.052	21.541
g_2(10)	74.741	59.273	59.665	58.078	47.177	54.130
g_2(15)	138.306	107.746	108.452	105.365	84.375	97.765
g_2(20)	219.334	168.777	169.873	164.818	130.645	152.447
g_3(5)	62.633	68.775	57.550	58.144	64.469	51.157
g_3(10)	108.735	104.691	93.701	93.265	92.594	83.745
g_3(15)	172.300	153.164	142.487	140.553	129.792	127.380
g_3(20)	253.328	214.195	203.909	200.006	176.062	182.062
g_4(10)	10.561	9.060	9.123	8.952	7.701	8.498
g_4(15)	23.763	20.386	20.528	20.141	17.327	19.120
g_4(18)	34.219	29.356	29.560	29.004	24.951	27.533
g_4(21)	39.589	33.963	34.199	33.555	28.867	31.854
g_4(25)	56.107	48.134	48.468	47.556	40.912	45.145
g_4(30)	71.289	61.158	61.583	60.424	51.982	57.360
g_4(35)	90.564	77.694	78.233	76.761	66.037	72.69
g_5(5,10)	19.826	15.723	15.827	15.406	12.514	14.358
g_5(5,15)	44.608	35.376	35.610	34.663	28.157	32.306
g_5(10,10)	29.090	22.385	22.530	21.860	17.327	20.219
g_5(10,15)	65.453	50.366	50.693	49.184	38.987	45.493
g_5(15,10)	38.355	29.047	29.234	28.314	22.141	26.079
g_5(15,15)	86.298	65.355	65.776	63.706	49.816	58.679
g_5(20,10)	47.619	35.709	35.937	34.768	26.954	31.940
g_5(20,15)	107.143	80.345	80.858	78.227	60.646	71.865

（续）

	70/10	70/40	95/15	95/20	95/55	120/7
$g_6(10)$	35.597	46.313	35.237	36.308	46.065	30.810
$g_6(15)$	41.476	49.783	39.747	40.544	48.610	35.251
$g_6(18)$	48.234	54.079	45.080	45.600	51.820	40.437
$g_6(21)$	52.182	56.712	48.249	48.622	53.815	43.494
$g_6(25)$	65.602	66.179	59.224	59.158	61.127	53.992
$g_6(30)$	78.980	76.178	70.362	69.923	69.028	64.554
$g_6(35)$	96.734	89.995	85.316	78.227	80.147	78.657
$g_7(5,10)$	65.696	70.550	59.687	60.150	65.673	53.133
$g_7(5,15)$	76.895	77.340	67.667	67.692	70.350	60.504
$g_7(10,10)$	112.559	107.057	96.372	95.793	94.202	86.151
$g_7(10,15)$	126.915	116.176	106.535	105.440	100.467	95.304
$g_7(15,10)$	176.518	155.894	145.455	143.376	131.667	130.022
$g_7(15,15)$	192.704	166.525	156.936	154.316	139.024	140.246
$g_7(20,10)$	257.765	217.151	207.051	203.005	178.113	184.842
$g_7(20,15)$	275.054	228.7678	219.356	214.76	186.214	195.732
	120/20	120/25	120/70	150/8	150/20	150/25
g_1	34.038	35.195	45.413	29.612	32.752	34.047
$g_2(5)$	20.689	19.596	16.487	19.054	18.263	17.699
$g_2(10)$	51.686	48.641	40.143	47.181	44.954	43.407
$g_2(15)$	92.992	87.134	70.968	84.381	80.073	77.123
$g_2(20)$	144.607	135.076	108.961	130.654	123.620	118.849
$g_3(5)$	54.727	54.791	61.900	48.666	51.016	51.746
$g_3(10)$	85.724	83.836	85.556	76.793	77.707	77.454
$g_3(15)$	127.030	122.329	116.381	113.993	112.825	111.170
$g_3(20)$	178.644	170.271	154.373	160.266	156.372	152.895
$g_4(10)$	8.241	7.890	6.275	7.702	7.453	6.660
$g_4(15)$	18.543	17.752	14.119	17.329	16.770	14.985
$g_4(18)$	26.702	25.563	20.331	24.953	24.149	21.578
$g_4(21)$	30.893	29.575	23.522	28.869	27.939	24.965
$g_4(25)$	43.783	41.915	33.336	40.915	39.596	35.381
$g_4(30)$	55.630	53.265	42.356	51.986	50.310	44.954
$g_4(35)$	70.061	67.665	53.808	66.041	63.913	57.109

（续）

	120/20	120/25	120/70	150/8	150/20	150/25
$g_5(5,10)$	13.710	12.902	10.648	12.515	11.924	11.514
$g_5(5,15)$	30.848	29.030	23.959	28.159	26.830	25.907
$g_5(10,10)$	19.179	17.915	14.451	17.329	16.396	15.763
$g_5(10,15)$	43.153	40.309	32.516	38.989	36.890	35.466
$g_5(15,10)$	24.648	22.928	18.254	22.142	20.867	20.012
$g_5(15,15)$	55.458	51.587	41.072	49.819	46.950	45.026
$g_5(20,10)$	30.117	27.940	22.057	26.955	25.338	24.260
$g_5(20,15)$	67.763	62.866	49.629	60.650	57.010	54.586
$g_6(10)$	35.021	36.069	45.844	30.598	33.590	34.692
$g_6(15)$	38.761	39.419	47.557	34.310	36.796	37.198
$g_6(18)$	43.262	43.499	49.756	38.724	40.693	40.309
$g_6(21)$	45.967	45.972	51.143	41.356	43.050	42.218
$g_6(25)$	55.457	54.732	56.335	50.506	51.386	49.102
$g_6(30)$	65.217	63.835	62.099	59.828	60.032	56.392
$g_6(35)$	78.441	76.262	70.410	72.376	71.816	66.487
$g_7(5,10)$	56.418	56.290	62.809	50.250	52.391	53.011
$g_7(5,15)$	62.822	62.007	66.375	56.226	57.641	57.869
$g_7(10,10)$	87.844	85.729	86.786	78.724	79.417	79.041
$g_7(10,15)$	95.973	93.023	91.527	86.124	86.019	85.188
$g_7(15,10)$	129.399	124.459	117.804	116.124	114.739	112.957
$g_7(15,15)$	138.608	132.762	123.415	124.404	122.204	119.942
$g_7(20,10)$	181.165	172.548	155.941	162.517	158.412	154.808
$g_7(20,15)$	191.064	181.506	162.155	171.358	166.44	162.347

	150/35	185/10	185/25	185/30	185/45	210/10
g_1	36.512	29.613	32.772	34.060	36.510	29.614
$g_2(5)$	17.175	16.487	15.682	15.696	14.969	15.441
$g_2(10)$	41.984	40.143	37.926	37.926	36.024	37.317
$g_2(15)$	74.426	70.968	66.731	66.731	63.164	65.626
$g_2(20)$	114.501	108.961	102.097	102.219	96.389	100.369
$g_3(5)$	53.687	46.100	48.454	49.756	51.479	45.055
$g_3(10)$	78.496	69.756	70.698	72.024	72.534	66.931
$g_3(15)$	110.938	100.58	99.503	100.865	99.674	95.240
$g_3(20)$	151.013	138.573	134.869	136.729	132.899	129.983

（续）

	150/35	185/10	185/25	185/30	185/45	210/10
$g_4(10)$	6.496	6.275	6.031	6.035	5.800	5.945
$g_4(15)$	14.617	14.119	13.569	13.578	13.05	13.376
$g_4(18)$	21.048	20.331	19.540	19.552	18.792	19.261
$g_4(21)$	24.351	23.522	22.607	22.621	21.742	22.284
$g_4(25)$	34.512	33.336	32.039	32.059	30.813	31.582
$g_4(30)$	43.850	42.356	40.708	40.734	39.151	40.128
$g_4(35)$	55.706	53.808	51.714	51.748	49.736	50.977
$g_5(5,10)$	11.137	10.648	10.060	10.070	9.556	9.899
$g_5(5,15)$	25.057	23.959	22.635	22.658	21.500	22.272
$g_5(10,10)$	15.186	14.451	13.541	13.557	12.784	13.312
$g_5(10,15)$	34.169	32.516	30.467	30.504	28.764	29.952
$g_5(15,10)$	19.236	18.254	17.022	17.044	16.012	16.725
$g_5(15,15)$	43.281	41.072	38.300	38.349	36.028	37.632
$g_5(20,10)$	23.286	22.057	20.503	20.531	19.241	20.138
$g_5(20,15)$	52.392	49.629	46.132	46.195	43.291	45.312
$g_6(10)$	37.085	30.270	33.323	34.591	36.968	30.205
$g_6(15)$	39.329	32.806	35.470	36.667	38.772	32.495
$g_6(18)$	42.144	35.920	38.155	39.273	41.062	35.327
$g_6(21)$	43.887	37.818	39.813	40.888	42.493	37.062
$g_6(25)$	50.241	44.589	45.831	46.775	47.775	43.294
$g_6(30)$	57.061	51.681	52.261	53.098	53.533	49.872
$g_6(35)$	86.605	61.418	61.224	61.951	61.698	58.954
$g_7(5,10)$	54.830	47.314	49.488	50.765	52.359	46.130
$g_7(5,15)$	59.247	51.954	53.481	54.672	55.789	50.259
$g_7(10,10)$	79.951	71.237	71.983	73.289	73.652	68.242
$g_7(10,15)$	85.610	76.962	76.983	78.217	78.029	73.327
$g_7(15,10)$	112.593	102.223	100.948	102.295	100.952	96.697
$g_7(15,15)$	119.081	108.643	106.619	107.910	105.985	102.405
$g_7(20,10)$	152.798	140.318	136.419	137.817	134.284	131.534
$g_7(20,15)$	159.843	147.192	142.541	143.896	139.772	137.654
	210/25	210/35	210/50	240/30	240/40	240/55
g_1	32.773	34.028	36.512	32.772	34.047	36.515
$g_2(5)$	14.667	14.298	13.893	13.363	13.307	12.766
$g_2(10)$	35.206	34.230	33.158	31.751	31.606	30.190
$g_2(15)$	61.616	59.795	57.795	55.162	54.896	52.274

（续）

	210/25	210/35	210/50	240/30	240/40	240/55
$g_2(20)$	93.897	90.994	87.805	83.597	83.178	79.017
$g_3(5)$	47.44	48.326	50.405	46.135	47.354	49.281
$g_3(10)$	67.979	68.258	69.670	64.522	65.653	66.705
$g_3(15)$	94.389	93.823	94.307	87.934	88.943	88.789
$g_3(20)$	126.670	125.022	124.317	116.369	117.225	115.532
$g_4(10)$	5.705	5.583	5.450	5.227	5.258	5.075
$g_4(15)$	12.836	12.563	12.262	11.874	11.830	11.419
$g_4(18)$	18.484	18.090	17.658	17.098	17.035	16.444
$g_4(21)$	21.385	20.930	20.429	19.781	19.709	19.024
$g_4(25)$	30.308	29.662	28.952	28.035	27.932	26.962
$g_4(30)$	38.509	37.688	36.787	35.621	35.490	34.258
$g_4(35)$	48.920	47.878	46.733	45.252	45.085	43.520
$g_5(5,10)$	9.339	9.080	8.795	8.422	8.384	8.008
$g_5(5,15)$	21.012	20.430	19.790	18.950	18.863	18.019
$g_5(10,10)$	12.454	12.069	11.646	11.087	11.032	10.480
$g_5(10,15)$	28.020	27.154	26.202	24.947	24.822	23.580
$g_5(15,10)$	15.568	15.057	14.496	13.753	13.680	12.952
$g_5(15,15)$	35.029	33.879	32.615	30.943	30.780	29.141
$g_5(20,10)$	18.683	18.046	17.346	16.418	16.328	15.423
$g_5(20,15)$	42.038	40.064	39.028	36.940	36.738	34.702
$g_6(10)$	33.266	34.483	36.916	33.194	34.451	36.866
$g_6(15)$	35.197	36.273	38.516	34.856	36.044	38.259
$g_6(18)$	37.627	38.538	40.557	36.964	38.071	40.047
$g_6(21)$	39.133	39.949	41.838	38.279	39.340	41.174
$g_6(25)$	44.639	45.141	46.598	43.127	44.038	45.390
$g_6(30)$	50.567	50.777	51.830	48.403	49.180	50.069
$g_6(35)$	58.884	58.738	59.305	55.872	56.496	56.809
$g_7(5,10)$	48.351	49.172	51.166	46.898	46.898	49.927
$g_7(5,15)$	51.885	52.467	54.150	49.875	49.875	52.471
$g_7(10,10)$	69.110	69.316	70.636	65.486	65.468	67.524
$g_7(10,15)$	73.527	73.461	74.434	69.177	69.177	70.750
$g_7(15,10)$	95.664	95.024	95.415	89.003	89.003	89.729
$g_7(15,15)$	100.679	99.753	99.788	93.219	93.219	93.449
$g_7(20,10)$	128.041	126.318	125.521	117.521	117.521	116.557
$g_7(20,15)$	133.464	131.450	130.299	122.091	122.091	120.631

（续）

	300/15	300/20	300/25	300/40	300/50	300/70
g_1	29.520	30.297	31.128	32.777	34.063	36.567
$g_2(5)$	12.438	12.153	11.963	11.836	11.645	11.117
$g_2(10)$	29.316	28.580	28.085	27.761	27.269	25.916
$g_2(15)$	50.635	49.282	48.366	47.776	46.873	44.395
$g_2(20)$	76.395	74.258	72.807	71.881	70.457	66.556
$g_3(5)$	41.957	42.450	43.091	44.612	45.707	47.624
$g_3(10)$	58.836	58.877	59.213	60.538	61.332	62.423
$g_3(15)$	80.155	79.579	79.494	80.553	80.936	80.902
$g_3(20)$	105.915	104.555	103.935	104.658	104.52	103.063
$g_4(10)$	4.969	4.871	4.806	4.761	4.695	4.511
$g_4(15)$	11.180	10.959	10.814	10.713	10.564	10.151
$g_4(18)$	16.099	15.781	15.572	15.427	15.213	14.617
$g_4(21)$	18.626	18.257	18.016	17.848	17.600	16.911
$g_4(25)$	26.397	25.875	25.532	25.295	24.943	23.966
$g_4(30)$	33.54	32.876	32.441	32.139	31.693	30.451
$g_4(35)$	42.609	41.765	41.212	40.829	40.262	38.684
$g_5(5,10)$	7.776	7.581	7.450	7.364	7.233	6.874
$g_5(5,15)$	17.497	17.057	16.762	16.569	16.275	15.467
$g_5(10,10)$	10.132	9.849	9.56	9.534	9.345	8.827
$g_5(10,15)$	22.797	22.160	21.727	21.451	21.026	19.861
$g_5(15,10)$	12.488	12.117	11.863	11.703	11.456	10.780
$g_5(15,15)$	28.098	27.262	26.692	26.332	25.776	24.256
$g_5(20,10)$	14.844	14.384	14.070	13.873	13.567	12.733
$g_5(20,15)$	33.399	32.365	31.657	31.214	30.526	28.650
$g_6(10)$	29.935	30.686	31.497	33.121	34.385	36.785
$g_6(15)$	31.566	32.218	32.953	34.483	35.663	37.892
$g_6(18)$	33.624	34.161	34.806	36.226	37.305	39.324
$g_6(21)$	34.905	35.373	35.966	37.321	38.341	40.234
$g_6(25)$	39.601	39.842	40.260	41.402	42.219	43.671
$g_6(30)$	44.681	44.708	44.960	45.905	46.526	47.540
$g_6(35)$	51.835	51.597	51.647	52.357	52.738	53.191
$g_7(5,10)$	42.672	43.121	43.730	43.730	46.276	48.118
$g_7(5,15)$	45.460	45.749	46.236	46.236	48.518	50.073
$g_7(10,10)$	59.702	59.695	59.995	59.995	62.040	63.044

（续）

	300/15	300/20	300/25	300/40	300/50	300/70
$g_7(10,15)$	63.098	62.909	63.073	63.073	64.836	65.500
$g_7(15,10)$	81.122	80.496	80.375	80.375	81.743	81.618
$g_7(15,15)$	84.937	84.119	83.856	83.856	84.941	84.460
$g_7(20,10)$	106.950	105.540	105.540	104.883	105.397	103.847
$g_7(20,15)$	111.056	109.450	109.450	108.649	108.886	106.971

	400/20	400/25	400/35	400/50	400/65	400/95
g_1	29.513	30.309	31.110	32.816	34.049	36.406
$g_2(5)$	10.353	10.469	10.374	10.018	9.860	9.447
$g_2(10)$	23.950	24.246	24.008	23.107	22.708	21.661
$g_2(15)$	40.792	41.332	40.903	39.266	38.544	36.642
$g_2(20)$	60.879	61.727	61.058	58.495	57.367	54.390
$g_3(5)$	39.866	40.777	41.484	42.834	43.909	45.853
$g_3(10)$	53.464	54.555	55.118	55.922	56.756	58.067
$g_3(15)$	70.306	71.641	72.013	72.081	72.592	73.049
$g_3(20)$	90.392	92.036	92.168	91.310	91.416	90.797
$g_4(10)$	4.246	4.287	4.252	4.125	4.068	3.921
$g_4(15)$	9.553	9.645	9.568	9.282	9.154	8.823
$g_4(18)$	13.757	13.888	13.777	13.366	13.182	12.705
$g_4(21)$	15.916	16.086	15.940	15.464	15.251	14.699
$g_4(25)$	22.556	22.772	22.590	21.916	21.614	20.832
$g_4(30)$	28.659	28.934	28.703	27.847	27.462	26.469
$g_4(35)$	36.408	36.757	36.463	35.375	34.887	33.625
$g_5(5,10)$	6.353	6.432	6.368	6.129	6.023	5.746
$g_5(5,15)$	14.294	14.471	14.329	13.791	13.553	12.928
$g_5(10,10)$	8.074	8.187	8.098	7.758	7.609	7.214
$g_5(10,15)$	18.167	18.420	18.221	17.456	17.119	16.231
$g_5(15,10)$	9.796	9.942	9.828	9.387	9.194	8.682
$g_5(15,15)$	22.040	22.370	22.112	21.121	20.686	19.534
$g_5(20,10)$	11.517	11.697	11.557	11.016	10.779	10.150
$g_5(20,15)$	25.913	26.319	26.004	24.786	24.252	22.837
$g_6(10)$	29.817	30.610	31.399	33.074	34.291	36.617
$g_6(15)$	31.021	31.806	32.548	34.103	35.258	37.640
$g_6(18)$	32.562	33.339	34.024	35.433	36.511	38.560
$g_6(21)$	33.531	34.304	34.956	36.277	37.308	39.262
$g_6(25)$	37.146	37.910	38.447	39.462	40.329	41.945

（续）

	400/20	400/25	400/35	400/50	400/65	400/95
$g_6(30)$	41.139	41.902	42.328	43.038	43.743	45.011
$g_6(35)$	46.868	47.641	47.931	48.252	48.749	49.559
$g_7(5,10)$	40.369	41.281	41.970	43.270	44.320	46.212
$g_7(5,15)$	42.352	43.269	43.889	44.999	45.953	47.641
$g_7(10,10)$	54.070	55.166	55.710	56.458	57.264	58.514
$g_7(10,15)$	56.466	57.581	58.052	58.583	59.282	60.293
$g_7(15,10)$	70.985	72.328	72.680	72.690	73.172	73.563
$g_7(15,15)$	73.679	75.052	75.331	75.112	75.482	75.615
$g_7(20,10)$	91.123	92.776	92.889	91.972	92.049	91.362
$g_7(20,15)$	94.033	95.725	95.766	94.614	94.578	93.625
	500/35	500/45	500/65	630/45	630/55	630/80
g_1	30.304	31.135	52.813	30.308	31.115	32.729
$g_2(5)$	9.132	9.126	8.794	8.029	7.830	7.716
$g_2(10)$	20.873	20.860	20.033	18.137	17.651	17.369
$g_2(15)$	35.222	35.202	33.717	30.325	29.463	28.960
$g_2(20)$	52.181	52.151	49.847	44.594	43.267	42.488
$g_3(5)$	39.436	40.261	41.607	38.336	38.945	40.445
$g_3(10)$	51.176	51.995	52.846	48.445	48.766	50.098
$g_3(15)$	65.526	66.336	66.530	60.633	60.578	61.689
$g_3(20)$	82.485	83.286	82.660	74.902	74.382	75.217
$g_4(10)$	3.806	3.804	3.682	3.399	3.323	3.281
$g_4(15)$	8.564	8.559	8.284	7.647	7.478	7.382
$g_4(18)$	12.333	12.326	11.929	11.011	10.768	10.630
$g_4(21)$	14.268	14.260	13.801	12.740	12.458	12.299
$g_4(25)$	20.222	20.210	19.559	18.055	17.656	17.430
$g_4(30)$	25.693	25.678	24.852	22.941	22.434	22.147
$g_4(35)$	32.640	32.621	31.571	29.143	28.499	28.135
$g_5(5,10)$	5.537	5.533	5.314	4.811	4.682	4.607
$g_5(5,15)$	12.457	12.450	11.956	10.825	10.535	10.336
$g_5(10,10)$	6.921	6.917	6.611	5.914	5.738	5.635
$g_5(10,15)$	15.572	15.563	14.875	13.308	12.912	12.679
$g_5(15,10)$	8.305	8.300	7.908	7.018	6.795	6.663
$g_5(15,15)$	18.686	18.675	15.790	15.790	15.288	14.992
$g_5(20,10)$	9.689	9.683	8.121	8.121	7.851	7.691
$g_5(20,15)$	21.800	21.788	18.273	18.273	17.665	17.305

（续）

	500/35	500/45	500/65	630/45	630/55	630/80
g_6(10)	30.542	31.366	33.019	30.498	31.292	32.894
g_6(15)	31.491	32.290	33.843	31.258	32.001	33.552
g_6(18)	32.717	33.486	34.914	32.246	32.926	34.413
g_6(21)	33.495	34.245	35.598	32.877	33.516	34.964
g_6(25)	36.431	37.119	38.201	35.278	35.775	37.081
g_6(30)	39.730	40.358	41.162	38.011	38.359	39.518
g_6(35)	44.539	45.094	45.535	42.046	42.194	43.160
g_7(5,10)	39.822	40.639	41.945	38.637	39.225	40.707
g_7(5,15)	41.356	42.142	43.291	39.835	40.344	41.752
g_7(10,10)	51.642	52.453	53.258	48.805	49.102	50.414
g_7(10,15)	53.493	54.274	54.899	50.239	50.446	51.678
g_7(15,10)	66.050	66.854	66.999	61.038	60.958	62.048
g_7(15,15)	68.138	68.915	68.869	62.656	62.478	63.485
g_7(20,10)	83.052	83.847	83.171	75.341	74.795	75.610
g_7(20,15)	85.317	86.088	85.216	77.098	76.451	77.182

注：g_2、g_3括号中数字表示覆冰厚度（mm）；g_4、g_6括号中数字表示风速（m/s）；g_5、g_7括号中前一数字表示覆冰厚度（mm），后一数字表示风速（m/s）。

表 B-2　GJ 型钢绞线比载表　（单位：$\times10^{-3}N/m\cdot mm^2$）

	GJ-25 (1×7)	GJ-25 (1×19)	GJ-35 (1×7)	GJ-50 (1×7)	GJ-50 (1×19)	GJ-70 (1×19)
g1	83.946	83.518	83.997	84.009	83.434	83.545
g_2(5)	60.459	63.242	47.768	39.242	40.186	30.727
g_2(10)	173.037	181.478	132.854	106.515	109.028	80.659
g_2(15)	337.735	354.707	255.258	201.818	206.580	149.796
g_2(20)	554.552	582.929	414.981	325.152	332.823	238.137
g_3(5)	144.405	146.760	131.764	123.251	123.602	114.272
g_3(10)	256.983	264.996	216.850	190.524	192.462	164.204
g_3(15)	421.681	438.225	339.225	285.827	290.014	233.341
g_3(20)	638.499	666.447	498.978	409.161	416.257	321.682
g_4(10)	18.249	18.964	15.443	13.384	13.699	11.207
g_4(15)	41.061	42.668	34.746	30.113	30.823	25.216
g_4(18)	59.127	61.442	50.034	43.363	44.386	36.311

（续）

	GJ－25（1×7）	GJ－25（1×19）	GJ－35（1×7）	GJ－50（1×7）	GJ－50（1×19）	GJ－70（1×19）
g_4(21)	68.407	71.085	57.886	50.168	51.352	42.010
g_4(25)	96.949	100.745	82.038	71.100	72.777	59.538
g_4(30)	123.182	128.005	104.237	90.339	92.470	75.649
g_4(35)	156.487	162.614	132.419	114.764	117.471	96.102
g_5(5,10)	45.900	48.139	35.241	28.254	28.921	21.396
g_5(5,15)	103.274	108.312	79.291	63.572	65.072	48.140
g_5(10,10)	73.550	77.313	55.039	43.125	44.142	31.584
g_5(10,15)	165.487	173.955	123.837	97.031	99.320	71.064
g_5(15,10)	101.200	106.488	74.837	57.995	59.364	41.772
g_5(15,15)	227.700	239.599	168.383	130.489	133.568	93.988
g_5(20,10)	128.851	135.663	94.635	72.866	74.585	51.961
g_5(20,15)	289.914	305.242	212.928	163.948	167.816	116.912
g_6(10)	85.907	85.644	85.404	85.068	84.551	84.293
g_6(15)	93.450	93.786	90.899	89.243	88.945	87.267
g_6(18)	102.679	103.684	97.769	94.540	94.505	91.095
g_6(21)	108.289	109.674	102.011	97.848	97.970	93.512
g_6(25)	128.242	130.861	117.413	110.058	110.715	102.589
g_6(30)	149.067	152.841	133.868	123.364	124.547	112.705
g_6(35)	177.582	182.807	156.813	142.226	144.086	127.339
g_7(5,10)	151.524	154.454	136.395	126.448	126.940	116.258
g_7(5,15)	177.534	182.401	153.782	138.680	139.684	123.998
g_7(10,10)	267.301	276.044	223.726	195.344	197.459	167.214
g_7(10,15)	305.657	316.991	249.719	213.809	216.578	178.922
g_7(15,10)	433.655	450.977	347.411	291.652	296.027	237.050
g_7(15,15)	479.231	499.448	378.743	314.205	319.293	251.558
g_7(20,10)	651.370	680.615	507.583	415.598	422.886	325.851
g_7(20,15)	701.235	733.024	542.510	440.785	448.812	342.268

注：g_2、g_3括号中数字表示覆冰厚度（mm）；g_4、g_6 括号中数字表示风速（m/s）；g_5、g_7 括号中前一数字表示覆冰厚度（mm），后一数字表示风速（m/s）。

附录C　1~35kV 电力电缆的允许持续载流量

表 C-1　1~3kV 油纸、聚氯乙烯绝缘铝芯电力电缆空气中敷设时的允许持续载流量

（单位：A）

		电缆允许持续载流量					
绝缘类型		粘性浸渍不滴油纸绝缘			聚氯乙烯绝缘		
护套		有钢铠装护套			无钢铠装护套		
缆芯最高工作温度/℃		80			70		
缆芯数		单芯	二芯	三芯或四芯	单芯	二芯	三芯或四芯
缆芯截面积/mm^2	2.5					18	15
	4		30	26		24	21
	6		40	35		31	27
	10		52	44		44	38
	16		69	59		60	52
	25	116	93	79	95	79	69
	35	142	111	98	115	95	82
	50	174	138	116	147	121	104
	70	218	174	151	179	147	129
	95	267	214	182	221	181	155
	120	312	245	214	257	211	181
	150	356	280	250	294	242	211
	185	414		285	340		246
	240	495		338	410		294
	300	570		383	473		328
环境温度/℃		40					

注：1. 铜芯电缆的允许持续载流量值可乘以 1.29。

2. 单芯电缆只适用于直流。

表 C-2 1~3kV 油纸、聚氯乙烯绝缘铝芯电力电缆直埋敷设时的允许持续载流量

(单位：A)

		电缆允许持续载流量								
绝缘类型		粘性浸渍不滴油纸绝缘			聚氯乙烯绝缘			聚氯乙烯绝缘		
护套		有钢铠装护套			无钢铠装护套			有钢铠装护套		
缆芯最高工作温度/℃		80			70			70		
缆芯数		单芯	二芯	三芯或四芯	单芯	二芯	三芯或四芯	单芯	二芯	三芯或四芯
缆芯截面积/mm²	6		45	38	58	45	38		43	37
	10		58	50	81	62	53	77	59	50
	16		76	66	110	83	70	105	79	68
	25	143	105	88	138	105	90	134	100	87
	35	172	126	105	172	136	110	162	131	105
	50	198	146	126	203	157	134	194	152	129
	70	247	182	154	244	184	157	235	180	152
	95	300	219	186	295	226	189	281	217	180
	120	344	251	211	332	254	212	391	249	207
	150	389	284	240	374	287	242	365	273	237
	185	441		275	424		273	410		264
	240	512		320	502		319	483		310
	300	584		356	561		347	543		347
	400	676		639		625				
	500	776		729		715				
	630	904		846		819				
	800	1032		981		963				
土壤热阻系数/(℃·m/W)		1.5			1.2					
环境温度/℃		25								

注：1. 铜芯电缆的允许持续载流量值可乘以 1.29。

2. 单芯电缆只适用于直流。

表 C-3　1～3kV 交联聚乙烯绝缘铝芯电力电缆空气中敷设时的允许持续载流量　（单位：A）

		电缆允许持续载流量									
缆芯数		三　芯		单　芯							
单芯电缆排列方式				品字型				水平型			
金属屏蔽层接地点				单侧		两侧		单侧		两侧	
缆芯材质		铝	铜	铝	铜	铝	铜	铝	铜	铝	铜
缆芯截面积 /mm²	25	91	118	100	132	114	150	114	150		
	35	114	150	127	164	127	164	146	182	141	178
	50	146	182	155	196	155	196	173	228	168	209
	70	178	228	196	225	196	251	228	292	214	264
	95	214	273	241	310	241	305	278	356	260	310
	120	246	314	283	360	278	351	319	410	292	351
	150	278	360	328	419	318	401	365	479	337	392
	185	319	410	372	479	365	461	424	546	369	438
	240	378	483	442	565	424	546	505	643	424	502
	300	419	552	506	643	493	611	588	738	479	552
	400			611	711	579	716	707	908	546	625
	500			712	885	661	803	830	1026	611	693
	630			826	1008	734	894	963	1177	680	757
环境温度/℃		40									
缆芯最高工作温度/℃		90									

注：1. 水平排列电缆相互间中心距为电缆外径的 2 倍。

2. 缆芯工作温度大于 70℃时，允许持续载流量的确定还应遵守《电力工程电缆设计规范》中第 3.7.4 条的规定。

表 C-4　1～3kV 交联聚乙烯绝缘铝芯电力电缆直埋敷设时的允许持续载流量　（单位：A）

		电缆允许持续载流量					
缆芯数		三芯		单芯			
单芯电缆排列方式				品字型		水平型	
金属屏蔽层接地点				单侧		单侧	
缆芯材质		铝	铜	铝	铜	铝	铜
缆芯截面积 /mm²	25	91	117	104	130	113	143
	35	113	143	117	169	134	169
	50	134	169	139	187	160	200

（续）

缆芯数		电缆允许持续载流量					
		三芯		单芯			
单芯电缆排列方式				品字型		水平型	
金属屏蔽层接地点				单侧		单侧	
缆芯材质		铝	铜	铝	铜	铝	铜
缆芯截面积/mm^2	70	165	208	174	226	195	247
	95	195	247	208	269	230	295
	120	221	282	239	300	261	334
	150	247	321	269	339	295	374
	185	278	356	300	382	330	426
	240	321	408	348	435	378	478
	300	365	469	391	495	430	543
	400			456	574	500	635
	500			517	635	565	713
	630			582	704	635	796
环境温度/℃		40					
土壤热阻系数/(℃·m/W)		2.00					
缆芯最高工作温度/℃		90					

注：水平排列电缆相互间中心距为电缆外径的2倍。

表C-5　6kV三芯电力电缆在空气中敷设时允许持续载流量　　（单位：A）

绝缘类型		电缆允许持续载流量					
		粘性油浸纸绝缘	不滴油纸绝缘	聚氯乙烯绝缘		交联聚乙烯绝缘	
钢铠装护套		有		无	有	无	有
缆芯最高工作温度/℃		65	80	70		90	
缆芯截面积/mm^2	10			40			
	16	46	58	54			
	25	62	79	71			
	35	76	92	85		114	
	50	92	116	108	173		
	95	143	182	160		209	
	120	169	213	185		246	
	150	194	245	212		277	
	185	223	280	246		323	
	240	265	334	293		378	

（续）

绝缘类型		粘性油浸纸绝缘	不滴油纸绝缘	聚氯乙烯绝缘		交联聚乙烯绝缘	
		电缆允许持续载流量					
钢铠装护套		有		无	有	无	有
缆芯最高工作温度/℃		65	80	70		90	
缆芯截面积/mm²	300	295	374	323		432	
	400					505	
	500					584	
环境温度/℃		40					

注：1. 表中系铝芯电缆数值；铜芯电缆的允许持续载流量值可乘以 1.29。

2. 缆芯工作温度大于 70℃时，允许持续载流量的确定还应遵守《电力工程电缆设计规范》中第 3.7.4 条的规定。

表 C-6　6kV 三芯电力电缆直埋敷设时的允许持续载流量　　（单位：A）

绝缘类型		粘性油浸纸绝缘	不滴油纸绝缘	聚氯乙烯绝缘		交联聚乙烯绝缘	
		电缆允许持续载流量					
钢铠装护套		有		无	有	无	有
缆芯最高工作温度/℃		65	80	70		90	
缆芯截面积/mm²	10		51	50			
	16	58	63	67	65		
	25	79	84	86	83	87	87
	35	94	101	105	100	105	102
	50	114	119	126	126	123	118
	70	140	148	149	149	148	148
	95	167	180	181	177	178	178
	120	193	209	209	205	200	200
	150	215	232	232	228	232	222
	185	249	264	264	255	262	252
	240	288	308	309	300	300	295
	300	323	344	346	332	343	333
	400					380	370
	500					432	422
土壤热阻系数/(℃·m/W)		1.2	1.5	1.2		2	
环境温度/℃		40					

注：表中系铝芯电缆数值；铜芯电缆的允许持续载流量值可乘以 1.29。

表 C-7 10kV 三芯电力电缆的允许持续载流量 （单位：A）

		电缆允许持续载流量							
绝缘类型		粘性油浸纸绝缘		不滴油纸绝缘		交联聚乙烯绝缘			
钢铠装护套						无		有	
缆芯最高工作温度/℃		60		65		90			
敷设方式		空气中	直埋	空气中	直埋	空气中	直埋	空气中	直埋
缆芯截面积/mm²	16	42	55	47	59				
	25	56	75	63	79	100	90	100	90
	35	68	90	77	95	123	110	123	105
	50	81	107	92	111	146	125	141	120
	70	106	133	118	138	178	152	173	152
	95	126	160	143	169	219	182	214	182
	120	146	182	168	196	251	205	246	205
	150	171	206	189	220	283	223	278	219
	185	195	233	218	246	324	252	320	247
	240	232	272	261	290	378	292	373	292
	300	260	308	295	325	433	332	428	328
环境温度/℃		40	25	40	24	40	25	40	25
土壤热阻系数/(℃·m/W)			1.2		1.2	2.0		2.0	

注：1. 表中系铝芯电缆数值；铜芯电缆的允许持续载流量值可乘以 1.29。

2. 缆芯工作温度大于70℃时，允许持续载流量的确定还应遵守《电力工程电缆设计规范》中第 3.7.4 条的规定。

表 C-8 35kV 三芯电力电缆的允许持续载流量 （单位：A）

		电缆允许持续载流量					
绝缘类型		粘性油浸纸（分相铅包）绝缘		不滴油纸绝缘		交联聚乙烯绝缘	
钢铠装护套							
缆芯最高工作温度/℃		50		65		80	
敷设方式		空气中	直埋	空气中	直埋	空气中	直埋
缆芯截面积/mm²	50	66	95	105	118	135	128
	70	81	118	130	145	168	160
	95	98	141	160	173	200	192
	120	113	160	181	196	230	208
	150	130	178	206	222	258	226
	185	148	205	236	254		
	240	176	240	278	294		
环境温度/℃		40	25	40	25	40	25
土壤热阻系数/(℃·m/W)			1.2		1.2		1.2

注：1. 表中系铝芯电缆数值；铜芯电缆的允许持续载流量值可乘以 1.29。

2. 缆芯工作温度大于70℃时，允许持续载流量的确定还应遵守《电力工程电缆设计规范》中第 3.7.4 条的规定。

附录D　敷设条件不同时电缆允许持续载流量的校正系数

表 D-1　35kV 及以下电缆在不同环境温度时载流量的校正系数

敷设位置		空气中				土壤中			
环境温度/℃		30	35	40	45	20	25	30	35
电缆导体最高工作温度/℃	60	1.22	1.11	1.0	0.86	1.07	1.0	0.93	0.85
	65	1.18	1.09	1.0	0.89	1.06	1.0	0.94	0.87
	70	1.15	1.08	1.0	0.91	1.05	1.0	0.94	0.88
	80	1.11	1.06	1.0	0.93	1.04	1.0	0.95	0.90
	90	1.09	1.05	1.0	0.94	1.04	1.0	0.96	0.92

表 D-2　不同土壤热阻系数时的载流量校正系数

土壤热阻系数/(℃·m/W)	分类特征（土壤特性和雨量）	校正系数
0.8	土壤很潮湿，经常下雨。如湿度大于9%的沙土；湿度大于10%的沙—泥土等	1.05
1.2	土壤潮湿，规律性下雨。如湿度大于7%但小于9%的沙土；湿度为12%～14%的沙—泥土等	1.0
1.5	土壤较干燥，少雨。如湿度为8%～12%的沙—泥土等	0.93
2.0	土壤较干燥，少雨。如湿度为大于4%但小于7%的沙土；湿度为4%～8%的沙—泥土等	0.87
3.0	多石地层，非常干燥。如湿度为4%～8%的沙土等	0.75

注：1. 本表适用于缺乏实测土壤热阻系数时的粗略分类，11kV 及以上电缆工程，宜以实测方式确定。

2. 本表适用附录 B 各表中土壤热阻系数为 1.2 时的情况，不适用于三相交流系统的高压单芯电缆。

表 D-3　土壤中直埋电缆多根并行敷设时电缆载流量的校正系数

并列根数		1	2	3	4	5	6
电缆之间净距/mm	100	1.00	0.9	0.85	0.80	0.78	0.75
	200	1.00	0.92	0.87	0.84	0.82	0.81
	300	1.00	0.93	0.90	0.87	0.86	0.85

注：本表不适用于三相交流系统的高压单芯电缆。

表 D-4　空气中电缆单层多根并行敷设时电缆载流量的校正系数

并列根数		1	2	3	4	5	6
电缆中心距/mm	$S=d$	1.00	0.9	0.85	0.82	0.78	0.80
	$S=2d$	1.00	1.00	0.98	0.95	0.82	0.90
	$S=3d$	1.00	1.00	1.00	0.98	0.86	0.96

注：1. S 为电缆中心距离，d 为电缆外径。

2. 当并列敷设的电缆外径不同时，d 值可近似取电缆外径的平均值。

3. 本表不适用于三相交流系统的单芯电缆。

表 D-5　在电缆桥架上无间距配置多层并列电缆时载流量的校正系数

叠置电缆层数		1	2	3	4
桥架类别	梯架	0.8	0.65	0.55	0.5
	托盘	0.7	0.55	0.5	0.45

注：呈水平并列电缆不少于 7 根。

表 D-6　1～6kV 电缆户外明敷无遮阳时载流量的校正系数

截面积/mm^2				35	50	70	95	120	150	185	240
电压/kV	1	芯数	三芯				0.90	0.98	0.97	0.96	0.94
	6		三芯	0.96	0.95	0.94	0.93	0.92	0.91	0.90	0.88
			单芯				0.99	0.99	0.99	0.99	0.98

附录 E　公路等级

高速公路：一般能适应各种汽车（包括摩托车）折合成小客车的年平均昼夜交通量为 25000 辆以上，为连接特别重要的政治、经济中心，专供汽车分道高速行驶并全部控制出入口的公路。

一级公路：一般能适应按各种汽车（包括摩托车）折合成小客车的年平均昼夜交通量为 10000～25000 辆，为连接重要政治、经济中心，通往重点工矿区、港口及机场，专供汽车分道行驶并部分控制出入口的公路。

二级公路：一般能适应各种车辆折合成载重汽车的年平均昼夜交通量为 2000～5000 辆，为联系政治、经济中心或大工矿区、港口及机场的公路。

三级公路：一般能适应按各种车辆折合成载重汽车的年平均昼夜交通量为 2000 辆以下，为沟通县以上的城市的公路。

四级公路：一般能适应按各种车辆折合成载重汽车的年平均昼夜交通量为 200 辆以下，为沟通县、乡（镇）及村等的公路。

参考文献

[1] 许建安. 35 ~ 110kV 输电线路设计 [M]. 北京：中国水利水电出版社，2003.
[2] 阎士琦. 10kV 及以下电力电缆线路施工图集 [M]. 北京：中国电力出版社，2003.
[3] 刘增良. 输配电线路设计 [M]. 北京：中国水利水电出版社，2006.
[4] 孟遂民. 架空输电线路设计 [M]. 北京：中国电力出版社，2007.
[5] 毛晓桦. 输电线路设计基础 [M]. 北京：中国水利水电出版社，2007.
[6] 吴志宏. 配电线路基础 [M]. 北京：中国电力出版社，2008.
[7] 赵先德. 输电线路基础 [M]. 2 版. 北京：中国电力出版社，2009.
[8] 胡国荣. 输电线路基础 [M]. 北京：中国电力出版社，2006.
[9] 山西省电力公司. 线路运行与维护 [M]. 北京：中国电力出版社，2009.
[10] 河北省电力公司. 配电线路运行与检修 [M]. 北京：中国电力出版社，2009.
[11] 宁岐. 架空配电线路实用技术 [M]. 北京：中国水利水电出版社，2009.
[12] 胡培生. 供配电线路作业培训教材 [M]. 2 版. 北京：中国电力出版社，2009.
[13] 国家电力监管委员会电力业务资质管理中心. 电工进网作业许可证考试参考教材（高压理论部分）[M]. 北京：中国财政经济出版社，2007.
[14] 白玉岷. 电气工程安装及调试技术手册 [M]. 北京：机械工业出版社，1998.
[15] 中国航空工业规划设计研究院. 工业与民用配电设计手册 [M]. 3 版. 北京：中国电力出版社，2005.
[16] 李宗廷. 电力电缆施工 [M]. 北京：中国电力出版社，2004.
[17] 丁毓山. 配电线路职业技能鉴定培训教材 [M]. 北京：中国水利水电出版社，2004.
[18] 张殿生. 电力工程高压送电线路设计手册 [M]. 2 版. 北京：中国电力出版社，2007.
[19] 单中圻. 送电线路施工 [M]. 北京：中国电力出版社，2003.
[20] 崔军朝，陈家斌. 电力架空线路设计与施工 [M]. 北京：中国水利水电出版社，2011.
[21] 李强有，葛秦岭，陈家斌. 电力架空线路运行维护与带电作业 [M]. 2 版. 北京：中国水利水电出版社，2011.

参考文献

[1] [illegible] 2005.

[2] [illegible]

[3] [illegible] 2006.

[4] [illegible]

[5] [illegible]

[6] [illegible]

[7] [illegible]

[8] [illegible]

[9] [illegible]

[10] [illegible]

[11] [illegible]

[12] [illegible]

[13] [illegible]

[14] [illegible]

[15] [illegible]

[16] [illegible] 2004.

[17] [illegible]

[18] [illegible]

[19] [illegible] 2009.

[20] [illegible]

[21] [illegible]